Stascha Rohmer / Georg Toepfer (Hg.)

Anthropozän – Klimawandel – Biodiversität

VERLAG KARL ALBER A

Stascha Rohmer /
Georg Toepfer (Hg.)

Anthropozän – Klimawandel – Biodiversität

Transdisziplinäre Perspektiven auf das gewandelte Verhältnis von Mensch und Natur

Verlag Karl Alber Freiburg / München

Stascha Rohmer / Georg Toepfer (Ed.)

Anthropocene – Climate Change – Biodiversity

Transdisciplinary perspectives on the changing relationship between humans and nature

The volume will firstly analyze the cultural-historical background of the current upheavals in the relationship between man and nature. Secondly, it will question whether the current crisis requires a conceptual redefinition of the value of nature in ethical-normative terms and what the legal consequences of such a redefinition would be. Thirdly, the volume also addresses the anthropological dimension of the fundamentally changed relationship between man and nature. Symbolically, this change is represented by the designation of our present day as the »Anthropocene«. In August 2016, this name was officially adopted by the International Geological Society, after it was only disputed at the end when this epoch began and which marker should be used as a criterion for its beginning: the spread of plastic waste, concrete, soot, chicken bones or the accumulation of radioactive elements in the ground (the latter was agreed upon and the year 1950 as the beginning). That this change is not only to be documented objectively, but that it represents a threatening scenario is demonstrated by the topics »climate change« and »biodiversity«.

The editors:

Stascha Rohmer has been Professor of Philosophy at the Faculty of Law at the Universidad de Medellín (Colombia) since 2015.

Georg Toepfer, biologist and philosopher, has been Co-head of the research area LifeKnowledge at the Leibniz Center for Literary and Cultural Research (ZfL) in Berlin.

Stascha Rohmer / Georg Toepfer (Hg.)

Anthropozän – Klimawandel – Biodiversität

Transdisziplinäre Perspektiven auf das gewandelte Verhältnis von Mensch und Natur

In dem Band sollen erstens die kulturgeschichtlichen Hintergründe der gegenwärtigen Umwälzungen im Mensch-Natur-Verhältnis analysiert werden. Zweitens soll hinterfragt werden, ob die gegenwärtige Krise eine konzeptionelle Neubestimmung des Wertes der Natur in ethisch-normativer Hinsicht erforderlich macht und welches die juristischen Konsequenzen einer solchen Neubestimmung wären. Drittens ist die Fragestellung des Bandes auch auf die anthropologische Dimension des auf grundlegende Weise gewandelten Mensch-Natur-Verhältnisses gerichtet. Symbolisch steht für diesen Wandel die Bezeichnung unserer Gegenwart als »Anthropozän«. Im August 2016 wurde dieser Name offiziell von der Internationalen Geologischen Gesellschaft angenommen, nachdem am Ende nur noch strittig war, wann diese Epoche begann und welcher Marker als Kriterium für ihren Beginn genommen werden sollte: die Verbreitung von Plastikmüll, Beton, Ruß, Hühnchenknochen oder die Anreicherung radioaktiver Elemente im Boden (man einigte sich auf letztere und das Jahr 1950 als Beginn). Dass diese Veränderung nicht nur objektiv zu dokumentieren ist, sondern ein bedrohliches Szenario darstellt, dafür stehen die Themen »Klimawandel« und »Biodiversität«.

Die Herausgeber:

Stascha Rohmer ist seit 2015 Professor für Philosophie an der Fakultät für Rechtswissenschaften an der Universidad de Medellín (Kolumbien).

Georg Toepfer, Biologe und Philosoph, ist Koleiter des Programmbereichs *Lebenswissen* am Berliner *Leibniz-Zentrum für Literatur- und Kulturforschung* (ZfL).

Gefördert durch das Leibniz-Zentrum für
Literatur- und Kulturforschung (ZfL)

Originalausgabe

© VERLAG KARL ALBER
in der Verlag Herder GmbH, Freiburg / München 2021
Alle Rechte vorbehalten
www.verlag-alber.de

Coverfoto: © complize – m.martins / adobe stock
Satz: SatzWeise, Bad Wünnenberg
Herstellung: CPI books GmbH, Leck

Printed in Germany

ISBN 978-3-495-49041-9

Inhalt

Stascha Rohmer (Medellín): Einführung 9

1. Georg Toepfer (Berlin): Biodiversität als Tatsache und Wert in der langen und kurzen Geschichte des Konzepts 26

2. Helmut Maaßen (Düsseldorf): Whitehead, Prozessphilosophie und Biodiversität. Ästhetische Kriterien zum Thema Biodiversität 48

3. Joachim Fischer (Dresden): »Exzentrische Positionalität« – Zu einer Lebenssoziologie aus der Perspektive Jakob von Uexkülls und Helmuth Plessners 64

4. Eva Raimann (Gießen): Implikationen des Anthropozän. Über die Verortungen des menschlichen Subjektes innerhalb der ›Geologie der Menschheit‹ 82

5. Eva Horn (Wien): Menschengeschichte als Erdgeschichte. Zeitskalen im Anthropozän 99

6. Erika Castro-Buitrago u. a. (Medellín): Forced displacement, resettlement processes and climate change in Colombia . . 130

7. Thomas Pogge (Yale): Die Oslo Prinzipien als faire Lösung der drohenden ökologischen Katastrophe 147

8. Felipe Calderon-Valencia (Medellin): Constitutional Protection of Biodiversity in Brazil. A Critical Study of the Influence of Brazilian Environmental Rule of Law in Latin America 171

Inhalt

9. Maria Bertel (Innsbruck): Rechte der Natur in Südamerika – zwischen Biozentrismus und Anthropozentrismus 191

10. Stascha Rohmer (Medellín): Der Mensch und die Rechte der Natur 212

Autoren-Information 251

Einführung

Stascha Rohmer

Die meisten der in diesem Band versammelten Beiträge sind aus dem internationalen Kongress *Schutz der Biodiversität als philosophisch-juristisches Problem* hervorgegangen, der vom 16. bis 18. März 2017 in Kolumbien an der Universidad de Medellín (UdeM) mit Förderung der Fritz-Thyssen Stiftung stattfand. Ausgehend von der These, dass – neben der Gefahr eines Atomkrieges – der Verlust der Biodiversität und der Klimawandel die größten Bedrohungen für den Fortbestand des Lebens auf der Erde darstellen, hatte sich der Kongress zum Ziel gesetzt, auf dem Gebiet der Geisteswissenschaften die Forschung über den Ursprung und die Dimension der gegenwärtigen ökologischen Krise zu fördern. Ein weiterer Schwerpunkt des Kongresses, der von der Juristischen Fakultät der Universidad de Medellín ausgerichtet wurde, stellte die Frage dar, welche rechtlichen Mittel wir besitzen, um einen effizienteren Schutz der Biodiversität und des Weltklimas zu gewährleisten. Von besonderer Bedeutung war hier die Frage nach dem Sinn und der Rechtfertigung der Einführung von »Rechten der Natur« in Rechtssysteme, so wie wir sie bereits in zahlreichen lateinamerikanischen Verfassungen finden. Gerade die Frage, ob die Natur neben dem Menschen als eigenständiges Rechtssubjekt anerkannt werden sollte, erfordert aber offenkundig eine vorgängige, anthropologische und soziologische Bestimmung der Stellung des Menschen in der Natur. Unter dieser Perspektive knüpft der Kongress *Schutz der Biodiversität als philosophisch-juristisches Problem*, sowie der hier vorliegende, gemeinsam mit Georg Toepfer herausgegebene Band *Anthropozän – Klimawandel – Biodiversität –* an die Tagung *Natur – Technik – Kultur* an, die ich gemeinsam mit Volker Gerhardt organisiert habe und die vom 25. bis 27. Juni 2008 im Senatssaal der Humboldt-Universität zu Berlin ebenfalls u. a. mit Förderung der Fritz-Thyssen Stiftung stattfand. Während aber die Tagung in Berlin vor allem einen Beitrag zur Überwindung der gängigen Spaltung von Natur und Kultur und der damit einhergehenden

Stascha Rohmer

Gabelung der Wissenschaften in Natur- und Geisteswissenschaften leisten wollte und dabei zugleich das spannungsreiche Verhältnis von Naturalismus und Humanismus thematisierte, stand im Mittelpunkt der Tagung von Medellín das konfliktive Verhältnis von Mensch und Natur, das nicht nur Ausdruck einer tiefen Krise unserer Zivilisation ist, sondern zugleich einen tiefgreifenden Wandel des Mensch-Natur Verhältnisses und seiner Wahrnehmung anzeigt. Wenn wir daher die drei Begriffe »Natur«, »Technik«, und »Kultur«, die im Zentrum der Berliner Tagung standen, nun in die Begriffe »Biodiversität« (= Natur), »Klimawandel« (= Technik) und »Anthropozän« (= Kultur) überführen, dann wollen wir damit der negativen wechselseitigen Durchdringung von Natur und Kultur Ausdruck verleihen.

»Es gibt nichts mehr ohne uns. Wir sind in allem« – so bringt der Schriftsteller Andreas Maier 2011 in paradigmatischer Weise das veränderte Mensch-Natur-Verhältnis auf den Punkt. Maier behauptet von sich, dass er »in einer Welt lebe, in der ich, selbst wenn ich ein Rotkehlchen sehe, die gesamte zivilisatorische Menschheit in diesem Rotkehlchen mitsehen muss«.[1] In der Gegenwart sind die entlegensten Weltgegenden und unscheinbarsten Naturobjekte in den Bereich der menschlichen Handlungssphäre gerückt. Nicht nur der Umfang des menschlichen Einflussbereichs hat sich dabei ausgeweitet, auch die Tiefe seines Eingriffs ist stetig gewachsen: Die Technik hat die Nanometerebene erreicht, und die Erzeugung von künstlichem Leben scheint greifbar nahe. Der Beeinflussung alles Irdischen durch den Menschen korrespondiert eine ins Universale tendierende Verantwortung für alle Veränderungen. Lebewesen seltener Arten oder außerhalb der menschlichen Nutzung liegende Landschaften können dadurch kaum noch als Zeichen der Fremdheit und Unverfügbarkeit der Natur wahrgenommen werden, sondern erscheinen primär als potenzielle Schutzobjekte. Die basalen natürlichen Grundlagen des menschlichen Lebens – Boden, Luft und Leben – können nicht mehr nur als Existenzbedingungen wahrgenommen werden, sondern erscheinen als in entscheidendem Maße vom Menschen mitbedingt.

»Anthropozän«, »Klimawandel« und »Biodiversität« sind die Schlagworte, mit denen diese Entwicklungen im vorliegenden Band auf den Begriff gebracht werden sollen. Sie markieren, wie bereits

---

[1] Maier (2011), 49.

angemerkt, einen grundlegenden Wandel im Mensch-Natur-Verhältnis. Symbolisch steht für diesen Wandel die Bezeichnung unserer Gegenwart als »Anthropozän«. Im August 2016 wurde dieser Name offiziell von der Internationalen Geologischen Gesellschaft angenommen, nachdem am Ende nur noch strittig war, wann diese Epoche begann und welcher Marker als Kriterium für ihren Beginn genommen werden sollte: die Verbreitung von Plastikmüll, Beton, Ruß, Hühnchenknochen oder die Anreicherung radioaktiver Elemente im Boden (man einigte sich auf letztere und auf das Jahr 1950 als Beginn). Dass diese Veränderung nicht nur objektiv zu dokumentieren ist, sondern ein bedrohliches Szenario darstellt, dafür steht das Schlagwort »Klimawandel«. Natürlich könnte man auch Begriffe wie »Übersäuerung der Ozeane« oder »Entwaldung« wählen. Das Schlagwort »Klimawandel« nimmt aber darum eine Sonderstellung ein, weil es dasjenige Phänomen bezeichnet, das aktuellen Umfragen zufolge den Deutschen am meisten Angst macht. Dabei handelt es sich offenkundig um eine Angst des Menschen vor sich selber, d. h. vor den Konsequenzen seines eigenen Handelns, die in dieser Form ein völlig neuartiges Phänomen darstellt. Denn während die alten Griechen oder die Germanen noch glaubten, dass das Klima von »Zeus, dem Wolkendonnerer« (Hesiod) bzw. dem »Wettergott« Thor gemacht wird, und im Mittelalter der Gott des Alten Testamentes es nur so auf die sündige Menschheit herabdonnern und hageln lässt,[2] herrschte in der Moderne bis weit ins 20. Jahrhundert hinein der Glaube vor, dass das Klima ein Weltgeschehen ist, das sich vom Menschen genauso wenig beeinflussen lässt wie der Umlauf der Planeten um die Sonne. Wie Hans Jonas 1979 betonte, glaubten die Menschen noch bis Mitte des letzten Jahrhunderts, ihre Eingriffe in die Natur seien »wesentlich oberflächlich« und »machtlos« und daher nicht dazu in der Lage, »ihr festgesetztes Gleichgewicht zu stören«.[3] Aus Sicht der meisten heutigen Wissenschaftler handelt es sich zumindest bei letzterem Glauben um einen Irrglauben: Die Existenz des anthropogenen Treibhauseffektes, hervorgerufen durch die Freisetzung von spezifischen sogenannten Treibhausgasen durch den Menschen (vor allem Kohlenstoffdioxid, Methan, Lachgas und indirekt durch die Entstehung von troposphärischem Ozon) wird heute von kaum noch

---

[2] Vgl. z. B. Psalm 18:13: »Und der HERR donnerte im Himmel, und der Höchste ließ seinen Donner aus mit Hagel und Blitzen.«
[3] Jonas (1984), 19.

einem seriösen Wissenschaftler bestritten. Das Klima als wichtiger Faktor unserer Umwelt verliert damit das Schützende und Haltende, das es seit der Antike als *periéchon*, als das uns Umgebende und Umhüllende, auszeichnete. Darf man den Umfragen Glauben schenken, betrifft dementsprechend die größte Angst des Menschen heute die manifeste und trotzdem in ihren Auswirkungen schwer kalkulierbare Tatsache, dass er selbst das Weltklima entscheidend mitgestaltet, allerdings in einer Art und Weise, dass er durch sein Handeln nicht nur seine eigene Zivilisation, sondern langfristig möglicherweise alles höher organisierte Leben auf diesem Planeten zu zerstören droht.

Der Begriff »Biodiversität« verhält sich demgegenüber relativ unauffällig im Vergleich zu den Begriffen »Anthropozän« und »Klimawandel«, und zwar insofern, als er nicht so negativ besetzt ist wie die beiden zuletzt genannten Begriffe. Aber auch wenn es zahlreiche Modelle innerhalb der Naturwissenschaften gibt, die versuchen, die Biodiversität eines spezifischen Ökosystems oder der Erde als Ganzer unter dem Stichwort »Variabilität« zu quantifizieren, so irrt man sich doch, wenn man glaubt, dieser Begriff habe heute rein deskriptiven Charakter. Dass auch der Begriff der »Biodiversität« kulturell geprägt ist, kann man sich vergegenwärtigen, wenn man die Kulturgeschichte der Wertschätzung natürlicher Vielfalt in der Abfolge der Epochen analysiert.[4] Dass der Begriff gerade in den letzten 30 Jahren so an Popularität gewonnen hat, dürfte sich unmittelbar auf das Aussterben zahlreicher Tier- und Pflanzenarten in diesem Zeitraum zurückführen lassen. In diesem Sinne ist der Aufstieg des Begriffes eng mit dem sechsten, diesmal allein durch den Menschen bedingten Arten-Massensterben in der Erdgeschichte verbunden. Darüber hinaus kann er als Absage an rein anthropozentrische Weltentwürfe verstanden werden, indem er – so wie der Begriff der kulturellen Diversität – die Andersheit des Anderen betont und zugleich deren Respekt einklagt.

Wenn der Begriff der Biodiversität einen zentralen Stellenwert im vorliegenden Buch einnimmt, wie zuvor in der Tagung in Kolumbien, die dieses inspiriert hat, dann hat dies aber auch zwei andere gewichtige Gründe. Denn erstens ist Kolumbien, das diese Tagung ausgerichtet hat, ein Land, das zusammen mit Mexiko und Brasilien über die höchste Biodiversität der Erde verfügt: Mit nur 0,7 % Anteil an der weltweiten Festlandsmasse vereinigt Kolumbien zehn Prozent

---

[4] Vgl. den Beitrag von Georg Toepfer in diesen Band.

Einführung

aller Tier- und Pflanzenarten des Planeten auf seinem Staatsgebiet. Zweitens nimmt das Jahr 2020 einen besonderen Stellenwert in der internationalen Umweltpolitik auf dem Gebiet des Biodiversitätsschutzes ein. Wurde dieses Jahr doch von den Vereinten Nationen im Jahr 2010 als einer der Meilensteine ausgerufen, an denen man den Erfolg der selbstgesetzten Zielsetzungen der internationalen Umweltpolitik auf diesem Gebiet messen sollte. Hier ist ein geschichtlicher Rückblick äußerst lohnend, auch wenn er absolut enttäuschend ausfällt. Beginnen wir mit dem Jahr 2019.

Der »Global Assessment Report on Biodiversity and Ecosystem Services« des Weltbiodiversitätsrates der Vereinten Nationen (IPBES) aus dem Jahr 2019 warnt davor, dass rund eine Million Tierarten in den kommenden Jahren und Jahrzenten vom Aussterben bedroht seien – mehr als zu irgendeinem anderen Zeitpunkt in der Geschichte der Menschheit. Der Artenschwund verläuft damit in der Gegenwart bis zu hundertmal schneller als im Durchschnitt während der letzten zehn Millionen Jahre. Der Bericht fügt hinzu, es sei wahrscheinlich, dass die meisten der im »Strategic Plan for Biodiversity 2011–2020« für das Jahr 2020 (!) verankerten Kernziele – die sogenannten »Aichi Biodiversity Targets« – nicht mehr erreicht werden können. Damit aber wird die Verwirklichung des Konzeptes der nachhaltigen Entwicklung (»Sustainable Development Goals«) ausgehöhlt, das erstmals in der Erklärung von Rio über Umwelt und Entwicklung von 1992 als Leiprinzip neben 26 anderen, untergeordneten Prinzipien proklamiert wurde. Auf der Rio-Konferenz von 1992 wurde aber nicht nur das Prinzip der nachhaltigen Entwicklung als Leitprinzip internationaler Umweltpolitik ausgerufen, sondern auch eine Reihe anderer völkerrechtlich bedeutsamer Dokumente unterschrieben – insbesondere die in New York (!) ausgehandelte Klimarahmenkonvention (UNFCCC). Deren 197 Vertragsstaaten treffen sich seitdem jährlich zu UN-Klimaschutzkonferenzen (United Nations Framework Convention on Climate Change, kurz Conference of the Parties, COP). Die bekanntesten Konferenzen fanden 2017 in Bonn (COP), 2015 in Paris (COP 21), 2009 in Kopenhagen (COP 15) und 1997 in Kyoto (COP 3) statt. Die nächste soll im November 2020 in Glasgow veranstaltet werden. Natürlich hat aber auch die Rio-Konferenz von 1992 eine Vorgeschichte. Denn die Deklaration von Rio mit ihren 27 Prinzipien basiert ihrerseits auf der Stockholmer Erklärung zur nachhaltigen Entwicklung von 1972. Die Konferenz von Stockholm – auch bekannt als die »United Nations Conference on the Human

Environment« – war die erste große Konferenz, die zu Umweltfragen organisiert wurde. Sie gilt als Beginn der internationalen Umweltpolitik und zeigt an, dass damals auf globaler Ebene ein Bewusstsein für den Tatbestand entstand, das menschliche Handeln bzw. unsere gegenwärtige Lebensform eine große Bedrohung für die Umwelt und damit auch für das Überleben der Menschheit darstelle. In der Stockholmer Erklärung ist interessanterweise vom »Schutz der Biodiversität« oder dem »Schutz der biologischen Vielfalt« noch keine Rede. Wohl aber wird in Prinzip 4 betont, dass »der Mensch eine besondere Verantwortung hat, das Erbe der Tierwelt und ihres Lebensraums zu schützen und weise zu verwalten.« Hierin zeigt sich ganz deutlich, in welch kurzem Zeitraum der Begriff der Biodiversität Karriere gemacht hat. Erst in der ersten Biodiversitätskonvention (Convention on Biological Diversity, CBD), die 1988 erarbeitet wurde, die auf der Riokonferenz von 1992 ratifiziert wurde und 1993 in Kraft trat, wird der »Schutz der biologischen Vielfalt« bzw. der »biological diversity« als solcher als erstrebenswert anerkannt. Aufgrund des nicht mehr zu übersehenden Massenaussterbens zahlreicher Tierarten – der Living Planet Index (LPI) von 2014 konstatiert rückblickend etwa einen weltweiten Rückgang der Zahl der Wirbeltiere im Zeitraum von 1970 bis 2010 um 52 Prozent – drang das Problem des Verlustes an Biodiversität im Jahr 2010 so sehr ins Bewusstsein der internationalen Politik, dass die Vereinten Nationen am 22. Dezember 2010 die Jahre 2011 bis 2020 zur »UN-Dekade der Biodiversität« ausriefen. Sie folgten damit einer Empfehlung der Unterzeichnerstaaten der 10. Biodiversitätskonvention (CBD), die im Oktober des Jahres 2010 im japanischen Nagoya (Präfektur Aichi, Japan) stattfand. Der »Strategic Plan for Biodiversity 2011–2020« und die 20 Aichi-Biodiversitätsziele wurden auf eben dieser Konferenz entwickelt. Achim Steiner, ehemaliger Leiter des UN-Umweltprogramms (UNEP), eröffnete die Konvention mit folgenden Worten: »Dieses Treffen ist Teil der Bemühungen der Welt, sich einer sehr einfachen Tatsache zu stellen: Wir zerstören das Leben auf der Erde«.[5] Die Aichi-Ziele zur biologischen Vielfalt, die von allen Mitgliedern der CBD vereinbart und gebilligt wurden, sollten erstens Prinzipien und Ideale der früheren Erklärungen (von Rio und Stockholm) bekräftigen und zweitens konkrete Strategien entwickeln, um

---

[5] In »Die Welt« vom 18. 10. 2010: https://www.welt.de/wissenschaft/article10379669/Wir-zerstoeren-das-Leben-auf-der-Erde.html

Einführung

das Ziel der ersten Biodiversitätskonvention von 1993 (!) in die Realität umzusetzen. Die Mitglieder der CBD versuchten mit den 20 höchst ambitionierten Zielen, die sich um fünf strategische Schwerpunkte gruppieren, aber nicht nur die Zerstörung der natürlichen Lebensräume durch den Menschen einzudämmen und neue sozioökonomische Mechanismen zu etablieren, sondern zugleich den Weg für eine neue Art des Zusammenlebens zwischen Mensch und Natur bis 2050 unter dem Motto »Living in Harmony with Nature« zu ebnen. Schon eine graduelle *Annäherung* der für dieses Jahr 2020 vorgesehenen Aichi-Ziele wäre aus heutiger Sicht eine wichtige Zwischenstation und ein großer Erfolg auf dem geplanten Weg bis 2050 gewesen. Es genügt, sich auch nur einige wenige der 20 Kernziele des »Strategic Plan for Biodiversity 2011–2020« der UN anzusehen, um einzusehen, dass die internationale Umweltpolitik angesichts der gewaltigen Herausforderungen der ökologischen Katastrophe, die in unserer Zeit über uns hereinzieht, bisher schlicht und ergreifend gescheitert ist. Hier eine Kurzauswahl von vier der 20 Kernziele für dieses Jahr:

Target 7: »By 2020 areas under agriculture, aquaculture and forestry are managed sustainably, ensuring conservation of biodiversity.«

Target 8: »By 2020, pollution, including from excess nutrients, has been brought to levels that are not detrimental to ecosystem function and biodiversity.«

Target 12: »By 2020 the extinction of known threatened species has been prevented and their conservation status, particularly of those most in decline, has been improved and sustained.«

Target 14: »By 2020, ecosystems that provide essential services, including services related to water, and contribute to health, livelihoods and wellbeing, are restored and safeguarded, taking into account the needs of women, indigenous and local communities, and the poor and vulnerable.«

Nimmt man die Aichi-Ziele bzw. ihre Bewertung durch den »Global Assessment Report on Biodiversity and Ecosystem Services« (2019) zum Maßstab, so hätte man momentan wohl allen Grund zu einer Annahme, die schon Schopenhauer gegenüber Leibniz vertreten hat: dass wir nicht in der besten, sondern in der schlechtesten aller möglichen Welten leben. Schopenhauer verband diese These allerdings mit dem Gedanken, dass unsere Welt, wenn sie noch ein wenig schlechter wäre, schon gar nicht mehr bestehen könnte. Heute steht die Vorstellung, dass das Weiterbestehen unserer Welt gefährdet sein könnte, nicht nur hypothetisch im Raum. Denn noch nie in der Menschheitsgeschichte gab es einen so großen Verlust an biologischer Vielfalt, so starke CO_2-Emissionen, so große Entwaldungen und so viel Verschmutzung und Versauerung der Ozeane; noch nie gab es so viele Zwangsumsiedlungen und Klimaflüchtlinge. Das Scheitern des »Strategic Plan for Biodiversity 2011–2020«, dessen Ziele heutzutage schlicht utopisch anmuten, offenbart aber nicht nur ein Scheitern der internationalen Politik, deren Aktivitäten zur Bewahrung des Lebens auf diesem Planeten zunehmend den Charakter einer im öffentlichen Raum inszenierten Hilfslosigkeit annehmen. Es ist schon bezeichnend, dass eine damals fünfzehnjährige Greta Thunberg auf der UN-Klimakonferenz in Katowice im Jahr 2018 die Bühne betreten und betonen kann: »Since our leaders are behaving like children, we will have to take the responsibility they should have taken long ago.«[6]

Die Hilflosigkeit der internationalen Politik, die – zugleich zutiefst in nationale Interessen verstrickt – in den reichen Ländern vom Lobbyismus und in den armen vom Autokratismus und der Korruption mitgeprägt ist, bringt darüber hinaus zum Ausdruck, dass die ökologische Krise eine tiefe Krise unserer Zivilisation darstellt. »Die wissenschaftliche Beweislage, dass unsere Zivilisation dem Feuer immer näher rückt,« so der renommierte, deutsche Klimaforscher Hans Joachim Schellnhuber in seinem Buch mit dem bezeichnenden Titel »Selbstverbrennung«, »ist erdrückend, aber gleichzeitig scheinen alle, die das Steuer noch herumreißen könnten, entschlossen, den Selbstmordkurs zu halten.«[7] Unsere Lebensform birgt den fatalen Widerspruch in sich, dass sie das Leben der Natur, die gleichzeitig ihre Grundlage darstellt, zerstört. Weltweit verlieren bereits hunderttausende Menschen ihr Leben durch die ersten Auswirkungen des Klimawandels, und die Zukunft der kommenden Generationen ist ernsthaft bedroht. Das Ziel des Strategischen Plans für die biologische Vielfalt, das das Motto »Living in Harmony with Nature« erhielt, ist damit weiter entfernt als je zuvor. Spätestens an dieser Stelle stellt sich natürlich die Frage, inwiefern Geistes-, Kultur-, Wirtschafts- und Rechtswissenschaften etwas zur Überwindung dieser Krise beitragen können, ja ob sie überhaupt dazu berufen sind,

---

[6] »Our leaders are like children, school strike founder tells climate Summit«, in »The Guardian« vom 04.12.2018: https://www.theguardian.com/environment/2018/dec/04/leaders-like-children-school-strike-founder-greta-thunberg-tells-un-climate-summit.
[7] Schellnhuber (2015), 642.

sich dazu zu äußern: Wenn etwa Veränderungen der globalen Kreisläufe von Stickstoff und Phosphor, sowie die Belastung der Atmosphäre mit Aerosolen zwei der zentralen Aspekte der ökologischen Krise darstellen – wie eine Gruppe von 29 international angesehenen Wissenschaftlern in einem gemeinschaftlich verfassten Artikel unter der Leitung von Johan Rockström, dem heutigen Direktor des Stockholm Resilience Centre (SRC), im Jahr 2009 behauptet[8] –, dann scheinen sich hierzu doch nur Vertreter aus den jeweiligen naturwissenschaftlichen Spezialdisziplinen fachkundig äußern zu können. Vielleicht brauchen wir ja nur bessere naturwissenschaftliche Modelle und bessere Ingenieure, sowie eine angewandte Ethik, welche die Politik dazu anleitet, neue, umweltfreundlichere Techniken zu implementieren? Reichen aber umweltfreundliche Techniken wie die sogenannten erneuerbaren Energien oder die Elektromobilität überhaupt dazu aus, um jemals ein harmonisches Zusammenleben von Mensch und Natur herbeiführen zu können? Oder – umgekehrt gefragt: Handelt es sich bei der ökologischen Krise überhaupt um ein rein technisches Problem, wie eine große Zahl von Wissenschaftlern und Politikern zu glauben scheint?

Tatsächlich scheitert der an sich zweifelsohne gutgemeinte Versuch, die ökologische Krise allein durch die Implementierung innovativer Technologien zu lösen, in der Praxis daran, dass der Mensch der Natur nicht nur äußerlich gegenübersteht, sondern als menschliches Individuum, als gesellschaftliches und kulturell geprägtes Wesen und als natürlicher Organismus, selbst *als das Stück Natur, dass er auch ist,* auf vielschichtige und komplexe Weise in die Zusammenhänge und Kreisläufe der *Natur* eingebunden ist.[9] Die Integration des Menschen in die Natur hat die Form einer *Selbst*integration, was sich unter anderen darin ausdrückt, dass er – wie insbesondere z. B. im Klimawandel offensichtlich – zum Opfer zahlreicher Rückkopplungseffekte wird (und in der Zukunft wohl noch viel stärkerem Masse werden wird), die er durch sein Handeln in einer ihm *scheinbar bloß gegenüberstehenden* Natur auslöst. In dieser Selbstintegration des Menschen in die Natur nehmen Wissenschaft und Technik bekanntlich einen im Laufe der Menschheitsgeschichte immer höher werden-

---

[8] Rockström u.a. (2009). Ausführlich diskutiert Eva Horn diesen Artikel, der unter dem Titel »A Safe Operating Space for Humanity« in der Zeitschrift »Nature« veröffentlicht wurde, in ihrem Beitrag zu diesem Band.
[9] Vgl. den Beitrag von Joachim Fischer in diesen Band.

den Stellenwert ein und münden in dem, was man bis vor kurzem noch »Zivilisierung«, »Kultivierung« oder euphemistisch »zivilisatorischen Fortschritt« nannte. Unabhängig von der Bewertung dieses Prozesses bzw. Fortschrittsglaubens, der einer der Motoren der Industrialisierung und mit ihr einhergehenden enormen Beschleunigung (»Great Acceleration«) der auf die Natur einwirkwenden, zivilisatorischen Prozesse war, ist festzuhalten, dass gerade weil die Integration des Menschen in die Natur den Charakter einer *Selbst*integration hat, die menschliche *Zivilisation* mehr als ein bloßes Stück Technik ist – woraus man zugleich den Schluss ziehen kann, dass die ökologische Krise eben kein rein technisches Problem ist. Die menschliche Zivilisation hat die Form einer Selbstvermittlung, in der der Mensch *als* Mensch in Erscheinung tritt und *darin* – d.h. in seiner jeweiligen Kultur und Lebensform – letztendlich mit sich selbst identifiziert ist. Die Technik ist daher kein bloßes Instrument, sondern nimmt zugleich eine *vermittelnde* Rolle im menschlichen Zusammenleben ein. Man kann diese Vermittlung als »Umweg« bezeichnen, wie es Blumenberg im Ausgang von Cassirer tut. »Die Umwege sind es aber«, so Blumenberg«, die der Kultur die Funktion der Humanisierung des Lebens geben.«[10] Denn am Ende des Weges – führt er auch durch die Natur hindurch – steht doch immer der Mensch, von dem dieser Weg seinen Ausgang nahm. Weil der Mensch als Prometheus (= Vordenker) *selbst* das antizipierte Ziel aller technischen Entwicklungen ist, reflektiert sich in den Artefakten der Technik seine *ganze*, jeweilig geschichtlich, kulturell, geographisch geprägte Lebensform, an der zugleich eben *die* Natur partizipiert, in die er sich integriert und in der er in diesem Sinne »beheimatet« ist. So ist es wohl kein Zufall, dass der Begriff »Zivilisierung« nicht allein für technische Entwicklung, sondern zugleich für ein ethisches Ideal einsteht: nämlich für das Gegenteil von Barbarei, Verwahrlosung und Heimatlosigkeit. Und es ist ebenso kein Zufall, dass es kaum möglich ist, eine scharfe Trennung von Technik und Kunst zu etablieren, da technische Produkte eine ästhetische Dimension haben und insofern auch über jene »Zweckmäßigkeit ohne Zweck« verfügen, die nach Kant für die Kunst charakteristisch ist – eben weil der Mensch als Endzweck aller Technik mit Kant gesprochen »Zweck-an-sich-selbst« und die Technik an dieser Selbstzweckhaftigkeit teilhat. Insofern die Menschen eine Form des Zusammenlebens gewählt haben, in der sie in einen Wider-

---

[10] Blumenberg (1987), 137.

spruch zu ihrer inneren und äußeren Natur treten, weil sie Zweck-an-sich-selbst sind, handelt es sich um einen unserer Zivilisation *immanenten* Widerspruch, der eben darum ein gewichtiges politisches, soziales, anthropologisches und nicht zuletzt philosophisches Problem darstellt. Unter dieser Perspektive erscheint der Versuch einer Lösung der ökologischen Krise allein durch bessere, umweltfreundlichere Technik lösen zu wollen, zum Scheitern verurteilt. Denn in der Praxis ist es ja gar nicht möglich, die Form der Selbstintegration des *Individuums* in die *Gesellschaft* von der entsprechenden Form der Selbstintegration des *Menschen* in die Natur zu trennen: Selbst Großstädte wie New York oder Berlin mit ihren zahlreichen Parkanlagen, Grünflächen, Flüssen, Autos, Fahrrädern, den Massen von dahintreibenden Menschen in den Straßen und tausenden von Tier- und Pflanzenarten, die neben und mit dem Menschen in den zivilisatorischen »Ballungsräumen« leben, stellen in demselben Sinne Ökosysteme dar, wie sie sich als kulturelle Phänomene beschreiben lassen. Die Durchdringung von Natur und Kultur, die eine metaphysische Dimension hat, da sie zugleich den Gegensatz von Geist und Natur transzendiert und deren epistemische Trennung unterläuft, bildet zugleich die Grundlage für den Umstand, dass sich die soziale und ökologische Problematik gar nicht voneinander trennen lassen, wie so unterschiedliche Denker wie Papst Franziskus, die Philosophen Hans Jonas, Thomas Pogge, der Klimaforscher Hans Joachim Schellnhuber oder die kanadische Journalistin Naomi Klein ausdrücklich betonen. So ist z. B. ein Kerngedanke der Enzyklika »Laudatio si« von Papst Franziskus, dass sich ökologische Nachhaltigkeit und soziale Gerechtigkeit nur zusammen verwirklichen lassen: »[E]in echter ökologischer Ansatz wird immer zu einem sozialen Ansatz führen«.[11] Aus der Sicht des gegenwärtigen Papstes handelt es sich bei der Spaltung von Mensch und Natur und bei der Spaltung von reich und arm gleichsam um zwei Seiten derselben Medaille. So vertritt Papst Franziskus die These, dass eine der grundlegenden Ursachen der ökologischen Krise darin besteht, dass »wir in einem strukturell perversen System von kommerziellen Beziehungen und Eigentumsverhältnissen leben«.[12] Dem Papst zufolge gibt es »eine ökologische Schuld« insbesondere der Länder des Nordens gegenüber den Ländern des Südens, »und dieses kommerzielle Ungleichgewicht hat Auswirkun-

---

[11] Papa Francisco (2015), 46. (Übersetzung aus dem Spanischen S. R.)
[12] Papa Francisco (2015), 48. (Übersetzung aus dem Spanischen S. R.)

gen auf den Bereich der Ökologie«.[13] In der Tat leiden schon jetzt die armen Länder des Südens, die am wenigsten zur Klimakrise beigetragen haben, am meisten unter ihren Konsequenzen. Unter dieser Perspektive ist das Phänomen des Klimawandels, wie Schellnhuber zu Recht sagt, Ausdruck eines »tiefen Unrechts«, ja »ein ethischer Skandal größten Ausmaßes«.[14] In der Tat hat die immer größer werdende Kluft zwischen Reichen und Armen, bzw. das diese Spaltung hervorbringende Wirtschaftssystem, aber nicht nur fatale Auswirkungen auf das ökologische Gleichgewicht der Erde, sondern ist auch Ausdruck des Tatbestandes, dass der Mensch sich in ein System verstrickt hat, das zugleich seine eigene Natur pervertiert und entstellt. Seit der Antike ist der Gedanke, dass es eine Natur des Menschen gibt, die alle Menschen insofern miteinander verbindet, als sie ihren gemeinsamen Ursprung darstellt, aufs Engste mit der Idee der Gerechtigkeit und der Entstehung des Naturrechts verbunden. Im Zentrum des Naturrechts als historischer Grundlage der Menschenrechte steht wiederum das Ideal *der Gleichheit aller Menschen*, das wir schon bei den Stoikern finden. Noch Kant führt dieses Gleichheits-Ideal auf naturrechtliche Grundlagen zurück, nämlich darauf, dass die Menschen insofern *von Natur aus* gleich sind, als sie gleich geboren sind. Die unabhängige humanitäre Hilfsorganisation Oxfam hat berechnet, dass im Jahr 2019 die 162 reichsten Milliardäre auf der Welt zusammen über so viel Vermögen verfügt haben, wie die gesamte ärmere Hälfte der Weltbevölkerung. Schon im Jahr 2014 besaß Oxfam zufolge ein einziges Mitglied der globalen Vermögenselite im Durchschnitt rund 45 Millionen Mal mehr als ein Mitglied der ärmeren globalen Hälfte.

Dass solch ein aberwitziges Ungleichgewicht zwischen arm und reich das Ideal der Gleichheit der Menschen untergräbt, das auf dem Glauben einer gemeinsamen Natur des Menschen beruht, steht wohl außer Frage.[15] Wie soll denn eine Menschheit, in der die Reichen des Nordens von den Armen des Südens durch einen Abgrund voneinander getrennt sind, jemals *zusammen* das Ideal eines »Lebens in Harmonie mit der Natur« verwirklichen, das das erklärte Ziel der Umweltpolitik der Vereinten Nationen bis 2050 ist? Die Selbstentfremdung des Menschen in einer Welt, die von einer Überformung aller menschlichen Beziehungen – sowohl zu »Seinesgleichen« als

---

[13] Ebd., 48 (Übersetzung aus dem Spanischen S. R.)
[14] Schellnhuber (2015), 665.
[15] Vgl. Pogge (2002).

Einführung

auch zur außermenschlichen Natur – durch wirtschaftliche Interessen geprägt ist, spiegelt sich heute in kaum einem Begriff so sehr wider wie in dem des Anthropozäns. Denn im Anthropozän tritt der Mensch im Zeitalter der Industrialisierung in letzter Konsequenz keinem anderen als sich selbst als feindliche Naturgewalt gegenüber. Dies belegt aber umso deutlicher die Notwendigkeit eines »Eingedenkens der Natur im Subjekt«, wie es schon Horkheimer und Adorno forderten. Ein solches Eingedenken kann sich nicht allein auf den Menschen beschränken, sondern muss – wie schon Denker wie Whitehead und Jonas im 20. Jahrhundert betonten – die Frage der inneren Werthaftigkeit der außermenschlichen Natur miteinbeziehen. Denn auch wenn einerseits der Mensch der Verursacher jener desaströsen Entwicklung ist, die den Kollaps des ökologischen Gleichgewichts dieser Erde hervorzurufen droht, so leistet dennoch gemäß einer entscheidenden Einsicht der Naturwissenschaft des 20. Jahrhunderts andererseits *jedes* Lebewesen durch seine bloße Existenz gleichzeitig einen wertvollen *Beitrag* zum ökologischen Gleichgewicht. Daher besteht eine der großen Herausforderungen der Philosophie des 21. Jahrhunderts darin, diese Einsicht in die innere Werthaftigkeit der äußern Natur in die Waagschale zu werfen und die rechtliche Stellung der Natur neu zu bedenken, so auch angesichts des Tatbestandes, dass in zahlreichen Ländern dieser Erde bereits Rechte der Natur in die jeweiligen Rechtssysteme eingeführt worden sind.

In den folgen elf Kapiteln dieses Bandes sollen die hier skizzierten Probleme vertiefend betrachtet werden:

Georg Toepfer (Berlin) untersucht in seinem Beitrag, wie sich im Begriff der Biodiversität Tatsachen und Werten miteinander verschränken, welcher (politischer) Gewinn aus dieser Verschränkung zu ziehen ist, aber auch welche Probleme sich aus ihr ergeben. In einigen Stationen aus der Kulturgeschichte der kulturellen Darstellung von natürlicher Vielfalt weist er auf die sehr alte symbolische Wertschätzung der Vielfalt außermenschlicher Lebensformen und deren soziale Verwendung hin. Er stellt dar, wie sich »Diversität« auf dieser Grundlage zu einem höchst integrativen Konzept entwickeln konnte, das schließlich in der »kurzen Geschichte von Biodiversität« seit Mitte der 1980er Jahre (das Wort wurde 1985 geprägt) in die verführerische Parallelisierung von sozialer und biologischer Diversität münden konnte. *Helmut Maassen* (Düsseldorf) entfaltet ausgehend von der Prozessphilosophie Alfred North Whiteheads ein Konzept des Begriffes der Biodiversität, das seinen Ursprung in der

Ästhetik hat. Nicht nur bei der Wahl mathematischer Modelle, der Präferenz musikalischer Formen, oder dem Umgang mit der Natur, sondern insgesamt auf der metaphysischen Ebene, auf der die Wirklichkeit in all ihrer Vielfalt angemessen zu erfassen versucht wird, liefert die Ästhetik nach Whitehead Kriterien zur Bestimmung von Zielen in den unterschiedlichen Selbstkonstituierungsprozessen, auf der Mikro- wie auf der Makroebene. *Joachim Fischer* (Dresden) entwickelt in seinem Beitrag die These, dass wenn moderne Gesellschaften unübersehbar und unüberhörbar von der Frage der dauerhaften, langfristigen Sicherung der Existenzgrundlagen von Leben überhaupt und Menschen insbesondere, der nachhaltigen Sicherung von Boden, Wasser, Klima, Energien, Ernährung und Biodiversität umgetrieben werden, sie ein durchdachtes Theoriekonzept des Verhältnisses des Menschen zur Natur und zur Biodiversität innerhalb ihrer brauchen. Fischer zeigt auf, dass insbesondere Helmuth Plessner im Ausgang von Uxküll eine anthropologische Lebens-Soziologie entwickelt hat, die ein Modell sozialer und gesellschaftlicher Naturverhältnisse transparent macht, das die sozialen Problematiken und Aktionsspielräume des Menschen im Hinblick auf Natur und Biodiversität begrifflich zu erfassen vermag. Von besonderer Bedeutung sind hierbei die von Plessner entwickelten Begriffe des »Lebenskreises« und der »exzentrischen Positionalität«. *Eva Raimann* (Gießen) vertritt die These, dass wenn man heutzutage von einem Niedergang der Natur spricht, für den der Mensch der Hauptverantwortliche ist, dies ein Spannungsverhältnis von Natur und Kultur zum Ausdruck bringt, für das gegenwärtig in paradigmatischer Weise der Begriff des Anthropozäns einsteht. Nach einer Untersuchung der vielfältigen Implikationen des Anthropozäns und der verschiedenen Bedeutungsebenen des Naturbegriffs versucht dieser Beitrag, über theoretische (Re-)Konzeptualisierungen die Frage zu klären, wie und ob sich das menschliche Subjekt widerspruchsfrei im Anthropozän verorten kann. Im Zentrum des Beitrags von *Eva Horn* (Wien) steht ebenfalls der Begriff des Anthropozäns. Sie vertritt die These, dass wir im Zeitalter des Anthropozäns Naturgeschehen und menschliche Geschichte nicht mehr strikt voneinander trennen können. Vielmehr ist Historiographie nun dazu aufgerufen ist, Menschengeschichte als Erdgeschichte, aber auch die Geschichte der Natur als Geschichte menschlicher Praktiken und Eingriffe zu schreiben. Erdgeschichte und Menschheitsgeschichte haben aus Horns Sicht miteinander gemeinsam, dass sie sich innerhalb eines zeitlichen Zusammenhangs entfalten, der sich als ein systematischer Zusammenhang von Gegenwart, Vergangenheit, und Zukunft erfassen lässt. Problematisch ist aber, dass sich Erdgeschichte und Menschheitsgeschichte bisher auf Skalen völlig unterschiedlicher Größenordnungen bewegten. Horn wirft die Frage auf, ob es überhaupt möglich ist, Modelle finden, diese Zeitskalen miteinander in Kongruenz zu bringen bzw. ineinander zu übersetzen. So stellt aus ihrer Sicht die Zeitlichkeit des Anthropozäns insbesondere die für die Moderne charakteristische Idee »einer offenen und gestaltbaren Zukunft in Frage«. Denn durch die Konsequenzen seines eigenen Handelns prägt der Mensch im Anthropozän eine »dämonisch lange Zukunft«, die zugleich »jeden menschlich denkbaren Zeithorizont übersteigt«. *Erika Castro-Buitrago, Juliana Vélez-Echeverri, Mauricio Madrigal* (Medellín), stellen in ihrem Artikel heraus, wie sehr insbesondere die Länder des Südens jetzt schon an den Auswirkungen des Klimawandels leiden. Sie stützen sich in ihrer Analyse u. a. auf den »Atlas of Environmental Migration«, der herausstellt, dass im Jahr 2015 mehr als 19 Millionen Menschen aufgrund von Naturkatastrophen zwangsweise umgesiedelt werden mussten. Neben Schwarzafrika (d.h. Afrika südlich der Sahara) sind Lateinamerika und die Karibik die am stärksten durch die Auswirkungen des Klimawandels gefährdeten Regionen. Dies gilt insbesondere auch für das Amazonasbecken und die Andenregion, die zugleich die wichtigsten Städte in ihrem Umkreis mit Wasser versorgen. In Lateinamerika ist Kolumbien eines der durch den Klimawandel am stärksten gefährdeten Länder, da die Mehrheit der Bevölkerung in Überschwemmungsgebieten an der Küste und auf instabilen Böden in den Gebirgsketten lebt, was erklärt, warum Kolumbien schon jetzt von so vielen klimabedingten Katastrophen heimgesucht wird. *Thomas Pogge* (Yale) stellt einen Ansatz vor, den er zusammen mit zwölf anderen Experten für internationales Recht aus allen Erdteilen in mehrjähriger Zusammenarbeit entwickelt hat. Diese *Expertengruppe zum Thema globale Klimapflichten* hat sich zusammengefunden zur Beantwortung der Frage, welche rechtlichen Pflichten hinsichtlich des Erdklimas Staaten heute haben. Dabei sind die Teilnehmer davon ausgegangen, dass es in der Tat solche rechtlich verbindlichen Klimapflichten gibt. Das neue an den in dieser Zusammenarbeit erarbeiteten »Oslo-Prinzipen« liegt weniger darin, dass sie rechtlich verbindliche Obergrenzen für die Treibhausgasemissionen pro Land und Kopf festlegen, sondern zugleich die Möglichkeit eines Lastenausgleiches rechtlich verankern, der es den reichen Ländern mit hohem CO_2-Ausstoß ermöglichen soll, die globale Emission an Treibhausgasen zu senken, *ohne* die verbindliche Obergrenze in ihrem eigenen Land einzuhalten, indem sie die Kosten dafür übernehmen, das Entwicklungs- und Schwellenländer erst gar nicht die Fehler der Industrieländern widerholen, ihre Energie vor allem aus fossilen Energieträgern wie Kohle oder Erdöl zu beziehen, sondern direkt eine alternative Energiepolitik entwickeln, die auf erneuerbaren Energien wie Wind und Sonne beruht. Ebenfalls mit rechtlichen Fragestellungen beschäftigen sich die Beiträge von Felipe Calderon-Valencia (Medellín), Maria Bertel (Innsbruck) und Stascha Rohmer (Medellín). *Felipe Calderon-Valencia* setzt sich in seinem Beitrag mit der brasilianischen Umwelt und- Verfassungsgesetzgebung auseinander. Dabei kritisiert er zugleich scharf die Umweltpolitik des amtierenden Präsidenten Jair Bolsonaro. *Maria Bertel* untersucht ausgewählte Verfassungen des südamerikanischen Kontinents dahingehend, ob diese die Natur als Rechtssubjekt anerkennen oder als Rechtsobjekt klassifizieren. Dabei teilt sie die Verfassungen in zwei Kategorien ein. Zum ersten in anthropozentrische Konzepte (»Umweltschutz« als Menschenrecht) und zum zweiten in biozentrische Konzepte (Recht der Natur auf Erhalt und Fortbestand als »autonomes« Recht). Je nachdem, welcher Zugang gewählt wird, variieren auch sonstige Pflichten der Individuen. Der Fokus dieses Beitrags liegt daher auf der verfassungsrechtlich festgelegten Rolle des Individuums in Bezug auf den Umweltschutz bzw. das Recht der Natur auf ihren Erhalt und Fortbestand. Im Zentrum des Beitrags von *Stascha Rohmer* (Medellín) steht die Frage, wie sich die – wie sich zeigte – bereits in zahlreiche Rechtssysteme eingeführten Rechte der Natur philosophisch rechtfertigen lassen. Die Natur, so Rohmers These, die er im Ausgang von Denkern wie Hegel, Whitehead, Plessner und Jonas entwickelt, lässt sich nur als Subjekt des Rechts verständlich machen, wenn man die auf Descartes zurückgehende Spaltung von Körper und Geist überwindet. Denn die cartesische Spaltung bietet die Grundlage des neuzeitlichen Materialismus, innerhalb dessen die Natur nur noch unter dem Gesichtspunkt ihrer Nützlichkeit für den Menschen oder als bloßer Rohstoff für die Produktion betrachtet wird. Will man hingegen die Natur selbst mit Rechten ausstatten, muss man ein neues Naturverständnis entwickeln, dass die Eigenständigkeit und innere Werthaftigkeit der Natur anerkennt. Damit tritt zugleich die Frage auf, ob der Natur – neben Rechten – auch eine Würde zugesprochen werden soll.

Literaturverzeichnis

Bergogli, J. M. (Papa Francisco) (2015), *Carta Encílica Laudatio si'. Sobre el cuidado de la casa común*, Vatikanstadt.

Blumenberg, H. (1987), *Die Sorge geht über den Fluß*, Frankfurt a.M.

Jonas, H. (1984), *Das Prinzip Verantwortung. Versuch einer Ethik für die technologische Zivilisation*, Frankfurt a.M.

Klein, N. (2014), *This Changes Everything: Capitalism vs. The Climate*, New York 2014 (dt. Übersetzung: *Die Entscheidung: Kapitalismus vs. Klima*, Frankfurt a.M. 2015)

Maier, A. (2011), »Natur war gestern«, in: *Die Zeit* Nr. 13 v. 24. März 2011, 49.

Plessner, H. (2003), *Die Stufen des Organischen und der Mensch, Einleitung in die philosophische Anthropologie*, Gesammelte Schriften, Bd. IV, Frankfurt a.M.

Pogge, T. (2002), World Poverty and Human Rights. Cosmopolitan Responsibilities and Reforms, Malden/Mass. (dt. Übersetzung: *Weltarmut und Menschenrechte. Kosmopolitische Verantwortung und Reformen*, Berlin/New York 2011)

Rockström, J. u.a. (2009), »Planetary boundaries: exploring the safe operating space for humanity«, in: *Ecology and Society* 14/2. Online: www.eco logyandsociety.org/vol14/iss2/art32/ [konsultiert am 11. 09.2017].

Schellnhuber H. J. (2015), *Selbstverbrennung: Die fatale Dreiecksbeziehung zwischen Klima, Mensch und Kohlenstoff*, München.

Biodiversität als Tatsache und Wert in der langen und kurzen Geschichte des Konzepts

Georg Toepfer

›Biodiversität‹ ist in den letzten Jahrzehnten zu einem der erfolgreichsten Konzepte der öffentlichen Kommunikation der Lebenswissenschaften geworden. Der Begriff konnte dabei geradezu zu einem Synonym für Naturschutz werden – oder mehr noch, das Mensch-Natur-Verhältnis sogar besser beschreiben als der traditionelle, anthropozentrisch orientierte aus dem späten 19. Jahrhundert stammende Terminus ›Naturschutz‹. Die Frage nach den Gründen für diese steile Begriffskarriere führt aus der Biologie heraus und in die Kulturgeschichte hinein. Sie führt in die lange Tradition von Diversitätsbildern, zu frühneuzeitlichen Pflanzen- und Tierstilleben und zu christlichen Paradiesbildern – also zu kulturell tief verankerten Idealvorstellungen von einer Welt, deren wesentliches Charakteristikum die Vielfalt von Lebewesen ist, mit denen der Mensch zusammen existiert. ›Biodiversität‹ ist damit nicht nur ein beschreibender Begriff, sondern auch eine normativ aufgeladene Kategorie, die nicht allein in den Naturwissenschaften verankert ist.

Dieser Beitrag gliedert sich in fünf Abschnitte: In einem ersten werden die Gründe für die Popularität von Biodiversität in einer *langen* Geschichte gesucht, die bis in die ersten schriftlichen Dokumente des Menschen zurückreicht. Der zweite Abschnitt widmet sich der *kurzen* Geschichte, die mit dem Aufkommen des Ausdrucks in den 1980er Jahren beginnt und auffällige Parallelen zur Wertschätzung der kulturellen Vielfalt aufweist. Die Art dieser Parallelen von biologischer und kultureller Vielfalt wird im dritten Abschnitt näher betrachtet und dabei der Frage nachgegangen, ob die auffallenden zeitlichen und begrifflichen Entsprechungen nur oberflächlicher oder tieferer Natur sind. Diese Frage führt im vierten Abschnitt zu einer Betrachtung der Verschränkung von Tatsachen und Werten in dem Begriff der Biodiversität. Gefragt wird dabei nach dem Vorteil und den Problemen, die mit dieser Verschränkung einhergehen. Abschließend wird es darum gehen, ›Biodiversität‹ primär als einen politischen Begriff zu charakterisieren, der dazu geeignet ist, für ein nachhaltiges Verhältnis zur Natur zu werben, der aber aufgrund seiner normativen Aufladung für die Naturwissenschaften auch problematisch ist.

I. Die lange Geschichte von ›Biodiversität‹ seit dem Beginn der Schrift

Ihren historischen Anfang nimmt die Darstellung von Biodiversität mit Listen. Dies geschieht vor 5.000 Jahren mit dem Anfang der Schrift. Listen sind die älteste Technik zur Erschließung der Vielfalt der Dinge in der Welt. Die ältesten Schriftzeugnisse der mesopotamischen Kulturen bestehen aus Listen von Gütern, mit denen gehandelt wurde, aber auch aus Listen zur Inventarisierung der Dinge in der Welt: Listen von Metallen, Gefäßen, Beamtenfunktionen und geografischen Orten stehen neben solchen von Bäumen, Haustieren, Fischen und Vögeln.[1] Die ältesten Listen in Proto-Keilschrift stammen aus der späten Uruk-Zeit um 3.000 v. Chr. Die Liste von Vögeln (ebenso wie die der Fische) umfasste mehr als einhundert Einträge. Darunter befanden sich auch Rabenartige, also Tiere, mit denen vermutlich nicht gehandelt wurde und die keinen unmittelbaren Nutzen für den Menschen hatten.[2] In ihrem großen Umfang waren die Listen offenbar darauf gerichtet, die Dinge der Welt insgesamt und vollständig zu erfassen; die Klassen von Dingen wurden unabhängig von ihrem ökonomischen Wert inventarisiert.

Viel verwendet werden solche Listen in der Naturgeschichte seit dem 18. Jahrhundert. Carl von Linnés Hauptwerk *Systema naturae* ist in seiner Grundstruktur eine Liste. In der 10. Auflage von 1758 führt sie in ihrem zoologischen Teil rund 4.200 Arten auf 800 Seiten auf.[3] Auch die heutige Erfassung der Diversität erfolgt in Listen, so in der großen online-Datenbank der *Encyclopedia of Life*.

Zur Repräsentation von Biodiversität sind Listen aus mehreren Gründen sehr geeignet: Erstens, sind sie nach dem Prinzip der Ranggleichheit aufgebaut und enthalten Einheiten auf gleichem Abstraktionsniveau, z. B. biologische Arten. Zweitens enthalten sie Substan-

---
[1] Englund/Nissen (1993).
[2] Veldhuis (2004), 299 ff.
[3] Linné (1758).

zialisierungen der Phänomene: Abstrahiert wird in ihnen von Prozessen, Relationen und Eigenschaften der aufgelisteten Dinge. Und drittens sind Listen formal so konzipiert, dass sie zwar auf Vollständigkeit gerichtet sein können, dabei aber doch offen bleiben; sie können jederzeit verlängert werden.

Über diese formalen Merkmale der Substanzialisierung und Linearisierung leisten Listen eine bestimmte Form der Reduktion von Komplexität: Aufgereiht werden in einer Liste Einzeldinge; sie stehen gleichberechtigt untereinander. Listen realisieren also, so könnte man sagen, ein Prinzip der Egalität: die unhierarchische, parataktische Nebenordnung von Einzeldingen oder genauer: Typen von Einzeldingen wie biologischen Arten.

Auch bildlich dargestellt wird Biodiversität seit der Antike – meist allerdings eher hierarchisch und auf den Menschen bezogen. Ein bekanntes Beispiel für eine antike Inszenierung einer großen Anzahl von Tieren in einer gewissen Vielfalt ist die Jagdszene aus der Grabkapelle des Nebamun (um 1400 v. Chr.).[4] Abgebildet ist ein hoher ägyptischer Beamter bei der Vogeljagd mit einem Wurfholz im Papyrusdickicht. Neben den gejagten Vögeln und Fischen finden sich eine Katze und Schmetterlinge. Der Ort des Geschehens in der wuchernden Vegetation und die Art der dargestellten Tiere deuten auf eine erotische Szene in einer Stätte der Fruchtbarkeit und Regeneration. Sie visualisieren eine am Glück der Diesseitswelt orientierte Vorstellung vom Jenseits oder eine mögliche Auferstehung des Grabherrn aus der Jenseitswelt. Eine deutlich höhere Diversität weisen viele römische Mosaiken und Fresken auf. So sind im Gartenfresko der Villa Livia in Prima Porta bei Rom 23 mediterrane Pflanzenarten und 40 verschiedenen Vogelarten identifiziert worden.[5]

Die antiken Darstellungen können zwar eine hohe Diversität von Tieren enthalten; sie unterscheiden sich aber doch deutlich von den späteren Biodiversitätsbildern. Denn die älteren Darstellungen enthalten keine die Dinge vereinzelnde und aufzählende, egalitäre Nebenordnung, sondern sind vielmehr Bilder von Szenen oder Wimmelbilder, in denen es um Interaktionen von Lebewesen in verschiedenen Situationen geht. Diese Szenen enthalten häufig eine Hierarchisierung, besonders deutlich bei der altägyptischen Jagdszene, bei

---

[4] Parkinson (2008), 123.
[5] Tammisto (1997), 244.

der der Mensch in der Mitte steht, die Vögel oben, darunter Säugetiere und die Fische ganz unten. Eine solche Hierarchisierung findet sich auch häufig in Bildern aus dem christlichen Kontext. Im christlichen Bereich sind es besonders vier biblischen Szenen, in denen eine hohe Diversität von Tieren gezeigt wird: Szenen der Schöpfung, des Paradieses, der Benennung der Tiere durch Adam und die Tiere in der Arche Noah. In *Schöpfungsszenen* nimmt Gott meist eine exponierte Position in der Mitte oder oben ein. Im Grabower Altar des Meister Bertram aus dem späten 14. Jahrhundert zum Beispiel steht Gott in der Mitte umgeben von den Tieren, die er geschaffen hat: zu seiner rechten die Säugetiere, zu seiner linken die Vögel oben, darunter die Fische und ganz unten Krebse – eine kleine *scala naturae*. Auch in den biblischen *Paradiesszenen* ist die menschliche Gestalt häufig exponiert, so wie in den Paradiesdarstellungen von Rubens. Paradiesszenen enthalten zwar viele Arten, aber immer nur wenige Tiergruppen, meist nur Säugetiere und Vögel, und natürlich die Schlange. Wirbellose Tiere, wie Insekten, Spinnen oder Würmer sind fast nie abgebildet. Das Aufzählende, Enumerative christlicher Motive zeigt sich besonders in den paradiesischen *Benennungsszenen*. Den Tieren einen Namen zu verleihen, ist die erste Handlung Adams im Paradies. Er benennt die Tiere der Reihe nach, so wie Gott sie ihm vorführt – ein ebenfalls vielfach dargestelltes Motiv der christlichen Kunst. Die vierte paradigmatische biblische Szene, in der es um die Fülle der Lebewesen geht, ist die Versammlung der Tiere in der *Arche Noah*. Auch diese enthält eine primär aufzählende Anordnung verschiedener Tierarten, aber doch in einer meist klaren Hierarchisierung mit Wildtieren in den unteren Stockwerken, gefolgt von Säugetieren, die als Haustiere gehalten werden, darüber Vögel und ganz oben der Mensch. Die christlichen Motive verleihen den dargestellten Arten von Lebewesen und ihrer Vielfalt insgesamt eine normative Aufladung. Bei christlichen Autoren findet sich auch ein expliziter Ausdruck dieser Wertschätzung. So bezeichnet Augustinus die Variation der Pflanzen und die Vielfalt der Tiere (»diversitates animalium«) an einer Stelle als »großartig, ausgezeichnet, schön und staunenswert« (*quam magna, quam praeclara, quam pulchra, quam stupenda!*) und preist mit ihr Gott als deren Schöpfer.[6] Darin liegt eine Wertschätzung der Vielfalt

---

[6] Augustinus (2004), 145, 12.

als solcher. Bei Thomas von Aquin heißt es später in ähnlicher Richtung:

> Obgleich ein Engel, für sich betrachtet, mehr ist als ein Stein, so sind dennoch zwei Wesen verschiedener Art besser als von nur einer Art; und daher ist eine Welt, die Engel und andere Dinge enthält, besser als eine, in der es nur Engel gibt; denn die Vollkommenheit der Welt wird durch die Mannigfaltigkeit der Arten erreicht, welche die verschiedenen Stufen des Guten einnehmen, und nicht durch die Vervielfältigung von Einzelwesen einer einzigen Art.[7]

Ähnliche Ansichten finden sich später bei Leibniz, der einen einzelnen Menschen gegen die ganze Spezies der Löwen aufwiegt und meint, es sei nicht sicher, ob Gott dabei dem einzelnen Menschen den Vorzug geben würde.[8] In dieser Perspektive der Diversität wird der Mensch also neben die anderen Arten von Lebewesen koordiniert; er erhält keine unbedingt ausgezeichnete Stellung mehr. Ihren bildlichen Ausdruck findet diese Sicht in Biodiversitätsbildern, die kein Oben und Unten mehr kennen, sondern eine egalitäre, unhierarchische Repräsentation der Fülle bieten. Paradigmatische Beispiele dieses Typs erscheinen im Flämischen Stillleben des 17. Jahrhunderts, besonders ausgeprägt in den Insektenbildern von Jan van Kessel dem Älteren aus den 1660er Jahren.

In verstreuter Anordnung auf kleinem Raum findet sich in ihnen eine hohe Diversität von Tieren, häufig unspektakulären, hinfälligen Tieren – Schnecken, Schmetterlinge, Käfer, Heuschrecken, Libellen, Schaben, Spinnen, Reptilien. Kunsthistoriker sprechen von *Streumusterbildern*.[9] Jan van Kessels Insektenbilder begründen einen bestimmten Bildtyp, *Biodiversitätsbilder*, wie sie genannt werden könnten. Charakterisieren lassen sie sich durch folgende Merkmale: Sie stellen auf engem Raum eine bunte Vielfalt verschiedener Arten dar; jede Art ist durch nur ein Individuum vertreten; dieses ist sehr naturalistisch, mit seinem ganzen Körper, aber vor neutralem Hintergrund ohne jeglichen Kontext repräsentiert, vollständig ökologisch dekontextualisiert; es finden auch keine Interaktionen unter den abgebildeten Tieren statt; die Tiere entstammen sehr unterschiedlichen

---

[7] Thomas von Aquin, Scriptum super Sententiis (ca. 1255), liber I, distinctio 44, quaestio 1, articulus 2; Übers. nach Lovejoy, Die große Kette der Wesen, dt. 1985, S. 98.
[8] Leibniz (1710), 241 (II, 118).
[9] Schütz (2002), 66.

Verwandtschaftskreisen und ihre überlappungsfreie Anordnung folgt offenbar keinem klassifikatorischen Prinzip.

Wenn dargestellt werden sollte, was Biodiversität ist, dann gelingt dies am ehesten mit einem solchen Bild: Es zeigt einen Zustand der Differenz von Individuen. Biodiversität ist die Summe aus differenten Individuen mit verschiedenen Lebensformen und Lebensweisen. Sie sind dargestellt nach dem Prinzip der Addition, eine offene bunte Mannigfaltigkeit, die offensichtlich keine abgeschlossene Ganzheit, kein System der Interaktion darstellt. Zentral für das Prinzip der Darstellung ist auch, dass es kein Oben und Unten gibt, keine Hierarchisierung und Wertung. Grundsatz der Darstellung ist ein parataktischer Egalitarismus, die aufreihende, gleichberechtigte Nebenordnung, die Juxtaposition von Lebensformen.

Interessant ist die Herkunft dieses Bildtyps im flämischen Stillleben: Ein wichtiger ikonografischer Referenzpunkt sind spätmittelalterliche Stunden- und Gebetsbücher aus Flandern, die während der Wallfahrt gesammelte kleine Objekte enthalten.[10] Neben kulturellen Erinnerungsstücken an einzelne Orte auch Naturalien wie gepresste Blumen, Vogelfedern oder Insekten. Diese Dinge wurden als Wallfahrts-Devotionalien in die Gebetsbücher eingenäht, später bevorzugt gemalt. Die Naturalien ermöglichten die Erinnerung an den persönlichen Weg zu der heiligen Stätte und den konkreten Nachvollzug dieses Ereignisses: Begründet wurde mit dieser Praxis ein vereinzelnder Blick auf die Natur, eine *Naturalia-Tradition* oder Naturgeschichte im eigentlichen, rein beschreibenden Sinne: eine Vergegenwärtigungs- und Memorialkultur – methodisch deutlich unterschieden von erklärender Naturwissenschaft.

Aufgenommen wird diese Bildlogik im flämischen Stillleben, und zwar zunächst in symbolisch-allegorischen Darstellungen. Beispiele dafür liefern die Drucke Georg und Jacob Hoefnagels aus dem späten 16. Jahrhundert. Die Abbildung hinfälliger Insekten und anderer zarter Tiere wird mit Sentenzen aus der Bibel verbunden. Die Tiere erlangen damit eine Bedeutung vor dem Hintergrund dieser religiösen Bezüge. Ihre Deutung erschließt sich ausgehend von der heiligen Schrift. Im Vordergrund steht dabei meist die Vergänglichkeit des irdischen Lebens, bei den Insekten außerdem ihre Metamorphose, die als Symbol für die Auferstehung nach dem Tod verstanden werden konnte.

---

[10] daCosta Kaufmann (1993), 36 ff.

Jenseits der religiösen Botschaften erlangen die Insekten in den höchst detailreichen und realistischen Darstellungen der Hoefnagels den Status eines sich verselbständigen Bildsujets. Der präzise Naturalismus (mit gewissen Ausnahmen[11]) ermöglicht heute eine genaue Bestimmung der Arten. Die Vielfalt der nebeneinander gestellten sehr unterschiedlichen Arten von Lebewesen zeichnet außerdem ein Bild der Pluralität von Lebensformen, das vielleicht nicht unabhängig von den entstehenden Diskursen um die kulturelle Diversität gesehen werden kann. Denn Georg Hoefnagels frühe Diversitätsbilder aus den 1570er Jahren fallen in eine Zeit, in der nicht zuletzt als Folge der gewaltsamen religiösen Auseinandersetzungen (wie der Bartholomäusnacht 1572) und des kolonialen Rassismus Rufe nach Toleranz und Anerkennung der kulturellen Diversität laut werden, wie etwa in Montaignes *Essais* (1580). Selbst in solchen Werken, deren Hauptbotschaft nicht religiöse Toleranz ist, wie in Torquato Tassos Epos *Das befreite Jerusalem* (1574), kann eine Vorstellung von Diversität aufscheinen, die auch in ihrer Begrifflichkeit modern anmutet, insofern sowohl Sitten und Kleidungen als auch die religiösen Einstellungen verschiedener Kulturen als »divers« beschrieben werden: Einige beten Tiere an, einige die große gemeinsame Mutter, andere die Sonne und die Sterne (»Diverse bande/ diversi han riti ed abiti e favelle:/ altri adora le belve, altri la grande /comune madre, il sole altri e le stelle«).[12] In diesen Worten kommt ebenso wie in Hoefnagels Insektenbildern eine vielfältige Welt zur Geltung, die nicht nur durch eine Religion zu verstehen ist.

In der zweiten Hälfte des 17. Jahrhunderts vollzieht sich eine Revision der Naturhermeneutik in Richtung der Naturtheologie, in der die Tiere als unmittelbare Manifestationen Gottes gelten. Ihr Sinn erschließt sich damit nicht mehr nur über den Weg der heiligen Schrift. Es gilt nicht mehr, in den Gestalten der Natur den heiligen Text zu entdecken oder ihre Bedeutung über den Bezug zur heiligen Schrift zu entziffern. Vielmehr werden die Strukturen der Tiere selbst als eine Manifestation des Heiligen verstanden. Die Formen der Natur avancieren geradezu zu einem gegenüber der heiligen Schrift gleichberechtigten Zugang zu Gott. Dabei spielt die Vielfalt der Formen eine entscheidende Rolle. Hinzu kommt die im 17. Jahrhundert entstehende wissenschaftliche Naturkunde, in deren Rah-

---

[11] Vgl. Hendrix/Vignau-Wilberg (1992), 82.
[12] Torquato Tasso: La Gerusalemme liberata (1574) XV, 28; vgl. Zatti (2006), 145.

men der Anspruch einer systematischen Dokumentation der Fülle und der naturalistischen Darstellung der Formen entstehen. Die christlich-emblematische Inszenierung der Tiere tritt damit insgesamt zurück. Jan van Kessels Insektenbilder sind aber keine wissenschaftlichen Illustrationen. Seine Darstellungen der Vielfalt als ungeordnetes Nebeneinander offenbaren keine ökologische System- oder taxonomische Systematisierungsabsicht. Zeitlich und systematisch zwischen christlicher Emblematik und wissenschaftlicher Naturgeschichte erscheinen die Bilder als Feier der reinen Heterogenität (und diese als Lob der göttlichen Schöpfungskraft). Seit Ende des 17. Jahrhunderts entstehen die großen Kompendien der Naturgeschichte, die die Fülle der Tiere und Pflanzen akribisch dokumentieren und auflisten. In den wissenschaftlichen Tafelbänden der Naturgeschichte werden die beiden Aspekte zusammengeführt, die hier als wichtig für die lange Geschichte herausgestrichen wurden: der Listencharakter und die Streumusterbilder. Mit der wissenschaftlichen Abhandlung der Diversität verliert diese aber auch ihre eindeutig evaluative Dimension. In der wissenschaftlich erforschten und dokumentierten Vielfalt muss nicht mehr der Reichtum Gottes gesehen werden, sondern sie kann auch als ein blindes Produkt des kausalen Mechanismus der Artbildung erscheinen. Weil es in diesem Beitrag primär um die evaluativen Dimensionen der Diversität geht, kann die beschreibende und erklärende Naturgeschichte von Linné bis Darwin übersprungen werden.

II. Die kurze Geschichte von ›Biodiversität‹: »take the ›logical‹ out of ›biological‹«

Als Motto der kurzen Geschichte von Biodiversität könnte die Devise stehen, die im Zusammenhang mit der Begriffsprägung entstand: *take the ›logical‹ out of ›biological‹*. An dieser Devise wird deutlich, dass die kurze Geschichte einen Anschluss an die ältere lange Geschichte herstellt und dabei die Phase der Geschichte der Biologie als Wissenschaft von 1680 bis 1980 überspringt. Als Startpunkt der kurzen, der eigentlichen Geschichte von Biodiversität gilt in der Regel das *National Forum on BioDiversity*, das im September 1986 unter Finanzierung durch die *National Academy of Sciences* und die *Smithsonian Institution* in Washington D.C. stattfand. An diesem nationalen Forum nahmen mehr als 60 Vertreter verschiedener Disziplinen teil, u. a. aus der Biologie, Wirtschaftswissenschaft und Landwirtschaft. Prominente beteiligte Biologen waren E. O. Wilson, Paul Ehrlich und Stephen J. Gould. Es ging dabei u. a. um die Erfassung und den Wert der Diversität, um Renaturierungsfragen sowie den Zusammenhang von Ökologie und Ökonomie. Die Veranstaltung fand unter großer öffentlicher Aufmerksamkeit statt; die Abschlussrunde wurde live an 100 Orte übertragen. Das breite Themenspektrum wird auch in dem zwei Jahre später von Edward Wilson herausgegebenen Buch deutlich: In dessen 57 Beiträgen geht es meist nicht primär um Biologie, sondern um Herausforderungen des Schutzes von Biodiversität, die Abhängigkeit des Menschen von biologischer Diversität, den Wert der Biodiversität und verschiedene Perspektiven auf Biodiversität.

Dieses nicht ausschließlich biologische Verständnis von ›Biodiversität‹ betont besonders der Botaniker Walter G. Rosen, der das *National Form* mitkonzipierte und der auch den Ausdruck ›Biodiversität‹ in der Vorbereitung des Kongresses prägte. In einem Interview sechs Jahre nach dem Kongress legte Rosen dar, dass es mit dem Begriff wesentlich um die ethisch-emotionale Verbindung zur Natur gehen solle: Die Maxime vom Übergang von ›biologischer Diversität‹ zu ›Biodiversität‹ war es, das Logische aus dem Biologischen zu streichen (»to take the ›logical‹ out of ›biological‹«).[13] Es sollte mit dem Begriff in erster Linie nicht um wissenschaftliche Aspekte gehen, sondern um Breitenwirksamkeit, um *emotion* und *spirit*, wie Rosen 1992 sagte.

Dieser Maxime, das Logische aus dem Biologischen zu streichen, folgen viele Installationen von Biodiversität in den großen Naturkundemuseen, zum Beispiel die *Hall of Biodiversity* des *American Museum of Natural History* in New York oder die *Biodiversitätswand* des Berliner *Naturkundemuseums*. In diesen großen Installation – die Berliner Wand ist zwölf Meter lang und vier Meter hoch – wird ohne viele Erklärungen einfach eine große Vielfalt von präparierten Tierkörpern zusammen arrangiert. In ihrer Bildlogik rückt diese Installation deutlich von den älteren Formaten der Dioramen ab, insofern hier keine Szenen dargestellt sind, keine Interaktionen von Tieren, auch keine natürlichen Systeme (jedenfalls nicht konsequent), sondern die reine Vielfalt mit nur geringer Berücksichtigung von taxonomisch-systematischen, biogeografischen oder ökologischen Ge-

---

[13] Rosen, in Takacs (1996), 37 [Interview am 30. März 1992].

Biodiversität als Tatsache und Wert

sichtspunkten. An die Stelle der alten Kausal- tritt hier eine reine Objektinszenierung. Mit Janice Neri lässt sich von einer *specimen logic* sprechen[14], einer Exemplar- oder Vereinzelungslogik, in der die präparierten Tierkörper dekontextualisiert nebeneinander gestellt werden. Zu verstehen ist die Wand als eine Installation der Naturgeschichte: Es geht in der Begegnung mit ihr nicht um Erklären und Verstehen der Vielfalt, sondern um Staunen und Verwunderung. Der knappe Text zur Erläuterung der Vitrine unterstreicht die Aura des Mysteriösen, die durch die spärliche Beleuchtung des Raums erzeugt wird. Dieser Text beschreibt die »biologische Vielfalt und Fülle« als »großes Geheimnis der Natur«. Das Geheimnis betrifft nicht einzelne Objekte wie die spektakulären Saurierskelette in der Eingangshalle des Museums, sondern die kaum überschaubare Vielzahl von rund 3000 Tierpräparaten. Biologisches Wissen über diese Exponate vermittelt diese Ausstellung kaum. Die angedeutete biologisch-taxonomische Ordnung tritt insgesamt zurück gegenüber ästhetischen, ethischen und emotionalen Dimensionen des Ausgestellten, der Biodiversität: Die überwältigende Schönheit des einzelnen Tiers wird durch den Verzicht auf seinen biologischen oder ökologischen Kontext gerade betont. Der Fokus liegt auf der ästhetischen Qualität der einzelnen Objekte, die sich in dieser Inszenierung in kostbare Preziosen verwandeln, wie sie in den frühneuzeitlichen Kunst- und Wunderkammern zu finden waren. Nur steht hier nicht die Exotik oder die Feier des Schöpfers im Vordergrund, sondern die Bedrohung jeder einzelnen Tierart durch den Menschen. Angesprochen sind damit Fragen des Naturschutzes und der Naturethik. Die Biodiversitätswand ist deshalb in erster Linie eine ästhetisch-ethische Installation.

Bereits in ihrer Bildlogik ist die Biodiversitätswand nicht wertfrei. Wie in den älteren Biodiversitätsbildern ist ihr Darstellungsprinzip das einer parataktischen Ordnung von Einzeldingen, egalitär repräsentiert in einer unhierarchischen Nebenordnung. Jedes einzelne Präparat repräsentiert dabei nicht nur das ehemals lebendige Individuum, von dem seine Oberflächenmaterialien stammen, sondern auch die gesamte Art, der das lebendige Individuum angehörte. Denn jede Art ist durch nur ein Präparat vertreten, wodurch die Vitrine insgesamt den Charakter eines Repräsentantenhauses erhält, eines

---
[14] Neri (2011), xiii.

egalitären Parlaments der Arten. Diese Darstellungsform entspricht dem normativen Diskurs pluralistischer Demokratien. Naheliegend ist es daher auch, die gegenwärtigen musealen Biodiversitätsinstallationen im Rahmen einer politischen Ikonografie zu interpretieren: nicht in erster Linie als Repräsentationen biologischen Wissens, sondern als pluralistische soziale und politische Vorstellungen, politische Ideale ausgedrückt im Gewand der Natur.

Außerhalb des Kontextes von Naturkundemuseen erfährt dieser Bildtyp in der gegenwärtigen populären Kultur eine vielfältige Aufnahme. Hier nur zwei Beispiele: David Liittschwager hat in seinem Projekt *One Cubic Foot* in verschiedenen Lebensräumen alle Tiere fotografisch festgehalten, die sich über einen gewissen Zeitraum in einem Würfel von einem Fuß Seitenlänge einfanden, z. B. in einem tropischen Korallenriff. Durch Zusammenstellung aller dieser Fotografien nach parataktischer Logik entstanden Biodiversitätsbilder.[15] Christopher Marley arrangierte seine Fotografien von bevorzugt Käfern in Biodiversitäts-Mosaiken, die zu ganzheitlichen Figuren wie Quadraten oder Kreisen geformt sind.[16] Kein Mosaikstein gleicht hier dem anderen, und kein Element darf zur Vollständigkeit des Ganzen fehlen.

III. Die Parallele von biologischer und kultureller Diversität

In welchem Verhältnis steht nun diese Aufmerksamkeit für biologische Diversität zum Diskurs um kulturelle Vielfalt? Auffallend ist zunächst das zeitliche Zusammentreffen: *diversity* ist seit Anfang der 1980er Jahre ein Schlagwort von gesellschaftlichen Auseinandersetzungen in den USA. Der Ausgangspunkt dieser Debatten lässt sich genau festlegen: Es ist die Diskussion um *affirmative action*, die Politik der Zulassung von Studierenden verschiedener ethnischer Herkunft an amerikanischen Universitäten. Besondere Aufmerksamkeit hat dabei vor allem ein Fall erhalten: die gerichtliche Auseinandersetzung eines weißen Studenten und der University of California. Allan Bakke, ein Ingenieur, der in den 1970er Jahren Medizin studieren wollte, wurde von kalifornischen Universitäten dafür nicht zugelassen, obwohl er einen besseren Notendurchschnitt hatte als viele an-

---

[15] Liittschwager (2012).
[16] Marley (2008).

dere Bewerber mit dunkler Hautfarbe, die zugelassen wurden. Bakke zieht dagegen vor Gericht, und das juristische Verfahren ging bis zum US Supreme Court. Der dortige Richter Lewis Powell verteidigte die Ablehnung der Zulassung von Bakke mit dem Argument, eine *diverse Studentenschaft* (»a diverse student body«) sei ein hinreichender Grund, um ethnische Gesichtspunkte (»race«) bei Zulassungsentscheidungen zu berücksichtigen.[17] Seit diesem Urteil des Supreme Court ist *Diversität* ein fester Begriff öffentlicher Debatten.

Die Bedeutung des Begriffs in diesen Debatten zeigt sich rein quantitativ an der sprunghaften Zunahme seiner Häufigkeit, wie sich etwa über den Google NGram Viewer zeigen lässt. Zu sehen ist dabei der parallele Aufstieg von *diversity* und *biodiversity* seit den 1980er Jahren. Bis in die 80er Jahre ist *diversity* insgesamt kein häufiges Wort des Englischen. Seitdem erfährt es aber eine rasante Zunahme seiner Häufigkeit: Der Reihe nach überholt werden in der reinen Worthäufigkeit in den von Google eingescannten Büchern: *harmony, equality, equilibrium* und in den frühen 2000ern auch *stability*. Diese quantitative Zunahme hat zwar noch keine große Aussagekraft; es ist aber doch bemerkenswert, dass *Diversität* seit den 1990er Jahren ein häufigeres Wort ist als *Gleichheit*.

Als Beleg für eine erhöhte Aufmerksamkeit für Diversität seit Mitte der 1980er Jahre könnten auch Bilder dieser Zeit dienen. Zum Beispiel arrangierte Fotografien aus der 1984 begonnenen Werbekampagne von Oliviero Toscani für *United Colors of Benetton*. Die Bilder dieser Kampagne folgen der oben identifizierten Bildlogik der Biodiversitätsbilder: die parataktische, egalitäre Repräsentation von scharf gegeneinander abgesetzten und weitgehend beziehungslos nebeneinander stehenden Einzelwesen, in diesem Fall Menschen.[18]

Explizit formuliert wurde der Bezug der biologischen zur kulturellen Diversität in den Konventionen und Erklärungen der Vereinten Nationen: Die *Biodiversitäts-Konvention* der Vereinten Nationen von 1992 verweist auf die Bedeutung der kulturellen Vielfalt für die Erhaltung und Bewahrung der Kenntnis der biologischen Vielfalt.[19] Und umgekehrt enthält die *Universale Erklärung zur kulturellen Vielfalt* der Vereinten Nationen aus dem Jahr 2001 einen expliziten Bezug auf die biologische Vielfalt: Die kulturelle Diversität sei für die

---

[17] Wood (2003).
[18] Pagnucco Salvemini (2002).
[19] https://www.cbd.int/convention/text/.

Menschheit ebenso wichtig wie die biologische Diversität es für die Natur sei.[20] In den beiden Bereichen des Kulturellen und des Biologischen ist das Konzept der Diversität offenbar erfolgreich, weil es Achtung und Verantwortung transportiert, Toleranz gegenüber dem Fremden, Freude an der Heterogenität und Mannigfaltigkeit. Es scheint in unsere Gegenwart zu passen, die sich selbst pluralistisch versteht. Denn der Begriff drückt Enthierarchisierung und Pluralisierung der Perspektiven aus, den Verzicht auf eine übergreifende, durchgängig gültige Ordnung, den Eigensinn und Eigenwert jedes einzelnen, auch nichtmenschlichen Wesens, und die Hoffnung, auf den letztlich harmonischen Zusammenklang des vielstimmigen Mit- und Gegeneinanders.

Eine Parallele von biologischer und kultureller Diversität besteht aber auch hinsichtlich der Kritik, der sich das Konzept ausgesetzt sieht. Die Wertschätzung der kulturellen Diversität in der Zulassungspraxis amerikanischer Hochschulen wird seit jeher von konservativen Kreisen kritisiert. Peter Wood, Anthropologe und Präsident der amerikanischen *National Association of Scholars*, kritisierte in einem Buch von 2003 die Zulassungspraxis der *affirmative action*, weil sie gegen uramerikanische Werte verstoße, insbesondere gegen das Prinzip der Gleichheit. Außerdem werde mit der Zuordnung eines Individuums zu einer ethnischen Gruppe im Rahmen der *affirmative action* eine dehumanisierende Stereotypisierung von Menschen vollzogen.[21]

Eine ähnliche Kritik äußerte der Literaturtheoretiker Walter Benn Michaels 2006. Auch er kritisierte das Perpetuieren von Stereotypisierungen durch *affirmative action*. Und er wies darauf hin, dass das größte soziale Problem nicht in der ethnischen Diskriminierung liege, sondern in der wachsenden ökonomischen Ungleichheit von Menschen. Sofern Diversität auf Fragen der ethnischen Zugehörigkeit konzentriert sei, lenke sie also nur ab von den eigentlichen Problemen, die im Bereich der sozialen Ungleichheit liegen: »commitment to diversity is at best a distraction«, schreibt Michaels.[22]

---

[20] https://www.unesco.de/sites/default/files/2018-03/2001_Allgemeine_Erkl%C3%A4rung_zur_kulturellen_Vielfalt.pdf; vgl. Heyd (2010), S. 162.
[21] Wood (2003), 115; 135.
[22] Michaels (2006), 13.

Biodiversität als Tatsache und Wert

Soziale Ungleichheit werde im Namen von ›Diversität‹ umgedeutet und ihr Konfliktpotenzial dadurch entschärft.

Dieser Kritik haben sich viele angeschlossen, so auch der Politikwissenschaftler und Ideenhistoriker Mark Lilla von der Columbia University. In einem viel beachteten Beitrag in der New York Times hat er kurz nach der Wahl Donald Trumps im November 2016 die Identitätspolitik im Wahlkampf von Hilary Clinton für ihre Niederlage verantwortlich gemacht. Clinton habe zu viel auf Diversität gesetzt und dabei vergessen, das Gemeinsame, das Verbindende zu betonen. Die *fixation on diversity* habe zu einer narzisstischen Selbstbezüglichkeit der diversen Gruppen geführt und den Sinn für das Allgemeine ausgehöhlt.[23] Diversität führt nach dieser Diagnose zur Identitätspolitik und zum Verlust des Gemeinsinns.

Alle diese Kritiken an der kulturellen Diversität finden sich in Variation auch in Bezug auf die Biodiversität. So wie Wood, Michaels und Lilla der Ansicht sind, die Fixierung auf Diversität sei ungeeignet, die Ursachen für die eigentlichen Probleme westlicher Gesellschaften wie die ökonomisch bedingte Ungleichheit zu bezeichnen, so wird auch dem Begriff der Biodiversität vorgeworfen, dass er nicht denjenigen Aspekt der Natur bezeichne, den wir in ihr schützen sollten. Diese Kritik am Konzept der Biodiversität führt zu der Frage nach dem Verhältnis von Tatsachen und Werten in dem Begriff.

IV. Die Verschränkung von Tatsachen und Werten in ›Biodiversität‹

Vor dem Hintergrund der reichen Kulturgeschichte der Bezüge zur biologischen Vielfalt, zu denen die Paradies- und Idealvorstellungen von einer bunten, mannigfaltigen Welt gehören, scheint es fast ausgeschlossen, dass dagegen argumentiert werden könnte. Tatsächlich gibt es aber doch Stimmen, die für eine Reduktion der Vielfalt plädierten, diese sogar als eine Kulturaufgabe ansahen. Zu diesen zählt der schweizerische Botaniker Carl Nägeli, der in einer Abhandlung aus dem Jahr 1865 schreibt:

[Die] massenhafte Vernichtung von Pflanzen- und Thierarten [ist] in grauer Vergangenheit mehr als einmal eingetreten. Damals waren es klimatische Veränderungen und das Auftauchen von neuen Organisationsformen,

---

[23] Lilla (2016).

namentlich von neuen Thieren, welche die Physiognomie der Pflanzendecke und der sie bewohnenden Thierwelt umgestalteten. Jetzt ist es das letzte und höchste Glied der organischen Welt, der Mensch, welcher die Revolution vollzieht; und diese Umwälzung wird eine viel durchgreifendere und vollständigere sein, weil sie mit Intelligenz und Absicht vollbracht wird. […] So sterben die Arten zu Hunderten, wenn auch zunächst bloss in localer Beschränkung. Mit ihnen schwindet die Poesie und Schönheit der naturwüchsigen Landschaft. An ihre Stelle tritt die Cultur, die Grundlage für Gesittung und geistige Bildung. Diese Veränderung der Natur in der Richtung des Nützlichen und Zweckmässigen erinnert an einen ähnlichen Umschwung im socialen Leben des Menschengeschlechtes.[24]

Dies ist eine äußerst nüchtern anmutende Analyse, die im Grunde aber den Realitäten ins Gesicht blickt. Faktisch hat Nägeli recht: Die Kultivierung des Landes durch den Menschen ist mit einem Rückgang der Diversität verbunden, mit dem Massenaussterben von Arten. Mehr Menschen, weniger Biodiversität – auf diese einfache Formel lässt sich die Entwicklung seit der Industriellen Revolution und der Intensivierung der Landwirtschaft bringen. Das Problem verschärft sich in der Gegenwart immer weiter. In Europa gibt es zwar nur wenige vom Aussterben bedrohte Vogelarten, aber der Bestand der häufigen Vogelarten ist allein in den letzten 30 Jahren um 400 Millionen Individuen, d. h. rund 20 % der Gesamtpopulation von 1980, zurückgegangen.[25] In anderen Teilen der Welt sieht es bekanntlich noch dramatischer aus. Die Populationen vieler großer Säugetiere Afrikas sind in den letzten Jahrzehnten gleich um Zehnerpotenzen zurückgegangen. Nach Zahlen der Internationalen Naturschutzunion von 2014 sind weltweit ein Fünftel aller Säugetierarten und fast die Hälfte der Amphibienarten in ihrem Bestand gefährdet.[26] Wir befinden uns also ohne Zweifel mitten im sechsten Massenaussterben der Erdgeschichte. Dem Bericht einer Expertenkommission der Vereinten Nationen zufolge könnten in den nächsten Dekaden bis zu einer Million Arten aussterben (das heißt deutlich mehr als die Hälfte aller bisher beschriebenen Arten).[27]

Trotz dieser höchst beunruhigenden Zahlen wird aber bezweifelt, dass der ökologischen Krise am effektivsten mit dem Begriff der

---

[24] Naegeli (1865), 35 f.
[25] Inger et al. (2015).
[26] Dirzo et al. (2014).
[27] https://www.un.org/sustainabledevelopment/blog/2019/05/nature-decline-unprecedented-report/.

Biodiversität als Tatsache und Wert

Diversität begegnet werden kann. Analog zur Kritik an der kulturellen Diversität als einer Ablenkung von den eigentlichen ökonomischen Problemen ist auch eine Kritik an der Biodiversität geübt worden: Dem Konzept wird vorgeworfen, nicht denjenigen Aspekt an der Natur zu bezeichnen, den wir am meisten schätzen und um den es uns eigentlich gehen sollte. Radikal formulierte Carlos Santana diese Kritik 2014 unter dem Titel: *Save the planet: eliminate biodiversity*.[28] Was wir an der Natur schätzen und schützen wollen und sollten, hat nach Santana häufig nichts mit Diversität zu tun. Die Diversität sei ein *unnötiger Platzhalter*, der gerade herausgekürzt werden könne: Biodiversität sei nur ein Zwischenschritt zum Schutz von biologischem Wert (»biological value«), um den es eigentlich geht. Dieser biologische Wert kann in der Stabilität ökologischer Systeme oder dem Vorkommen bestimmter als besonders schutzwürdig erachteter Arten bestehen.

Ähnliche Zweifel am Wert von Biodiversität als letzte Argumentationsgrundlage werden in den letzten Jahren von verschiedenen Autoren geäußert. In einem Aufsatz von 2015 halten Nicolae Morar und Koautoren Biodiversität ausdrücklich für einen *red herring*, eine falsche Fährte, ein verlockendes argumentatives Angebot, dem besser nicht gefolgt werden sollte. Auch sie bezweifeln es, dass Biodiversität eine nützliche Grundlage für Entscheidungen im Naturschutz ist und dass der Begriff überhaupt den Aspekt von Natur bezeichnet, den wir am meisten schätzen.[29] Wir seien häufig nicht interessiert an der Verschiedenheit der Dinge als solcher – als welche die Diversität definiert ist –, sondern an einzelnen Dingen aus der Vielheit. Im Bereich des Naturschutzes ist dies evident: Es geht häufig nicht darum, möglichst *viele* Arten in einem Gebiet zu erhalten, sondern nur ganz bestimmte, typische oder seltene. Die Fixierung auf den nebenordnenden Katalog von Arten, die der Biodiversitätslogik inhärent ist, führe also gerade in die Irre.

Es fragt sich also, warum die gleichberechtigte Teilhabe aller Arten am Gesamtbild ein Ziel sein sollte. Dieses Ziel verlangt zumindest nach einer Rechtfertigung und Begründung wie jedes andere auch und kann keine natürliche Priorität für sich beanspruchen. In vielen Bereichen, kulturellen ebenso wie natürlichen, wird keine Maximierung der Diversität angestrebt, sondern gerade deren Beschränkung:

---

[28] Santana (2014).
[29] Morar et al. (2015).

Antisoziales Verhalten wird bekämpft, Krankheiten werden eliminiert, Krankheitserreger auszurotten versucht. Die Vielfalt als solche ist also noch kein Gut, sondern erst das rechte Maß am rechten Ort.[30] Die uneingeschränkte positive Evaluation der Diversität ist *ein* Problem des Begriffs, weil die Diversität kein Selbstzweck ist. Ein zweites Problem liegt darin, dass die evaluative Aufladung von Biodiversität eine Trennung des faktischen wissenschaftlichen Wissens von der öffentlichen Bewertung dieses Wissens erschwert. Diese Trennung ist aber für den demokratischen Prozess der Entscheidungsfindung in Bezug auf die Konsequenzen wissenschaftlicher Erkenntnisse zentral. Nicolae Morar und seine Mitautoren argumentieren in ihrem Aufsatz von 2015, die Grundlage einer Entscheidung, eines politischen Urteils werde unklar, wenn das Faktische nicht mehr vom Normativen getrennt werde.[31]

Wissenschaftlern, die so verfahren, die in ihren grundlegenden Begriffen immer schon Tatsachen mit Werten verschränken, wird Anmaßung vorgeworfen, weil sie mit der Verwendung des Begriffs zugleich eine Wertedebatte prägen und vorentscheiden. Diese Wertedebatte sollte aber nicht innerhalb der Wissenschaft allein geführt werden. Denn es ist nach Ansicht der Kritiker des Biodiversitätsbegriffs eine nicht allein durch die Wissenschaften zu beantwortende Frage, ob wir in der Natur immer die Vielfalt schätzen sollten, ob es nicht auch viele Szenarien gibt, in denen nicht die Vielfalt der Lebensformen als solche für uns einen Wert darstellt, sondern allein einzelne Lebensformen darin, so dass die Kategorie der Diversität nicht den zentralen Aspekt der Überlegungen trifft.

Problematisch wird damit gerade der Aspekt des Begriffs, der dafür verantwortlich ist, dass er mit rasanter Geschwindigkeit die Bühne des Politischen erobern konnte, so dass von den Vereinten Nationen eine ganze Dekade nach ihr benannt wurde und Naturschutz inzwischen eher als ein Aspekt von Biodiversität gelten muss als umgekehrt: die Verschränkung des Deskriptiven mit dem Normativem. Der umfassende und durchschlagende Erfolg der Biodiversitätsrhetorik ist zu einem nicht geringen Preis erkauft. Die mit dem Begriff beförderte Hybridisierung von faktischem und normativem Wissen erschwert eine objektive Beurteilung.

---

[30] Maier (2012), 344.
[31] Morar et al. (2015), 25.

Um diese Hybridisierung abzuwenden, ist vorgeschlagen worden statt des normativ aufgeladenen Begriffs der ›Biodiversität‹ besser einen evaluativ neutralen wie ›Biokomplexität‹ zu verwenden.[32] Weil bei diesem Begriff nicht mitschwingt, ob das Bezeichnete gut oder schlecht ist, scheint er eher dazu geeignet zu sein, die Ebenen des Faktischen und Normativen getrennt zu halten. Die Mikrobiologin Rita Colwell, die diesen Vorschlag 1998 machte, ist der Ansicht, dass ›Biokomplexität‹ einerseits *neutraler* ist, weil es weniger weltanschauliche und normative Konnotationen transportiert als ›Biodiversität‹. Andererseits ist Biokomplexität nach Colwell *umfassender* als Biodiversität, weil es sich auch auf chemische, soziale und ökonomische Interaktionen bezieht.[33]

Ein Umschwung von ›Biodiversität‹ zu ›Biokomplexität‹ als Leitbegriff der Forschung und Politik ist aber in den letzten zwanzig Jahren nicht erfolgt und ist sicher auch nicht für die nahe Zukunft zu erwarten. Denn es ist doch gerade seine unsaubere Herkunft und seine Hybridisierungskraft, die ›Biodiversität‹ auf der politischen Bühne so erfolgreich werden ließ. ›Biodiversität‹ erscheint diesbezüglich als ein paradigmatisch *politischer* Begriff.

V. Biodiversität als politischer Begriff

Inwiefern ist also ›Biodiversität‹ ein politischer Begriff? Der Ausdruck hat zunächst insofern mit Politik zu tun, als ›Biodiversität‹ ein seit den 1990er Jahren von der Politik schnell aufgegriffener und propagierter Begriff ist. Von Seiten der Biologie wurde er geradezu in *strategischer* Absicht mit genau diesem Zweck eingeführt, und zwar mit doppelter Stoßrichtung: einerseits, um von wissenschaftlicher Seite einen Einfluss auf die Politik auszuüben, im Sinne einer Naturschutzpolitik, eines schonenden Umgangs mit den Naturressourcen. Andererseits war es Absicht der Autoren aus der Biologie, die Seite der klassischen biologischen Disziplinen zu stärken, nämlich diejenigen Subdisziplinen wie die Systematik und Ökologie, die anders als die Molekularbiologie und Genetik auf die Beschreibung der Vielfalt der Lebewesen und ihrer Interaktionen gerichtet sind.[34]

---

[32] Morar et al. (2015), 26.
[33] Colwell (1998).
[34] Eser (2007), 47.

Georg Toepfer

Für den politischen Erfolg des Begriffs ist die reiche Kulturgeschichte der von ihm bezeichneten Sache von entscheidender Bedeutung. Ohne die Konnotationen zum Paradies und zu den ästhetisch attraktiven naturalistischen Darstellungen einer Fülle von Tieren seit der Antike würde der Begriff politisch nicht funktionieren. Gleichzeitig ist für den politischen Wert des Begriffs die Assoziation zur Arche von Bedeutung, also die ethische Dimension, die eine sensible Rücksichtnahme auf andere Geschöpfe einfordert. Darüber verliert er aber nicht den ökonomischen Bezug: Biodiversität ist auch der Name für die Services, die von der Vielfalt von Lebewesen ausgehen und die Versorgung mit Nahrungsmittel und anderen Stoffen ebenso betreffen wie die Regulation des Klimas und kulturell wertgeschätzte Güter. Über all dem bewahrt ›Biodiversität‹ schließlich noch die Dignität eines wissenschaftlichen Begriffs. Es sind also mindestens die vier Bereiche der Ästhetik, Ethik, Ökonomie und Wissenschaft, die im Begriff der Biodiversität zusammengeführt werden.

Der politische Erfolg des Begriffs scheint wesentlich auf seiner integrativen Kraft zu beruhen. Er ist einerseits wissenschaftlich verankert – als präzise zu bestimmende Messgröße –, andererseits zugleich mit starken, attraktiven Bildern verbunden – die an kulturelle Stereotypen wie Paradiesvorstellungen ebenso anzuschließen sind wie an jeweils eigene individuelle Naturerfahrungen. Die Vereinigung von wissenschaftlich Objektivierbarem, kulturell Wertgeschätztem und persönlicher Erfahrung scheint den Kern der Attraktivität des Konzepts auszumachen. ›Biodiversität‹ ist darin unterschieden von den alten Leitbegriffen der Ökologie wie ›Harmonie‹, ›Gleichgewicht‹, ›Vernetzung‹ oder ›Nachhaltigkeit‹, die abstrakter sind und weniger an die unmittelbare Erfahrung anzuschließen waren. Biodiversität bündelt demgegenüber viel leichter heterogene Erfahrungen und Lebenswelten, macht sie konkret und sinnlich, bleibt aber auch für das Abstrakte, Zählende und Messende anschlussfähig.

Als die UNESCO im Nagoya-Protokoll von 2010 das zweite Jahrzehnt des 21. Jahrhunderts zur »Dekade der Biodiversität« erklärte, ging es gleichermaßen um den *Schutz* wie die nachhaltige und gerechte *Nutzung* von Biodiversität als Ressource. Durch diesen unmittelbaren Bezug zu pragmatischen Kontexten und zum ökonomischen Nutzen kann ›Biodiversität‹ als ein paradigmatischer Begriff der neuen »Lebenswissenschaften« angesehen werden. Im Gegensatz zur naturwissenschaftlich basierten Biologie führen die Fragen der Lebenswissenschaften in den Zusammenhang von Theorie und Pra-

Biodiversität als Tatsache und Wert

xis. In diesem sind naturwissenschaftliche Analysen unmittelbar mit ethischen, rechtlichen und ökonomischen Aspekten verbunden und können nicht mehr isoliert für sich betrachtet werden.

In der Gegenwart scheint es kaum einen zweiten derart aufgeladenen wissenschaftlichen Begriff zu geben wie Biodiversität. Es verwundert daher auch nicht, dass er von Seiten der Religion beansprucht wird. So hat Papst Franziskus den Begriff in seiner 2015 veröffentlichten Enzyklika *Laudato si'* aufgegriffen. Er stellt darin den Schutz der Biodiversität als hochrangiges Schutzgut ausführlich dar. Der Papst plädiert dabei auch für den nicht nur ökonomischen, sondern ethischen Wert außermenschlichen Lebens. Wörtlich heißt es: »es genügt nicht, an die verschiedenen Arten nur als eventuelle nutzbare ›Ressourcen‹ zu denken und zu vergessen, dass sie einen Eigenwert [un valor en sí mismas] besitzen«.[35] Der Papst lässt sich allerdings nicht weiter ein auf genaue Argumentationen dazu, was es heißen soll, nicht-menschlichen Arten und der Biodiversität insgesamt einen »Eigenwert« zuzuschreiben. Er verwendet den Ausdruck lediglich und erzielt mit ihm einen – gegen die theologische Tradition gerichteten – propagandistischen Erfolg. Die Frage aber, wie in ethischen Konfliktfällen zu entscheiden ist, bleibt offen. Würde »Eigenwert« moralische Gleichrangigkeit bedeuten, könnte beispielsweise nicht mehr dafür argumentiert werden, dass die Entscheidung des Zoos von Cincinnati richtig war, den Gorilla Harambe, in dessen Käfig im Mai 2016 ein dreijähriger Junge gefallen war, zu erschießen, um den Jungen zu retten. Wenn der entscheidende »Eigenwert« nicht auf Individuen, sondern Arten gelegt wird, wäre dem Leben des Gorillas der Vorzug zu geben, weil er einer vom Aussterben bedrohten Spezies angehörte.

›Biodiversität‹ ist ein Begriff, der entdifferenziert. Er bildet eine effiziente Basis, um heterogene Diskurse zusammenzuführen und zu organisieren. Zur Kommunikation von Zielen des Naturschutzes funktioniert das gut auf einer politischen und religiösen Ebene. Die ökologische Enzyklika des Papstes liefert auch dafür ein eindrucksvolles Beispiel: Wesentlich unter ihrem Einfluss soll der Anteil der US-Amerikaner, die das Phänomen der globalen Erwärmung anerkennen, im Jahr des Erscheinens der Enzyklika sprunghaft angestiegen sein. Besonders hoch fiel der Anstieg unter den evangelikalen Christen in den USA aus: Unter ihnen stieg der Anteil von denjeni-

---
[35] Papst Franzsiskus (2015), Nr. 33.

gen, die das Phänomen nicht in Zweifel ziehen, vom Frühling zum Herbst 2015 von 49 auf 65 Prozent.[36]

Der gute Zweck, zu dem ›Biodiversität‹ in politischen und religiösen Diskursen eingesetzt werden kann, ersetzt aber nicht eine differenzierte ethische Argumentation, die den Begriff hinsichtlich seiner Begründung und Konsequenzen zu problematisieren hat. Die wichtige integrative Funktion des Begriffs ist also zu ergänzen um disziplinär differenzierte Betrachtungen und Argumentationen. In diesen Differenzierungen ist die Verschränkung von Fakten und Normen, von Wissenschaft und Werten, von Erkenntnis und Ehrfurcht wieder aufzubrechen.

Literaturverzeichnis

Altenmüller, H. (2005),»Wasservögel sollen zu dir kommen zu Tausenden. Aspekte der Fisch- und Vogeljagd im Papyrusdickicht«, in: *Nikephoros* 18, 39–52.
Augustinus Hipponensis (2004), *Enarrationes in Psalmos*, 121–150, übers. v. Maria Boulding, Hyde Park, N.Y.
Colwell, R. (1998),»Balancing the biocomplexity of the planet's living systems: A twenty-first century task for science«, in: *BioScience* 48, 786–787.
DaCosta Kaufmann, T. (1993), *The Mastery of Nature. Aspects of Art, Science and Humanism in the Renaissance*, Princeton N.J.
Dirzo, R. et al. (2014),»Defaunation in the Anthropocene«, in: *Science* 345, 401–406.
Englund, R. K./Nissen, H. J. (1993), *Die lexikalischen Listen der archaischen Texte aus Uruk*, Berlin.
Eser, U. (2007),»Biodiversität und der Wandel im Wissenschaftsverständnis«, in: Potthast, T. (Hg.), *Biodiversität – Schlüsselbegriff des Naturschutzes im 21. Jahrhundert?*, Bonn, 41–56.
Hendrix, L./Vignau-Wilberg, T. (1992), *Mira Calligraphiae Monumenta. A Sixteenth-Century Calligraphic Manuscript Inscribed by Georg Bocskay and illuminated by Joris Hoefnagel*, Los Angeles 1992.
Heyd, D. (2010),»Cultural diversity and biodiversity: A tempting analogy«, in: *Critical Review of International Social and Political Philosophy* 13, 159–179.
Inger, R. et al. (2015),»Common European birds are declining rapidly while less abundant species' numbers are rising«, in: *Ecology Letters* 18, 28–36.

---

[36] Mills et al., 2015.

Leibniz, G. W. (1710), *Essais de théodicée sur la bonté de Dieu, la liberté de l'homme et l'origine du mal*, Amsterdam.

Liittschwager, D. (2012), *A World in One Cubic Foot. Portraits of Biodiversity*, Chicago.

Lilla, M. (2016), »The end of identity liberalism. Our fixation on diversity cost us this election – and more«, in: *New York Times*, vom 18. Nov. 2016.

Linné, C. von (1758), *Systema naturae*, Bd. 1, Stockholm.

Maier, D. S. (2012), *What's So Good About Biodiversity? A Call for Better Reasoning About Nature's Value*, Dordrecht.

Marley, C. (2008), *Pheromone*, San Francisco.

Michaels, W. B. (2006), *The Trouble with Diversity. How We Learned to Love Identity and Ignore Inequality*, New York.

Mills, S. B./Rabe, B. G./Borick, C. (2015), »Acceptance of global warming rising for Americans of all religious beliefs«, in: *Issues in Energy and Environmental Policy* 26, 1–10.

Morar, N./Toadvine, T./Bohannan, B. J. M. (2015), »Biodiversity at twenty-five years: revolution or red herring?«, in: *Ethics, Policy & Environment* 18, 16–29.

Naegeli, C. (1865), *Entstehung und Begriff der naturhistorischen Art*, München.

Neri, J. (2011), *The Insect and the Image. Visualizing Nature in Early Modern Europe, 1500–1700*, Minneapolis.

Pagnucco Salvemini, L. (2002), *Toscani – die Werbekampagnen für Benetton 1984–2000*, München.

Papst Franziskus (2015), *Enzyklika Laudato si'. Über die Sorge für das gemeinsame Haus*, Stuttgart.

Parkinson, R. (2008), *The Painted Tomb-Chapel of Nebamun. Masterpieces of Ancient Egyptian Art in the British Museum*, London.

Santana, C. (2014), »Save the planet: eliminate biodiversity«, in: *Biology and Philosophy* 29, 761–780.

Schütz, K. (2002), »Naturstudien und Kunstkammerstücke«, in: *Das flämische Stillleben (1550–1680). Eine Ausstellung der Kulturstiftung Ruhr Essen und des Kunsthistorischen Museums Wien*, Lingen, 61–66.

Takacs, D. (1996), *The Idea of Biodiversity. Philosophies of Paradise*, Baltimore 1996.

Tammisto, A. (1997), *Birds in Mosaics. A Study on the Representation of Birds in Hellenistic and Romano-Campanian Tessellated Mosaics to the Early Augustan Age*, Rom.

Veldhuis, N. (2004), *Religion, Literature, and Scholarship. The Sumerian Composition Nanše and the Birds, with a Catalogue of Sumerian Bird Names*, Leiden.

Wood, P. (2003), *Diversity. The Invention of a Concept*, San Francisco.

Zatti, S. (2006), *The Quest for Epic. From Ariosto to Tasso*, Toronto.

Whitehead, Prozessphilosophie und Biodiversität. Ästhetische Kriterien zum Thema Biodiversität

Helmut Maaßen

Abstract

In der Prozessmetaphysik wird nicht nur die Wirklichkeit als ganze als Prozess verstanden, eine offensichtliche Tatsache, sondern auch die kleinsten Elemente der Wirklichkeit. Im Im Mikrobereich finden sich ›aktuelle Entitäten‹ (Whitehead), die selbstkonstitutiv den ›Stoff‹ der Wirklichkeit ausmachen. Die selbstkonstituierenden Prozesse, sowohl auf der Makro- wie auf der Mikroebene bilden Beziehungsgeflechte, die für diesen Prozess der Auswahl aus der Fülle gegebener Möglichkeiten, Entscheidungskriterien erfordern. Diese Kriterien sind nach Whitehead letztlich ästhetische. Nicht nur bei der Wahl mathematischer Modelle, der Präferenz musikalischer Formen, oder dem Umgang mit der Natur, sondern insgesamt auf der metaphysischen Ebene, auf der die Wirklichkeit in all ihrer Vielfalt angemessen zu erfassen versucht wird, liefert die Ästhetik nach Whitehead Kriterien zur Bestimmung von Zielen in den unterschiedlichen Selbstkonstituierungsprozessen, auf der Mikro- wie auf der Makroebene.

I. Die Einheit der Wirklichkeit

Die Metaphysik Whiteheads strebt ein Verstehen der Gesamtwirklichkeit an, wie jede klassische Metaphysik. Metaphysik soll im Folgenden mit Aristoteles als Prinzipienwissenschaft verstanden werden:

> Denn wer das Wissen um seiner selbst willen wählt, der wird die höchste Wissenschaft am meisten wählen, dies aber ist die Wissenschaft des im höchsten Sinne Wissbaren, im höchsten Sinne wissbar aber sind die ersten Prinzipien und die Ursachen (Met. I, 2 982b).

In der Entwicklung der Moderne entdeckt Whitehead die entscheidende Ursache für den Erfolg der Naturwissenschaften und der Technik einerseits, und gleichzeitig deren verheerende Wirkung auf unseren Umgang mit der Natur andererseits: die Aufspaltung der Natur in primäre und sekundäre Qualitäten. Primäre Qualitäten eignen den Dingen, der Natur, sind dadurch messbar, wiederholbar etc. Die sekundären sind ausschließlich subjektiv, werden in die Objekte eingetragen, sind aber nicht Teil derselben.

Whitehead will jede Aufspaltung/Gabelung der Natur *(bifurcation of nature)* vermeiden, und das bedeutet, dass er den Unterschied zwischen primären und sekundären Qualitäten aus der Welt schaffen muss:

Für die Naturphilosophie ist alles Wahrgenommene in der Natur. Wir können es uns nicht aussuchen. Für uns muss das rote Glühen des Sonnenuntergangs so sehr Teil der Natur sein wie die Moleküle und die elektrischen Wellen, mit deren Hilfe die Wissenschaft das Phänomen erklären würde. Der Naturphilosophie obliegt es zu analysieren, wie diese verschiedenen Elemente der Natur untereinander verbunden sind. (CN 25)

Dieser Aufgabe hat sich Whitehead schon in seinen frühen naturphilosophischen Schriften *An Enquiry Concerning the Principles of Natural Knowledge* (1919) und *The Concept of Nature* (CN) (1920) gestellt, mit weitreichenden Folgen, wie er in *Science and the Modern World* (SMW) (1925) feststellt:»Wenn wir die sekundären Qualitäten in die gemeinsame Welt einbeziehen wollen, dann ist eine sehr drastische Umbildung unseres Grundkonzepts erforderlich.« (SMW 111)

Whitehead will dabei auch diejenige Gabelung der Natur vermeiden, die entsteht, wenn man die sekundären Qualitäten nicht als *byplay of the mind* auffasst,»sondern als *Wirkung* der Interaktion zwischen verschiedenen physikalischen Gegenständen mit primären Eigenschaften«[1].

Whitehead fordert deshalb:

Naturphilosophie sollte nie danach fragen, was im Geist und was in der Natur ist […]. Eine andere Fassung dieser von mir angegriffenen Theorie besteht in der Bifurkation der Natur in zwei Abteilungen, nämlich in die das Bewußtsein aufgenommene Natur und diejenige Natur, die die Ursache des Bewußtseins ist. Die Natur, die das in das Bewußtsein aufgenommene Faktum ist, behält das Grünsein der Bäume in sich, den Gesang der Vögel, die Wärme der Sonne und das Gefühl von Samt. Die Natur, die die Ursache des Bewußtseins ist, ist das zusammengereimte System der Moleküle und Elektronen, die den Geist zur Hervorbringung des Bewußtseins der erscheinenden Natur anregen. (CN 26 f.)

---
[1] Hampe (1990), 55.

Auch Kant scheiterte Whitehead zufolge mit seinem Versuch, einen Mittelweg zu gehen, das Ding an sich, d. h. die transsubjektive Natur schlechthin, durch transzendentale Schemata in eine dem Menschen verfügbare Form zu gießen[2]:

Die transzendentale Vernunft vermochte im Reich der Theorie nicht zu gewährleisten, daß sie tatsächlich mit Natur und nicht beliebigen Phantasien hantierte. So erklärt sich Kants Bemühen in den *Metaphysischen Anfangsgründen*, Naturgesetze unmittelbar aus den reinen Begriffen des Verstandes zu deduzieren, ein Unterfangen, das scheitern mußte und so zu der allerdings zögerlichen, halbherzigen Aufgabe der kritischen Philosophie im Nachlaßwerk führte. (CN XIII)

Whitehead sieht sich der Aufgabe gegenüber, ein Modell allumfassender Relationen zu entwickeln, denn auch die angeführte Verursachungstheorie bleibt in einer Bifurkation stecken:

Wir müssen jedoch zugeben, daß die Theorie der verursachenden Natur ein berechtigtes Anliegen hat. Der Grund, warum sich die Bifurkation der Natur stets in die Wissenschaftsphilosophie zurückschleicht, ist die extreme Schwierigkeit, die wahrgenommene Röte und die Wärme des Feuers in einem Relationssystem gemeinsam mit den bewegten Kohlenstoff- und Sauerstoffmolekülen, der von ihm ausgesandten Strahlungsenergie und den verschiedenen Funktionsweisen des materiellen Körpers zusammenzustellen. Solange wir nicht die allumfassenden Relationen hervorbringen, sehen wir uns einer entzweiten (bifurcated) Natur gegenüber: der Wärme und Röte auf der einen, den Molekülen, Elektronen und dem Äther auf der anderen Seite. So lange auch werden die beiden Faktoren jeweils als Ursache und Reaktion des Geistes auf die Ursache erklärt. (CN 28).

Michael Hampe stellt deshalb mit Recht fest: »Die Entstehung und der Wechsel unserer Erfahrungsinhalte muss ebenso ein Prozess in der Natur sein wie jede andere Veränderung auch [...]. Whiteheads Theorie der *prehension* ist gerade dem Ziel gewidmet, einen solchen Kausalitätsbegriff zu entwickeln, der eine kausale Theorie der Erfahrung möglich macht und jegliche *bifurcation* of *nature* vermeidet«.[3]

Während also die an den Dingen wahrgenommenen Eigenschaften der Ausdehnung, Bewegung usw. als Abbilder der primären Qualitäten des Objekts selbst verstanden wurden, galten Farben, Laute, Gerüche usw. als Projektionen, die den Gegenständen nur in der vorreflexiven Wahrnehmung und sachlich unzutreffend zugesprochen

---

[2] So Julian von Hassell in seinem Vorwort zu CN, XII.
[3] Hampe (1990), 58.

worden waren und mit denen der Geist die Erkenntnisobjekte gleichsam ausstattet.[4] Dieses Ergebnis der wissenschaftlichen Philosophie des 17. Jahrhunderts fasst Whitehead überspitzend – und offensichtlich ironisierend – wie folgt zusammen:

Daher dichten wir der Natur etwas an, was in Wahrheit uns selbst vorbehalten bleiben sollte: der Rose den Duft, der Nachtigall den Gesang, und der Sonne die Strahlen. Die Dichter sind völlig im Irrtum. Sie sollten ihre Lyrik an sich selber richten und sie in Oden der Selbstverherrlichung aller Vortrefflichkeit des menschlichen Geistes umwandeln. Die Natur ist eine öde Angelegenheit, tonlos, geruchlos und farblos; nichts als das endlose und bedeutungslose Vorbeihuschen von Material. Dies ist das ungeschminkte praktische Ergebnis der tonangebenden wissenschaftlichen Philosophie, mit der das siebzehnte Jahrhundert ausklang. (SMW, 68/69 f.)

II. Auf dem Weg zur Einheit der Realität

In anderen Zusammenhängen werden die sekundären Qualitäten Dispositionen genannt: »Ein natürlicher Gegenstand hat die Disposition, mich zu affizieren, weil er bestimmte primäre Eigenschaften hat, die sekundären Eigenschaften *sind*, wie auch Boyle an einer Stelle behauptet, gar nichts anderes als diese Disposition.«[5]

Während einem Körper kategoriale Eigenschaften zukommen, unabhängig von kausalen Kontexten, sind die dispositionalen Eigenschaften an bestimmte kausale Kontexte gebunden. Ein Beispiel: Ein Stück Zucker besteht aus bestimmten Zuckerkristallen mit einer bestimmten molekularen Struktur. Diese Struktur ist dafür verantwortlich, dass sich der Zucker, wenn er ins Wasser kommt, auflöst. Während also die molekulare Struktur des Zuckers diesem unabhängig

---

[4] Die Unterscheidung primärer und sekundärer Qualitäten, die sich sachlich bis zum antiken Atomismus zurückverfolgen lässt, verbindet Whitehead besonders mit ihren Hauptvertretern Galilei, Descartes und Locke. Bei Descartes belegt Whitehead die genannte Unterscheidung u. a. anhand eines Zitats aus den Meditationes, VI, 14 (A/T VII, 81): »Und sicherlich schließe ich daraus, daß ich ganz unterschiedliche Farben, Töne, Gerüche, Geschmäcke, Wärme, Härte und dergleichen empfinde, mit Recht, daß in den Körpern, von denen mir diese verschiedenartigen Wahrnehmungen entgegenkommen, gewisse Verschiedenheiten vorhanden sind, die ihnen entsprechen, wenngleich sie ihnen vielleicht nicht ähnlich sind.« (SMW 68/69 f.)
[5] Hampe (1990), 60.

von irgendeinem kausalen Kontext zuzukommen scheint, hat der Zucker die Eigenschaft der Löslichkeit nur in Bezug auf das Wasser. Die Veränderung, die der Zucker beim Auflösen erfährt, kann als die »Aktualisierung der Disposition«[6] verstanden werden.

Substanz ist nach Spinoza bekanntlich das, »was in sich ist und aus sich selbst begriffen wird«.[7] Die primären oder kategorischen Eigenschaften, die unabhängig von kausalen Kontexten auftreten, machen sie zu echten Attributen von Substanzen. Sekundäre Eigenschaften kommen einer Substanz nur insofern zu, als man sie in Relation zu empfindenden Wesen betrachtet und nicht absolut.

Whitehead stimmt nun zwar mit dem Ausgangspunkt dieser Überlegungen überein, dass sekundäre Qualitäten als dispositionale Eigenschaften aufzufassen sind, die von kausalen Kontexten abhängen. Doch er geht einen entscheidenden Schritt weiter und behauptet, dass es kategorische Eigenschaften, als kontextunabhängige, auf die die dispositionalen dann zurückgeführt werden können, gar nicht gibt. *Alle* Eigenschaften sind nach Whitehead dispositional oder »reine Potentialitäten«, in seiner Terminologie *eternal objects,* ewige Objekte[8], oder »zeitlose Gegenstände«, wie es in der deutschen Übersetzung der Whitehead-Texte heißt.

Hiermit wird in gewisser Hinsicht nicht nur der Begriff der sekundären Qualitäten aufgehoben, sondern auch der der Aktualität. Es gibt nichts Aktuales, das unabhängig von irgendwelchen kausalen Kontexten andauert. Dies gilt es festzuhalten, auch wenn Whitehead sich gerne als platonischen Realisten bezeichnet. In diesem Zusammenhang leugnet er jedenfalls entschieden die Position, dass dasjenige das Realste ist, was von kausalen Kontexten unabhängig existiert. Denn das Wirklichste sind für ihn nicht die andauernden Dinge (etwa zeitlose Objekte), sondern aktuale Entitäten.

---

[6] Hampe (1990), 61.
[7] Spinoza, *Ethik*: »Per substantiam intelligo id, quod in se est, et per se concipitur: hoc est id, cujus conceptus non indiget conceptu alterius reif a quo formari debeat.« (DEf. III)
[8] »an eternal object [...] is a pure potential [...] realized in a particular actual entity«. (PR 23)

III. Aktuale Entitäten – wirkliche Ereignisse

Wirklichkeit als Ganze wird prozessual verstanden. Die unverwechselbaren, individuellen Prozesse, ungeteilt und in weitere wirkliche Wesen nicht teilbar, sind die wirklichen Ereignisse, wie es in *Process and Reality* (PR) heißt:

›Wirkliche Einzelwesen‹ – auch ›wirkliche Ereignisse‹ genannt – sind die letzten realen Dinge, aus denen die Welt zusammengesetzt ist. Man kann nicht hinter die wirklichen Einzelwesen zurückgehen, um irgend etwas Realeres zu finden [...]. Die letzten Tatsachen sind ausnahmslos wirkliche Einzelwesen; und diese wirklichen Einzelwesen sind komplexe und ineinandergreifende Erfahrungströpfchen. (PR 57 f.)

Schon 1906 äußert Whitehead Unzufriedenheit über das klassische Konzept der materiellen Welt.[9] Während darin Raum, Zeit und Materie als jeweils voneinander unabhängige Einheiten angesehen werden, schlägt er vor, nur eine Klasse letzter physischer Einheiten und nur eine Art von Beziehungen anzunehmen. Unter Berücksichtigung der Relativitäts- und der Quantentheorie prägt Whitehead zunächst den Begriff *event*[10], später gebraucht er den Begriff *occasion*[11] und in *Process and Reality* dann die Begriffe »wirkliches Einzelwesen« *(actual entity)* bzw. »wirkliches Ereignis« *(actual occasion)*. Beide Begriffe verwendet er synonym, mit der Einschränkung, dass sich ein wirkliches Ereignis niemals auf Gott beziehen wird (PR 175).

Die Bestimmungen dieser res verae hat Whitehead aus seinen mathematischen und physikalischen Studien erschlossen (Theorie der Abstraktion und des Zeitbegriffs[12]), aber er betont ausdrücklich, dass von jeder anderen Wissenschaft her ein vergleichbares Modell entworfen werden kann.[13]

---

[9] Whitehead (1906).
[10] Zu dieser frühen Phase verschafft den besten Überblick Lowe 1985, Kap. 7 und 8; vgl. auch Johnson (1962), 201–212. Die Standarduntersuchung ist das Werk von Palter 1960. Die beste eigene, nicht-technische Darstellung dieser Phase seiner Naturphilosophie findet sich in Kapitel VIII von CN.
[11] Grundlegend hierzu ist die Arbeit von Christian (1967), 17–172; vgl. auch Johnson (1962), 3–57 und Leclerc 1965, 53–67; für den deutschen Sprachraum Heipcke 1964 und Topel 1951.
[12] Vgl. zur extensiven Abstraktion Welker (1981), 62–71; zum Zeitbegriff die Studien von Udert (1967) und Hammerschmidt (1947).
[13] SMW 91 und das Kapitel IX von SMW, in dem Whitehead zeigt, wie man von den Einzelwissenschaften her die Theorie der Organismus-Philosophie entwickeln kann.

Zunächst erinnern die »wirklichen Einzelwesen« an Leibniz'sche Monaden, aber schon an der Aufgabenstellung von *Process and Reality* kann deren Verschiedenheit deutlich werden.[14] Es geht Whitehead nämlich um »das Werden, das Sein und das Bezogensein von wirklichen Einzelwesen« (PR 25). Der relationale Charakter der wirklichen Einzelwesen unterscheidet die wirklichen Ereignisse von Leibniz'schen Monaden und macht erst Whiteheads Kritik an Aristoteles verständlich.[15]

Wirkliche Einzelwesen sind atomistische Ereignisse, die ein bestimmtes, ungeteiltes, aber teilbares Raum-Zeit-Kontinuum konstituieren. (PR 181 u. ö.) Trotzdem kann dieser mikrokosmische Prozess analysiert werden[16], in die verschiedenen Elemente seiner Verursachung und seiner Selbststeuerung. Dies alles geschieht als eine unteilbare – aber auch ungeteilte Prozess-Einheit, als ein Tropfen der Erfahrung.[17] Erst seine Erfüllung konstituiert einen Raum-Zeit-Tropfen, in ihr aber existiert dieser als eine »harte Tatsache«. Damit verliert das wirkliche Einzelwesen den Charakter als Subjekt, nur als Werdendes ist es selbstbestimmend (i. e. selbstbestimmender Prozess), erfährt seine eigene Erfüllung und ist nur noch Objekt, Objekt im Prozess des Entstehens anderer wirklicher Einzelwesen.

Das Prinzip der Individualität verhält sich komplementär zu dem der Relativität. Ohne den individuellen Charakter der Geschehensprozesse wären diese eine reine Ansammlung von allem was ist, eine »Nichtwesenheit der Unbestimmtheit«.[18]

Das wirkliche Einzelwesen ereignet sich in Relativität zu jedem Wesen des Universums, und gleichzeitig als unabhängiges, als *causa*

---

[14] Vgl. hierzu besonders Deleuze (1996).
[15] Den engsten Bezug zwischen Aristoteles und Whitehead stellt Fetz (1981) her: vgl. besonders 262 f.; ähnlich neuerdings Dalferth (1986).
[16] Whitehead merkt an, dass dies auf geradezu beliebig viele Arten geschehen kann; er selber benutzt folgende, in PR vorgestellte Methoden: die genetische in Teil III und die morphologische in Teil IV von PR.
[17] So der von W. James übernommene Ausdruck, vgl. Lowe (1985), 264.
[18] Das hat G. Böhme (1980), wo er den Aristotelischen Substanzbegriff mit der Kritik Whiteheads daran vergleicht, übersehen und kommt deshalb zu dem Schluss: »Die Wirklichkeit von Relationen wird hier also gewonnen, indem die Selbständigkeit des Wirklichen überhaupt aufgegeben wird. Eine *actual entity* ist nichts Selbständiges, sondern im Gegenteil das Produkt ihrer Bezogenheit auf andere *actual entities*« (53); richtig dagegen wird der Sachverhalt erkannt bei Fetz (1981), 240–244; vgl. auch 129 und 146.

sui. Die Unabhängigkeit des Geschehens in der Verflochtenheit zeigt sich im Prozess des Zusammenwachsens des wirklichen Ereignisses.

Wirkliche Ereignisse der Vergangenheit liefern die primären Daten für das entstehende wirkliche Ereignis, diese konforme Phase vereinigt die vielen Daten zu einem Datum, es ist der ›Ort‹, an dem Energie von der Vergangenheit zur Gegenwart transferiert wird (physisches Empfinden: *physical feeling*), der physische Pol des wirklichen Ereignisses konstituiert sich. Unverwechselbarkeit, Individualität und Einmaligkeit erlangt das Ereignis durch die Verknüpfung des physischen im Kontrast mit seinem begrifflichen Pol. Dies geschieht in der ergänzenden Phase; die begrifflichen Empfindungen sind Empfindungen von Potentialen (zeitlosen Gegenständen); sie sind der Pfad, auf dem sich das subjektive Ziel *(subjektiv aim)* einfindet, bereitgestellt durch Gottes Urnatur, in der wie in der Platonischen *chora* alle Möglichkeiten/Formelemente enthalten sind.

Je konstrastreicher die Empfindungen, umso größer die Intensität des Erlebens, das in seinen höchsten Differenzierungen sich als Bewusstsein, Selbstbewusstsein und die Fähigkeit, Zwecke zu setzen, zeigt.

In der ergänzenden Phase erlangt das Erleben die Fähigkeit der begrifflichen Umkehrung, deren Daten nur zum Teil mit den zeitlosen Gegenständen identisch sind, aus denen sich die Daten in der ersten Phase des geistigen Pols zusammensetzen. Diese relevante Abweichung richtet sich nach dem subjektiven Ziel.

Das Prinzip der Ordnungen

Ohne Ordnungen gäbe es keine Welt, lautet eine knappe Auskunft Whiteheads in *Religion in the Making* (RM, 101) Die einzelnen Ereignisse würden einander ganz oder teilweise blockieren: »Der Gang der Schöpfung wäre eintönige Ineffektivität, in der alles Gleichgewicht und alle Intensität durch gegenläufige Unvereinbarkeiten zunehmend ausgeschlossen würde.« (RM 101).

Zur vorfindbaren Ordnung der Welt scheint die von Whitehead behauptete Unabhängigkeit gleichzeitiger Ereignisse als Grund ihrer Freiheit in Spannung zu stehen. Geschehen kann nur begriffen werden in der Spannung von Freiheit und Ordnung. Selbst die anarchischen Elemente, die in jedem geistigen Vorgang zu finden sind, bedürfen des Gegenpols der Ordnung.

Der primäre Begriff der Ordnung verweist auf den Wandel zunächst unvereinbar scheinender Gegensätze in Kontrasten. Das geschieht dadurch, dass die unabhängigen, freien Ereignisse der Gegenwart, trotz möglicher Gegenläufigkeit, Teil eines späteren Geschehens werden können. Ist das erfolgt, sind aus Gegensätzen Kontraste geworden. Die Nachfolgeereignisse bedürfen zusätzlicher Vereinigungsformen, zeitloser Gegenstände, um ihre *unifying-activity* ausführen zu können.

Ordnung ist deshalb ein Oberbegriff: »Es kann nur eine bestimmte spezifische Ordnung geben, nicht lediglich vage Ordnung« (PR 167). Die jeweils spezifische Ordnung ergibt sich aus dem je spezifischen Ziel des in Frage stehenden Prozesses. Dasselbe gilt auch für die Unordnung: »Da das Ziel nur zum Teil erreicht wird, gibt es ›Unordnung‹.« (PR 167)

Whitehead bezeichnet die Ordnung des Prozesses, in dem in einer Erfahrung aus Gegensätzen Kontraste werden, als den *primären Sinn von Ordnung*. Daneben spricht er von *sekundären Ordnungen*. Sie liegen vor, wenn viele Ereignisse gleichzeitig sich bestimmter Ordnungsstrukturen erfreuen. Geschieht dies dadurch, dass verschiedene Ereignisse einander erfassen und insofern zu einer Einheit gelangen, spricht Whitehead von einem *Nexus wirklicher Ereignisse* (14. Kategorie der Erklärung).

Während ein Nexus lediglich wechselseitige Immanenz erfordert, reicht diese für ein Zusammensein wirklicher Ereignisse, das Whitehead *Gesellschaft* nennt, nicht aus. Eine Gesellschaft umfasst mehr als einen mathematischen Begriff von Ordnung, der für alle Elemente einer Klasse lediglich zutrifft. (PR 177) Von einer Gesellschaft wirklicher Ereignisse kann nur dann gesprochen werden, wenn das je einzelne Ereignis den anderen Ereignissen der Gesellschaft seine Struktur verdankt: »Die Elemente der Gesellschaft gleichen sich, weil sie aufgrund ihrer gemeinsamen Eigenschaften anderen Elementen der Gesellschaft die Bedingungen auferlegen, die zu dieser Ähnlichkeit führen.« (PR 177)

Gesellschaften sind für diese Untersuchung besonders wichtig, weil alle wirklichen Dinge von Dauer, die gewöhnlichen Gegenstände unserer Erfahrung, Gesellschaften sind. (*Adventures of Ideas*; AI 367). Die einfachste Art der Gesellschaft ist die mit einer rein zeitlichen und stetigen Form:

Die Gesellschaften dieses allgemeinen Typs, bei dem die realisierten Nexūs immer rein zeitlich und stetig sind, werden im folgenden als ›personale Gesellschaften‹ bezeichnet; und jede einzelne Gesellschaft dieses Typs kann man als ›Person‹ bezeichnen. Entsprechend der eben angeführten Definition ist ein Mensch also eine Person. (AI 369; vgl. PR 84 ff.)

Neben den Nexūs mit einer »sozialen Ordnung«, die Whitehead Gesellschaften nennt, gibt es Nexūs mit »personaler Ordnung«: »Ein Nexus, der (1) eine soziale Ordnung hat und (2) in Stränge von dauerhaften Gegenständen analysierbar ist, kann als ›korpuskulare Gesellschaft‹ bezeichnet werden.« (PR 86) Die uns erfahrbare Wirklichkeit stellt sich dar als ein komplexer Prozess von Gesellschaften von Gesellschaften von Gesellschaften. (AI 370)

Leben zeichnet sich wesentlich als »teleologische Durchsetzung« des Neuen aus (AI 372), neuen Umständen wird mit neuen Funktionen begegnet. Ein Einzelvorgang kann weder als lebendig bezeichnet werden, noch kann er einen hohen Grad psychischer Entfaltung hervorbringen. Eine personale Gesellschaft, selbst lebendig, die eine sie umfassende Gesellschaft beherrscht, »ist der einzige Organisationstyp, der Vorgänge mit einem hohen Grad psychischer Entfaltung hervorbringen kann«. (AI 373)

IV. Philosophie des Ästhetischen Organismus: ›Die wirkliche Welt ist das Resultat der ästhetischen Ordnung‹ (RM 80)

Die Bedeutung, die Whitehead der Ästhetik zumisst, kann kaum überschätzt werden. Es geht primär nicht um eine Theorie der Kunst, sondern um einen Maßstab der Wirklichkeit als Ganzer. Damit steht Whitehead in einer Traditionslinie die u. a. von Charles Sanders Peirce geteilt wurde, der in einem Brief vom 25. November 1902 schrieb: »Ich erlangte den Beweis, dass Logik in der Ethik gründet […] und für einige Zeit war ich einfältig genug, nicht zu erkennen, dass sich die Ethik in gleicher Weise auf die Ästhetik stützt – dabei muss ich nicht erwähnen, dass es sich nicht um Milch und Wasser und Zucker handelt«.[19] Nein, es geht um die Zuordnung der drei normati-

---

[19] Zit. nach Murphy (1993), 361–364; Übers. HM.

ven Wissenschaften Logik, Ethik und Ästhetik.[20] In seiner Vorlesung in Harvard führte er den Gedanken weiter und kam zu der Folgerung:

So sehe ich mich dann, so ungeeignet ich auch dafür bin, vor die Aufgabe gestellt, das ästhetisch Gute zu definieren [...]. Im Hinblick auf die Kategorienlehre möchte ich sagen, dass ein Objekt, um ästhetisch gut zu sein, eine Vielzahl von Teilen haben muss, die so miteinander verbunden sind, dass sie ihrer Totalität eine positive einfache unmittelbare Qualität verleihen.[21]

Bei Whitehead findet sich ein ähnliches Verhältnis von Logik und Ästhetik:

Ich vertrete den Standpunkt, daß die Analogie von Logik und Ästhetik eines der am wenigsten erschlossenen Gebiete der Philosophie ist. In erster Linie geht es beiden um das Gefallen, das eine Komposition erregt, die aus der wechselseitigen Verbundenheit ihrer Faktoren hervorgeht. Es gibt ein Ganzes, das aus dem Zusammenspiel vieler Details entsteht. Die Bedeutung rührt von einem lebhaften Begreifen der gegenseitigen Abhängigkeiten des Einen und der Vielen her. Wenn eine der beiden Seiten dieser Antithese in den Hintergrund rückt, wird Erfahrung – logisch und ästhetisch – trivial. Die Unterscheidung von Logik und Ästhetik liegt im Grad der Abstraktion. Die Logik richtet ihre Aufmerksamkeit auf hohe Abstraktion, Ästhetik hingegen bleibt so nah am Konkreten, wie es die Erfordernisse des endlichen Verstehens erlauben. So sind Logik und Ästhetik die beiden Extrempole des Dilemmas des endlichen Denkens bei seinem schrittweisen Versuch, das Unendliche zu durchdringen. Aufgrund der größeren Exaktheit ästhetischer Erfahrung haben wir ein größeres Gebiet vor uns als dies bei der logischen Erfahrung der Fall ist. Wenn das Gebiet der Ästhetik einmal ausreichend erkundet worden ist, dann ist in der Tat zweifelhaft, ob es noch irgend etwas zu diskutieren gibt. (MT 102)

Die Gleichordnung von Logik und Ästhetik, und in Bezug auf konkrete Prozesse der Vorrang der Ästhetik über die Logik kommt den Überlegungen von Peirce sehr nah.

Im Blick auf einzelne Prozesse wird dies deutlich, wenn Whitehead feststellt:

[...] eine wirkliche Tatsache ist eine wirkliche Tatsache der ästhetischen Erfahrung. Alle ästhetische Erfahrung ist Empfinden, das aus der Realisierung eines Kontrasts unter der Bedingung der Identität hervorgeht. (RM 87)

---

[20] So Peirce in seiner fünften Harvard-Vorlesung vom 30. April 1903; vgl. Peirce (1998), 201.
[21] Peirce (1998), 201.

Diese auch für manchen Whitehead-Forscher überraschende herausragende Rolle der Ästhetik hält sich in seinem Oeuvre durch, von den frühesten Vorlesungen in Harvard 1945/25, die gerade herausgegeben wurden,[22] bis zu seinem Spätwerk.[23]

Mit Whitehead stehen wir für unser Denken und Handeln vor der Aufgabe, ästhetische Maßstäbe zu entwickeln, sei es auf der Mikro- oder der Makroebene. Die abstrakte Aufgabe der Ästhetik ›Realisierung eines Kontrasts unter der Bedingung der Identität‹ besteht dann darin näher zu explizieren und zu verdeutlichen, was als ethisches Ziel erstrebenswert ist, oder, mit Peirce zu sprechen, das ethisch Gute mittels des ästhetisch Guten zu bestimmen.

Ein Blick auf physikalische Vorgänge mag verdeutlichen, wie z. B. eine gemessene Schwingung unter dem Anspruch der Ästhetik verstanden werden kann:

In der physischen Welt kommt dieses Prinzip des Kontrasts unter der Bedingung von Identität in dem physikalischen Gesetz zum Ausdruck, daß Schwingung in die elementare Natur atomistischer Organismen eingeht. Schwingung ist die Wiederkehr des Kontrasts innerhalb einer typenmäßigen Identität. Die Möglichkeit der Messung überall in der physischen Welt beruht voll und ganz auf diesem Prinzip. Messen bedeutet, Schwingungen zählen. Physische Quantitäten sind also Aggregate von physischen Schwingungen, und physische Schwingungen bringen unter den Abstraktionen der Physik das Grundprinzip der ästhetischen Erfahrung zum Ausdruck. (RM 88)

Whitehead entwickelt eine Metaphysik der ästhetischen Erfahrung, darin Kant ähnlich, der die Grundlagen der Welt in der kognitiven und begrifflichen Erfahrung ansiedelt.[24] Leonard Wessell sieht eine

---

[22] Whitehead (2017), 33, 382, 387, 388, 449; besonders markant 388: »Wherever there is a unity of occasion there is established aesthetic unity between general conditions involved in that occasion« (Vorlesung vom 16. Mai 1925).
[23] Als erster hat Reiner Wiehl auf die Bedeutung der Ästhetik in der Metaphysik Whiteheads aufmerksam gemacht. Weiter entfaltet wurde dieser Aspekt später von Wessel (1990).
[24] Dieser Gedankengang erweitert Kants Argumentation. Kant sah die Notwendigkeit Gottes in der moralischen Ordnung. Aber mit seiner Metaphysik verbannte er die Argumentation aus dem Kosmos. Die hier entwickelte metaphysische Lehre findet die Grundlagen der Welt eher in der ästhetischen Erfahrung als – wie bei Kant – in der kognitiven und begrifflichen Erfahrung. Ordnung ist daher immer ästhetische Ordnung, und die moralische Ordnung besteht nur aus gewissen Aspekten der ästhetischen Ordnung. Die wirkliche Welt ist das Resultat der ästhetischen Ordnung, und die ästhetische Ordnung ist von der Immanenz Gottes abgeleitet (RM 80). Ich ver-

Übereinstimmung zwischen Whitehead und Kant in der Fragestellung, die der Diskussion des Ästhetischen zugrunde liegt, aber keine inhaltliche oder methodische Ähnlichkeit. Er interpretiert die Stoßrichtungen der beiden Ästhetikbegriffe als in diametral entgegengesetzte Richtungen strebenden Interessen verpflichtet: »Wo Kant seine transzendentale Ästhetik entwarf, um die Anwendung der Mathematik auf die Natur zu erklären und zu rechtfertigen, entwarf Whitehead seine Ästhetik des ›organism‹, seine ›critique of pure feeling‹, um die Anwendung des Poetisch-Ästhetischen auf die Natur, auf das Psychische, zu erklären und zu rechtfertigen.«[25]

V. Ästhetik und Biodiversität

Die Geschichte der Musik und der bildenden Künste lassen sich als eine beständige Erweiterung der Formenvielfalt ohne Verlust an Intensität erzählen. Von der Einführung einer Reihe von »wohltemperierter Stimmungen« auf Tasteninstrumenten durch Andreas Werckmeister ab 1681, dem Aufgreifen dieser Erfindung durch Johann Sebastian Bach mit seinem *Wohltemperierten Klavier*, das eine erhebliche Ausweitung der Kompositionsmöglichkeiten sowohl für Tasteninstrumente als auch für die Orchestermusik erreichte, über die Sonatensatzform bei Haydn und Mozart und deren Erweiterung zur ›neuen‹ Kompositionsform bei Beethoven, Schubert und anderen, die deren Möglichkeiten wiederum erheblich erweiterte bis hin zur Entwicklung der ›Neuen Musik‹ der zweiten Wiener Schule, der Zwölftonmusik Schönbergs, und dem System freier Tonalität Hindemiths lässt sich diese Erweiterung des Formenschatzes und der Kompositionsmöglichkeiten beobachten. Ähnliches ließe sich unschwer für die bildende Kunst zeigen, die voller Brüche und kategorialer Sprünge ist: vom biblischen Bilderverbot zur Malerei der Renaissance, nicht zuletzt der Gestaltung der Sixtinischen Kapelle durch Michelangelo, dem Ende des Realismus, dem u. a. durch die Fotografie bedingten Schritt jenseits des Realen im Impressionismus und Ex-

---

zichte an dieser Stelle auf die Funktion, die Whitehead in seiner Metaphysik Gott zuordnet. Kurz gesagt, ist Gott das Maß der ästhetischen Konsistenz der Welt. Im kreativen Wirken liegt eine gewisse Folgerichtigkeit, weil es durch seine Immanenz bedingt ist (RM 76).
[25] Wessell (1990), 116.

pressionismus, und schließlich zu den *readymades* von Marcel Duchamp bis Andy Warhole. Diese sehr knappen Skizzen zeigen die zunehmende Vielfalt künstlerischer Formgebung auf, ohne dass bei diesem Entfaltungsprozess die Identität dessen worum es geht, z. B. eines Musikstückes verlorenginge.[26] In der Geschichte der Kunst kann vergessen werden, zumindest für einige Zeit, wie die Beispiele Händel und Bach anschaulich belegen; in der Architektur kann es zu erheblichen Rückentwicklungen kommen: Man denke an das antike Rom mit Abwasserkanälen, Wasserleitungen, gepflasterten Straßen, Fußbodenheizung etc. im Vergleich zu den Städten Europas im Mittelalter. Auch da kann man sich erinnern und wiederherstellen bzw. wieder auf ein ähnlich hohes Niveau der Zivilisation gelangen.

Anders verhält es sich mit der Biosphäre. Zwar gilt auch in ihr z. B. der Energieerhaltungssatz, aber das bedeutet eben nicht, dass damit die Biodiversität erhalten bleibt. Die Überlegungen ausgehend von Whiteheads Prozessmetaphysik sollten deutlich machen, welche Ursachen zu den suizidalen Techniken im Umgang mit der Natur geführt haben. Darüber hinaus sollte deutlich werden, welche grundsätzlichen Annahmen der Technik überwunden werden müssen, um in Zukunft anders mit der Natur und Technik umzugehen.

Die durch Whitehead beschriebene unausweisliche ästhetische Gestalt jeder wie auch immer veränderten Lebenswelt sollte größtmögliche Vielfalt in der Spannung von Kontrast und Identität besitzen. Damit liefern ästhetische Kriterien Zielsetzungen für ökologisches Handeln.[27]

---

[26] Die Tatsache, dass die Musik von Händel und J. S. Bach fast hundert Jahre vergessen war und erst durch Felix Mendelssohn-Bartholdy zu Beginn des 19. Jahrhunderts wiederentdeckt wurde, belegt die von mir aufgestellte These der wachsenden Vielfalt innerhalb der Musikentwicklung und nicht etwa deren Gegenteil.

[27] Auch für die Zuordnung des Verstehens von Sachverhalten vertritt Whitehead eine klare Position: »Die typisch logische Haltung in bezug auf das Verstehen besteht darin, bei den Details anzufangen und dann zu der Konstruktion überzugehen, die erreicht wurde. Logischer Genuß geht von Vielem auf Eines über. Die Charakteristika der Vielen werden verstanden, insoweit sie die Einheit der Konstruktion zulassen. Die Logik benutzt Symbole, aber nur als Symbole. [...] Das Verstehen von Logik besteht in einem Genuß von abstrakten Details, sofern sie eine abstrakte Einheit zulassen. [...] Die Bewegung ästhetischen Genusses geht in die entgegengesetzte Richtung. Wir sind von der Schönheit eines Gebäudes, von der Anmut, die von einem Bild ausgeht, der ausgefeilten Ausgewogenheit eines Satzes überwältigt. Das Ganze geht den Details voraus.« (MT 100 f.)

Unwiederbringliche Zerstörungen können nicht ungeschehen gemacht werden, aber menschliche Kreativität könnte auch hier, wie in der Kunst, Neues schaffen und damit zu wachsender Vielfalt führen.

Literaturverzeichnis

Blume, F. (Begr.) (1994–2008), *Die Musik in Geschichte und Gegenwart*, 2. Aufl., 29 Bde., Kassel.

Böhme, G. (1980), »Whiteheads Abkehr von der Substanzmetaphysik«, in: Wolf-Gazo, E. (Hg.), *Whitehead. Einführung in seine Kosmologie*. Freiburg, 45–53.

Christian, W. (1967), *An Interpretation of Whitehead's Metaphysics*, New Haven.

Dalferth, I. (1986), »Die theoretische Theologie der Prozessphilosophie Whiteheads«, in: Härle, W./Wölfel, E. (Hg.), *Religion im Denken unserer Zeit*, Marburg, 127–191.

Danto, A. (2013), *What Art Is*, New Haven.

Deleuze, G. (1996), *Die Falte. Leibniz und der Barock*, Frankfurt a. M.

Fetz, R. L. (1981), *Whitehead. Prozessdenken und Substanzmetaphysik*, Freiburg.

Hammerschmidt, W. W. (1947), *Whitehead's Philosophy of Time*, New York.

Hampe, M. (1990), *Die Wahrnehmungen der Organismen: Über die Voraussetzung einer naturalistischen Theorie der Erfahrung in der Metaphysik Whiteheads*, Göttingen.

Heipcke, K. (1964), *Die Philosophie des Ereignisses bei Alfred North Whitehead*, Selbstverlag.

Johnson, A. H. (1962), *Whitehead's Theory of Reality*, New York 1962.

Leclerc, I. (1965), *Whitehead's Metaphysics. An Introductory Exposition*, London.

Lowe, V. (1985), *Alfred North Whitehead. The Man and His Work*, vol. I: *1861–1910*, Baltimore.

Lowe, V. (1990), *Alfred North Whitehead: The Man and His Work*, vol. II: *1910–1947*, Baltimore.

Murphy, M. (1993), *The Development of Peirce's Philosophy*, Indianapolis.

Palter, R. M. (1960), *Whitehead's Philosophy of Science*, Chicago 1960.

Peirce, C. S. (1998), *The Essential Peirce. Selected Philosophical Writings, vol. 2 (1893–1913)*, Bloomington.

Sadie, S. (Hg.) (2001), *The New Grove Dictionary of Music and Musicians*, 2. Aufl., 29 Bde., Oxford.

Topel, H. (1951), *Whiteheads Analyse des »Wirklichen Falles«*, Phil. Diss. Bonn.

Udert, L. (1967), »Zum Begriff der Zeit in der Philosophie Alfred North Whiteheads«, in: *Zeitschrift für philosophische Forschung* 21, 409–430.
Welker, W. (1981), *Universalität Gottes und Relativität der Welt. Theologische Kosmologie im Dialog mit dem amerikanischen Prozeßdenken nach Whitehead*, Neukirchen-Vluyn 1981.
Wessell, L. (1990), *Zur Funktion des Ästhetischen in der Kosmologie Alfred North Whiteheads*, Frankfurt a. M.
Whitehead, A. N. (1906), »On mathematical concepts of the material world«, in: *Philosophical Transactions of the Royal Society of London, Ser. A* 205, 465–525.
Whitehead, A. N. (1920), *The Concept of Nature* (CN), dt. *Der Begriff der Natur*, übers. v. J. von Hassell, Weinheim 1990.
Whitehead, A. N. (1926). *Science and the Modern World* (SMW), dt. *Wissenschaft und moderne Welt*, übers. v. H. G. Holl, Frankfurt a. M. 2000.
Whitehead, A. N. (1927), *Religion in the Making* (RM), dt. *Wie entsteht Religion?*, übers. v. H. G. Holl, Frankfurt a. M. 1990.
Whitehead, A. N. (1929), *Process and Reality. An Essay in Cosmology* (PR), dt. *Prozeß und Realität. Entwurf einer Kosmologie*, übers. v. H. G. Holl, Frankfurt a. M. 1979.
Whitehead, A. N. (1933), *Adventures of Ideas* (AI), dt. *Abenteuer der Ideen*, übers. v. E. Bubser, Frankfurt a. M. 2000.
Whitehead, A. N. (1938), *Modes of Thought* (MT), dt. *Denkweisen*, übers. v. S. Rohmer, Frankfurt a. M. 2001.
Whitehead, A. N. (2017), *The Edinburgh Critical Edition of the Complete Works of Alfred North Whitehead, The Harvard Lectures of Alfred North Whitehead, 1924–1925, Philosophical Presuppositions of Science (vol. I)*, hg. v. P. A. Bell, Edinburgh.
Wiehl, R. (1984), »Prozesse und Kontraste. Ihre kategoriale Funktion in der philosophischen Ästhetik und Kunsttheorie auf der Grundlage der Whiteheadschen Metaphysik«, in: Holz, H./Wolf-Gazo, E. (Hg.), *Whitehead und der Prozessbegriff. Beiträge zur Philosophie Alfred North Whiteheads auf dem Ersten Internationalen Whitehead-Symposion 1981*. Freiburg, 315–341.

»Exzentrische Positionalität«.
Zu einer Lebenssoziologie aus der Perspektive Jakob von Uexkülls und Helmuth Plessners

Joachim Fischer

1. Challenge und Response

1.1 Biodiversität und ihr Rechtsschutz

Wir leben und denken im Élan der »Dekade der Biodiversität«, als die die UNESCO unser zweites Jahrzehnt im 21. Jahrhundert ausgerufen hatte. Die Bedrohung von Tieren und ganzen Tierarten durch die Lebensform des Menschen, die Verarmung der Natur und das massenhafte Aussterben von Tieren bilden einen Challenge, der verschiedenste Antworten auf sich zieht. Zur Response gehören einerseits die enorm gesteigerten verschiedenen kulturellen Präsentationen der Vielfalt von Lebensformen in klassischen und modernen Medien – zum Beispiel die New Yorker und Berliner Biodiversitätswand in Naturkundemuseen dieser Metropolen.[1] Andererseits gehören zur Response auf die Biodiversitätsherausforderung die praktisch-ethischen und schließlich rechtlichen Normierungen zum effektiven Schutz der Biodiversität.

Ich gehe einen Schritt weiter: Angesichts der ökologisch problematischen Dynamiken gibt es inzwischen einen kognitiven Druck auf den innersten Kern der Theoriebildung überhaupt, z.B. der Philosophie und der Soziologie, einen kognitiven Challenge für die intellektuelle Theoriebildung, nämlich kovariant und kooperativ mit den Lebens- und Naturwissenschaften adäquate Erklärungs- und Verstehensgrundlagen für das Verhältnis von Kultur und Natur parat zu halten. Wenn moderne Gesellschaften unübersehbar und unüberhörbar von der Frage der dauerhaften, langfristigen Sicherung der Existenzgrundlagen von Leben überhaupt und Menschen insbesondere, der nachhaltigen Sicherung von Boden, Wasser, Klima, Energien, Ernährung und Biodiversität umgetrieben werden, brauchen

---

[1] Vgl. den Beitrag von Georg Toepfer in diesem Band.

z. B. die Rechtswissenschaften, soweit sie um den Rechtsschutz der Vielfalt und Fülle des Lebens kreisen, in ihrem Fundus, im Letzthintergrund ein durchdachtes Theoriekonzept zum Verhältnis des Menschen zur Biodiversität und in ihr. Noch vor jeder Umweltethik und Rechtsphilosophie muss eine solche Theorie anthropologischer Lebens-Soziologie ein Modell sozialer und gesellschaftlicher Naturverhältnisse parat halten, um die sozialen Problematiken und Aktionsspielräume des Menschen im Hinblick auf Natur fassen zu können. Nur wenn es durchdachte und plausible Theorien zum Naturverhältnis des Menschen gibt, gewinnen die Ethik und der Rechtschutz der Biodiversität über ihre normative Legitimation hinaus eine mentale Legitimation, eine die Gemüter von Bevölkerungen ergreifende Berechtigung.

1.2 Angemessene Konzepte für das Naturverhältnis der Menschen

Auf diese Frage der angemessenen biologischen und anthropologischen Theoriekonzepte für das Naturverhältnis menschlicher Gesellschaften noch vor jeder Ethik konzentriert sich mein Beitrag. In der Soziologie und Sozialphilosophie des 21. Jahrhunderts gibt es nicht viele durchdachte, einsatzbereite Paradigmen, die zwanglos die gesellschaftlichen Naturverhältnisse des Menschen in all ihren Voraussetzungen und Folgen ansprechen können. Man könnte als Kriterium für eine solche soziologische Theorie nennen: Keine Theorie gesellschaftlicher Naturverhältnisse und ihrer ökologisch relevanten Transformationen ohne einen profunden Begriff des Lebens und einen profunden Begriff der Natur des Menschen bzw. der Menschen in der Natur. Keine überzeugenden Theoriekandidaten für diese Aufgabe sind aus meiner Sicht die seit dem 20. Jahrhundert unübersehbar präsenten stark naturalistischen Paradigmen einerseits, die sozialkonstruktivistischen Paradigmen andererseits: Der Naturalismus, vor allem in Gestalt der neodarwinistischen Evolutionsbiologie, hat aus seinen Voraussetzungen systematisch bleibende Schwierigkeiten, die spezifische Anthropogenese und die eigentümliche Lebensform des menschlichen Lebewesens aufzuklären, die den Menschen – gleich ob man es gut oder schlecht findet – in eine Sonderstellung zum Leben in der Natur bringt und zwingt. Und der Sozialkonstruktivismus in seinen verschiedenen strukturalistischen und poststrukturalistischen Ausprägungen kann auf Grund seines kulturalistischen An-

Joachim Fischer

satzes keinen genuinen Begriff der Natur entwickeln, über den ein komplexer Begriff der menschlichen Lebenswelt in der Natur entfaltet werden kann. Ich möchte – gleichsam zwischen Darwinismus einerseits, Foucaultismus andererseits – hier eine bestimmte kontinentaleuropäische Denktradition aus dem 20. Jahrhundert vorstellen und als Theoriekonzept zum Phänomen der Biodiversität anbieten. Es handelt sich um ein bedeutendes Paradigma der modernen deutschsprachigen Philosophie und Soziologie seit den 20er Jahren des 20. Jahrhunderts, zu der die Biologen und Zoologen Jakob von Uexküll und Adolf Portmann, die Denker Max Scheler, Helmuth Plessner und Arnold Gehlen gehören. Eine weitere wichtige Figur ist Nicolai Hartmann mit dem Entwurf einer kritischen oder neuen Ontologie. Ich nenne kurz klassische Texte dieser Denkergruppe: Uexküll: »Umwelt und Innenwelt der Tiere« (1909); Portmann: »Neue Wege der Biologie« (1960); Scheler: »Die Stellung des Menschen im Kosmos« (1928); Plessner: »Die Stufen des Organischen und der Mensch« (1928); Gehlen: »Der Mensch. Seine Natur und seine Stellung in der Welt« (1940/1950); Hartmann: »Der Aufbau der realen Welt« (1940). Auf einige dieser Texte werde ich mich beziehen. Wichtig ist noch: Dieses Paradigma bildete sich parallel und alternativ zum Idealismus bzw. Neukantianismus, zum Naturalismus und seiner darwinistischen Fassung, zur Sprachanalytischen Philosophie, zur Existenzphilosophie, auch zur Kritischen Theorie der Gesellschaft (der Frankfurter Schule) und zu all dem, was sich später Sozialkonstruktivismus oder Poststrukturalismus nannte (Dilthey, Foucault). Diese moderne philosophische Biologie und Philosophische Anthropologie aus dem 20. Jahrhundert bietet sich als eine der wenigen lebenssoziologischen Theorien an, die von Beginn an systematisch die sozio-kulturelle *Lebenswelt* der Menschen in der natürlichen *Welt des Lebendigen* kategorial verortet, verankert haben – bzw. umgekehrt die soziokulturelle Sonderstellung der Menschen aus einem evolutionär gebrochenen Verhältnis *zur* Natur *in* der Natur emergieren lässt. Diese Denkergruppe, die in ihrem Paradigma einen Verbund von Ontologie, Naturphilosophie, philosophischer Biologie, Anthropologie und Soziologie erarbeitet hat, hat – in Auseinandersetzung mit Kant – gleichsam revolutionär neue Begriffe für das Verhältnis der verschiedensten Lebewesen zur Natur entwickelt – die sogenannte Lehre der verschiedenen, *diversen* Umwelten verschiedener Tiere, verschiedener Tierpositionen bzw. Positionalitäten –, und einen revolutionären Begriff für die Besonder-

»Exzentrische Positionalität«

heit des menschlichen Lebewesens in der Natur – die sogenannte Philosophische Anthropologie der »Weltoffenheit« der menschlichen Natur – etwas, was im Begriff der »exzentrischen Positionalität« des Menschen konzipiert wird. Damit schließe ich den ersten Teil meines insgesamt dreiteiligen Beitrags bereits ab. In diesem Teil habe ich kurz etwas zur problematischen Lage von ökologischer Dynamik und Biodiversität einerseits, zu eventuell passenden naturphilosophischen und lebens-soziologischen Paradigmen andererseits gesagt, innerhalb derer die moderne Philosophische Biologie und Philosophische Anthropologie vor allem mit den Protagonisten von Uexküll und Plessners eine Rolle spielen könnte. Im zweiten Teil erläutere ich nun diese Konzepte der Pluralität von Lebensformen einerseits und darin der Sonderstellung der menschlichen Lebensform andererseits, die sogenannte *Umwelten-Lehre von Uexküll* und die *Theorie der Weltoffenheit des menschlichen Lebewesens von Plessner*. Im dritten Teil ziehe ich schließlich die Konsequenzen und erläutere, was die moderne philosophische Biologie und Philosophische Anthropologie innerhalb einer neuesten »Lebenssoziologie« für die gegenwärtige Herausforderung der Thematisierung und des Schutzes der »Biodiversität« bedeuten kann.

2. Theorie der Pluralität des Lebens und des menschlichen Lebens

Ich erläutere zunächst die eigentliche philosophische Biologie von Uexküll und von Plessner, die sogenannte Umwelt- oder Positionsfeldertheorie. Sie könnte eine gediegene Hintergrundtheorie für das Phänomen von Biodiversität überhaupt sein. Dann gehe ich im zweiten Teil auf die Philosophische Anthropologie ein, in der Plessner (und Gehlen) sich in Abhebung von Uexküll auf eine Sonderstellung menschlicher Lebewesen in der Biodiversität konzentrieren, das Theorem der Weltoffenheit menschlicher Lebewesen. Dieses Theorem könnte wiederum eine Grundvoraussetzung bilden, um das Verhältnis des Menschen in der Biodiversität zur Biodiversität überhaupt angemessen konzeptualisieren zu können.

Joachim Fischer

2.1 Organismus-Umwelt-Theorie (Uexküll, Plessner)

Jacob von Uexkülls Theorie der Tier-Umwelt-Korrelation, genauer der multiplen, je spezifischen Tiere-Umwelten-Passungen galt den Zeitgenossen als eine revolutionäre, moderne Biologie. Hatte sich die Biologie bis dahin auf den Organismus selbst konzentriert und ihn – wie prominent bei Kant – als ein besonderes System der Wechselwirkung von Teilen zu einem zweckmäßigem Ganzen konzipiert, so verschob Uexküll seit seinen Hauptschriften »Innenwelt und Umwelt der Tiere« (1909)[2] und »Theoretische Biologie« (1920)[3] den Schwerpunkt auf die Wechselwirkung zwischen dem Organismus und seiner Umwelt. Diese Relation war zwar auch vorher im biologischen Blick gewesen, aber Uexküll vollzog hier einen bedeutsamen Paradigmenwechsel in der Biologie von einem Systembegriff, der sich auf das Verhältnis Ganzes/Teil konzentriert, zum System-Umwelt-Begriff, der das System – den Organismus – nur unter Voraussetzung seiner Umweltrelation beobachtete. Der Organismus an sich betrachtet ist aus der Sicht Uexkülls eine bloße Zufallserscheinung der Naturgeschichte – erst in seiner Beziehung zu einer Umwelt enthüllt er seine Planmäßigkeit, die Planmäßigkeit seiner Morphologie[4]. Uexküll unterscheidet dabei zwischen »Umgebung« und »Umwelt«: Die Umgebung nimmt die Lebewesen als Objekte auf – und insofern sind Lebewesen physikalische und chemische Prozesse der Umgebung, der Außenwelt, objektiver Teil der Natur. Davon unterschieden ist das Lebewesen aber auch je seine spezifische »Umwelt« – es hat kraft seiner Organe, vor allem seiner Sinnesorgane *und* seiner Wirk- oder Verhaltensorgane seine eigene arteigene subjektive Zeit und seinen eigenen subjektiven Raum. Vor allem sinnesphysiologisch gesehen ist der Organismus über sein Merken und sein Wirken eng mit einer je spezifischen Umwelt verzahnt. Im Organismus ist insofern einer rezeptorische »Merkwelt« komplementär eine effektorische Wirkwelt gegenübergestellt, und diese zwei Aspekte des Organismus bilden einen je spezifischen »Funktionskreis« mit der Umwelt, einen Lebenskreis – wobei sich die Funktionen auf die Ernährung, die Feinderkennung und -abwehr, die Fortpflanzung etc. richten. Es handelt sich also um eine Tiertheorie, die in der morphologischen Ana-

---

[2] Von Uexküll 1921 [1909].
[3] Von Uexküll (1920).
[4] Vgl. Stichwort »Umwelt« in: Toepfer 2011, Bd. 3, 590–591.

»Exzentrische Positionalität«

lyse des Organgefüges, besonders der je spezifischen Sinnes- und Bewegungsorgane, aber auch der jeweiligen Fortpflanzung- und Waffenorgane rekonstruieren kann, wie dieser Tiertyp auf eine je spezifische Umwelt (in der Natur) zugeschnitten und in dieser vollkommen und zugleich auch beschränkt seine passende Nahrung, seinen Weg, seinen Gatten, seinen Feind vorfindet. Uexkülls Modell der Organismus-Umwelt-Korrelation gewann deshalb Plausibilität, weil er es an verschiedensten Tier-Beispielen demonstrierte am Fall des Seeigels, der Pilgermuschel, der Bienen, der Nachschmetterlinge u.s.w. Das berühmteste Beispiel, gleichsam das Paradigma des Theorieparadigmas wurde der Fall der Zecke: Kennt die Biologie die Sinnesorgane und die Leistungsorgane dieses Tieres, so kann sie »seine« Umwelt rekonstruieren. Die Zecke wartet an den Ästen eines beliebigen Strauches, um sich auf vorbeistreifende warmblütige Tiere herabfallen oder von ihnen abstreifen zu lassen. Die Zecke ist augenlos, aber sie besitzt einen allgemeinen Lichtsinn der Haut, um sich auf dem Weg nach oben zu orientieren, wenn sie ihren Wartepunkt im Gras, im Gebüsch erklettert. Die Annäherung an die Beute wird dem sonst blinden und tauben Tier durch den Geruchssinn angezeigt, wobei dieser Sinn allein abgestimmt ist auf den einzigen Geruch, den unterschiedslos alle Säugetiere ausströmen: den der Buttersäure. Bei diesem Signal oder Reiz aus ihrer selektiven Umwelt lässt sich die Zecke fallen, und wenn sie auf etwas Warmes fällt und ihr Beutetier erreicht hat, so folgt sie ihrem Tast- und Temperatursinn, um die wärmste, d.h. haarlose Stelle des Säugetieres zu finden, wo sie sich in das Hautgewebe einbohrt und sich voll Blut pumpt. Die ›Welt‹ der Zecke besteht also nur als Licht- und Wärmeempfindungen und aus einer einzigen Geruchsqualität – aber dadurch – das ist von Gewicht für ein späteres Konzept der Biodiversität – in ihrer hochselektiven Umwelt bereits ein Teil des Kosmos in seiner Materialität von sich her erschienen, ist erschlossen. Ist ihre erste und einzige Mahlzeit zu Ende, so lässt sie sich zu Boden fallen, legt ihre Eier ab und stirbt. Ganz ähnlich hat von Uexküll die Harmonie zwischen dem organischen Bau eines Tieres, seinem Bauplan, d.h. seiner speziellen Organausstattung, und seiner Umwelt (den ihm zugänglichen Außenwelteindrücken) auch für Seeigel, für bestimmte Muscheln, für Nachtschmetterlinge, für Bienen aufgewiesen – und auch zeichnerisch zu rekonstruieren versucht. In der Umwelt der Bienen z.B. erscheinen nur aufgelöst offene geometrische Formen, wie Sterne oder Kreuze, aber keine geschlossenen wie Kreise oder Quadrate: weil nur die Blüten, den ersten Formen entsprechen, für Bienen ein lebensnotwendiges Interesse haben, nicht aber Knospen, die noch geschlossen sind.

Die Pointe dieses Uexküll'schen Prinzip der Organismus-Umwelt-Korrelation ist natürlich, dass es sich für alle Tiere durchführen lässt – gleich ob Reptilien und Vögel, ob Fische, Amphibien, Weichtiere, Würmer, Schwämme und Nesseltiere, Stachelhäuter, Säugetiere, Krebstiere, Spinnentiere und Insekten. Immer gilt: »Die Umwelt, wie sie sich in der Gegenwelt des Tieres spiegelt, ist immer ein Teil des Tieres selbst, durch seine Organisation aufgebaut und verarbeitet zu einem unauflösbaren Ganzen mit dem Tiere.«[5] Insgesamt läuft Uexkülls theoretische Biologie – in Unterscheidung zu einer Abstammungs- und Fortschrittsgeschichte der Lebensevolution – auf einen *pluralistischen* Ansatz in der Biologie hinaus, auf das Nebeneinander von Tiergruppen. »Jedes Tier, mag es einfach oder kompliziert sein, ist gleich vollkommen in seine Umwelt eingepasst. Die Umwelt der einfachen Tiere ist einfach und diejenige der vielseitigen Tiere vielfältig. Umwelten und Tiere bedingen sich jeweils gegenseitig.« (1909)[6] Uexkülls pluralistischer Ansatz drückt also eine Enthierarchisierung und Pluralisierung der Lebensperspektiven aus – er verleiht jedem Organismus in der Natur den Status eines Lebenssubjektes und spricht jedem subhumanen Lebewesen Eigensinn und Eigenerschließungswert von Welt zu.

Helmuth Plessner, der Biologie und Zoologie in Heidelberg unter anderem auch bei von Uexküll studierte, und zu dessen philosophischer Biologie ich jetzt komme, hat die Pointe der Uexküll'schen Umweltlehre so charakterisiert: »Uexkülls Begriff der Umwelt ist das methodische Mittel, um der Biologie eine von anthropomorphen Maßstäben, auch von Entwicklungsvorurteilen [einer Evolution] freie Analyse der verschiedensten Planordnungen tierischen Verhaltens zu schaffen. Sie schaltet von vornherein Analogiedeutungen aus menschlichem Erleben aus.« (CH)[7] Plessner hat nun in seiner »philosophischen Biologie« – die er in den »Stufen des Organischen und der Mensch« 1928 entfaltet, das Uexküll-Programm aufgenommen, dabei aber charakteristisch umformuliert. Statt von der Organismus-Umwelt spricht Plessner nämlich von »Positionalität« und »Posi-

---

[5] Uexküll (1921 [1909]).
[6] Uexküll (1921 [1909]).
[7] Plessner (1983 [1961]).

tionsfeld«, also statt von der Wechselwirkung zwischen Organismus und Umwelt von der jeweiligen Wechselwirkung zwischen Positionalität und Positionsfeld.[8] Alle Organismen sind für Plessner »Positionalitäten«, anonym in den Kosmos ausgesetzte lebendige Dinge, die nicht nur eine Raum-Zeit-Position einnehmen und ausfüllen – wie die Steine und Sterne – sondern sie in einem Positionsfeld behaupten, auf das sie vital zugleich angewiesen sind. Im Terminus »Positionalität« will Plessner erfassen, dass es sich bei Organismen nicht um Kreaturen – also Geschöpfe einer göttlichen Kraft – handelt, aber auch nicht um sich selbsterzeugende – also autopoietische – Größen der Natur handelt, sondern um von der anonymen Natur ausgesetzte, gleichsam gesetzte, geworfene Dinge, die zur Selbstbehauptung und Selbstgestaltung in ihren Grenzen gesetzt und gefordert sind. Die Positionalitäten – Pflanzen und Tiere – regulieren ihren Austausch mit dem jeweiligen Positionsfeld nämlich über ihre je eigene »Grenze« – lebendige Dinge sind »grenzrealisierende Dinge«, wie Plessner formuliert, ob im Stoffwechsel, in der Sinneswahrnehmung, im Verhalten. Zum »Positionsfeld« gehören die außerhalb des morphologisch bestimmten Organismus liegenden Faktoren, der erst zusammen mit dem Organismus, mit der Positionalität die eigentlich jeweilige Ganzheit in der Natur bildet – den »Lebenskreis«, wie Plessner sagt. »Als Ganzer ist der Organismus [...] nur die Hälfte seines Lebens. Er ist das absolut Bedürftige geworden, das Ergänzung verlangt, ohne die er zugrunde geht.«[9] Auch bei Plessner ist das Verhältnis zwischen Positionalität und Positionsfeld im Wesentlichen sinnesbiologisch bestimmt, also durch die Sinnesorgane, die gleichsam die selektive Grenzregulierung im Verhältnis zum Positionsfeld übernehmen: »Die Sinnesorgane haben in demselben Maße Reize aufzunehmen wie abzublenden. Sie sind Augen und Scheuklappen in Einem.«

So wie Uexküll eine Pluralität von Organismus-Umwelt-Korrelationen kennt und in seiner »theoretischen Biologie« als gleichrangig gelten lässt, so Plessner eine Pluralität von Positionalitäten und in seiner »philosophischen Biologie«. Beide rekonstruieren also in ihren

---

[8] Plessner (1965 [1928]. Vgl. zu Plessners »Naturphilosophie und Anthropologie« in den ›Stufen des Organischen und der Mensch‹ im Vergleich zu Hegels »Idee des Lebens« in der ›Wissenschaft der Logik‹ Rohmer (2016), 221–315.
[9] Plessner (1965 [1928]).

Joachim Fischer

philosophischen Biologien die Fülle und Vielfalt des Lebens, also das, was man später »Biodiversität« nennt, und bahnen theoretisch auch Wege zu dem, was man in der Theorie der Ökologie im 20. Jahrhundert als »ökologische Nische« erschließen wird.

Ich fasse die Pointe der modernen theorethischen philosophischen Biologie Uexkülls und Plessners zusammen, die sie so interessant für eine Theorie der Biodiversität macht. Erstens: Wenn gilt: Kein Organismus ohne Umwelt, dann gilt umgekehrt auch: Keine Umwelt ohne Organismus. Das heißt: der Kosmos ist zwar seit seinem Anfang schlicht vorhanden, aber er gelangt nur in den Organismen zur Erscheinung; er kommt in den je ausschnitthaften Umwelten bereits der subhumanen Lebewesen phänomenal, perspektivisch zur Erscheinung, Weltaspekte, die je nach Bauplan dem Leben dienstbar gemacht werden, zeigen sich als Umwelten der vielfältigen Organismen. Gibt es den entsprechenden Organismus noch nicht oder dann nicht mehr, baut sich auch eine entsprechende Umwelt noch nicht oder nicht mehr auf. Der Sache nach hat diese Uexküll-Plessner'sche Theorie des pluralen Erscheinens des Kosmos in je selektiven Sinnes- und Bewegungsorganen viele Vorläufer – natürlich in der Monadologie von Leibniz, aber auch bei Herder, Schelling, Dilthey, James, Bergson. Entscheidend ist die realistische Reformulierung auf dem Niveau der modernen naturwissenschaftlichen Biologie – damit auch die realistische Einhegung der spekulativen Monadologie: Monadische Funktion einer jeweiligen Spiegelung der Welt, einer spektralen Phänomenalität übernehmen nicht etwa alle Dinge in der Welt, also nicht Steine und Sterne – sie haben keine Umwelten –, sondern *nur* organische Dinge, weil sie Umwelten haben müssen und eben im Medium dieser Umwelten je phänomenale Teilspiegelungen des Kosmos sich ereignen.

Die Pointe dieser philosophischen Biologie hat noch eine zweite Zündungsstufe: Wenn alle Organismen auf Umwelten verwiesen sind, mit denen sie zusammen erst das Ganze des Lebens ausmachen, dann erscheinen eben nicht nur anorganische Dinge in diesen Umwelten, sondern auch andere Organismen, es kommt zu einer Mitgegebenheit von Organismen in der Umwelt je eines Organismus. Im Positionsfeld von Positionalitäten erscheinen sensomotorisch andere Positionalitäten, zu denen Stellung als Freund oder Feind bezogen wird, auf die als andere Lebenssubjekte mitstrebend oder widerstrebend eingewirkt wird. Die philosophische Biologie von Uexküll und Plessner kann also zwanglos eine »Interphänomenalität«

»Exzentrische Positionalität«

(wie ich es zu nennen vorschlage[10]) denken, die Interphänomenalität von Lebewesen im Kosmos zur Sprache bringen, bereits eine subhumane Interphänomenalität von Organismen, die grundsätzlich verschieden ist von den Kausalrelationen zwischen bloßen Dingen – und das rechtfertigt es, bereits auf der subhumanen Ebene von einer »Lebenssoziologie«[11] zu sprechen, von einem elementar sozialen Verhältnis zwischen ausdruckshaft voreinander erscheinenden verschiedenartigsten Lebewesen. Die »Biodiversität« erscheint also bereits subhuman auch als ein weitgespanntes *soziales Gefüge*.

2.2 Mensch-Weltoffenheits-Theorie (Scheler, Plessner, Gehlen)

Wie lässt sich nun der Mensch innerhalb der Natur begreifen, innerhalb der Organismus-Umwelt-Korrelationen, die immer auch schon ein protosoziales Gefüge bilden? A Critical Study of the Influence of Brazilian Environmental Rule of Law in Latin AmericaA Critical Study of the Influence of Brazilian Environmental Rule of Law in Latin America. Das Uexküll'sche Programm bettet systematisch das menschliche Lebewesen in die Umwelttheorie ein. Für Uexküll ist der Mensch kein besonderes Lebewesen, sondern nur ein Lebenssubjekt unter anderen, das ebenfalls sich entlang einer jeweils korrelativen Umwelt bewegt und agiert. Uexküll überträgt gleichsam die Tier-Umwelt-Theorie auf das menschliche Lebewesen. Das von ihm herangezogene bekannte Beispiel ist das Beispiel des Waldes, den es auch für das menschliche Lebewesen – wie für alle anderen Waldbewohner – immer nur in selektiven Umwelten gibt: »Derselbe Wald ist für den Bauern einzusammelndes Gehölz, für den Holzhändler aber so und so viel im Handel verwertbares Kubikmeter Nutzholz, für den Jäger hingegen Jagdgebiet, für den Förster Forstwald und Gehege, für den Verbrecher und Verfolgten Unterschlupf und Versteck, für Spaziergänger eine Erholungslandschaft.«[12] Auch das menschliche Lebewesen lebt so gesehen immer schon in selektiv gefilterten Umwelten, es ist für es je ein anderer Wald.

---

[10] Fischer (2019).
[11] Delitz/Nungesser/Seyfert (2018).
[12] Uexküll (1921 [1909]).

Joachim Fischer

Anders als Uexküll beobachten Plessner, Scheler und Gehlen am menschlichen Lebewesen nun eine von allen anderen Lebewesen verschiedene Konstitution in der Natur. Sie suchen nach einem Begriff der »Stellung des Menschen im Kosmos« (Scheler), nach einem Begriff für die eigenartige Stellung des Menschen in Natur, für seine Sonderstellung in der Biosphäre in der Geosphäre, auf der Erde im Kosmos[13]. Sie suchen dabei nach einem Schlüsselbegriff, der es ermöglicht, die Geistes- und Sozialwissenschaften, die sich immer schon auf die sinnhaft geordnete Lebenswelt von Menschen konzentrieren, mit den Natur- und Lebenswissenschaften, die immer von einer sinnlich natürlichen Welt des Lebendigen aus analysieren, zu verknüpfen. Oder anders gesagt, die Philosophische Anthropologie versucht etwas ganz Unwahrscheinliches zu leisten, nämlich Darwin mit Dilthey zu verknüpfen.

Wie ist das gemacht? Charakteristisch für den Ansatz der modernen Philosophischen Anthropologie ist, dass er nicht direkt einen Begriff des Menschen entwirft, sondern ihn indirekt durch ein Umwegverfahren gewinnt: Bevor die Philosophische Anthropologie vom Menschen spricht, spricht sie nämlich vom Leben, von organischen Dingen, und genau genommen spricht sie zuallererst von Dingen im Kosmos überhaupt. Das ist eine Verbeugung vor der Unhintergehbarkeit der modernen Darwin'schen Theorie der Evolution alles Lebens auf der Erde. Das lässt sich nachverfolgen in Plessners Hauptwerk »Die Stufen des Organischen und der Mensch« (1928), auf das ich hier nun noch einmal genauer eingehe. Beabsichtigt ist von Plessner eine nicht-theologische und eine nicht-telelogische Theorie des Menschen. Plessner entwickelt in seinem Buch zuerst eine Theorie des Dinges, des anorganischen Dinges, dann eine Theorie des lebendigen Dinges, dann im vierten bis sechsten Kapitel eine Theorie der Pflanze und des Tieres und schließlich im abschließenden siebten Kapitel eine Theorie des Menschen – eben als »exzentrische Positionalität«, der Begriff, der im Titel meines Beitrags steht. Ich rekonstruiere diesen Gedankengang jetzt noch einmal im Hinblick auf den Begriff des menschlichen Lebewesens: Wahrnehmbare Dinge im Kosmos, also z. B. Steine oder Wolken, haben, so Plessner, eine »Position«, also eine raumzeitliche Position im Kosmos – einen mehr oder weniger scharfen Rand, an dem sie anfangen bzw. aufhören oder abbrechen. Demgegenüber sind lebendige Dinge (also Pflanzen, Tiere, Menschen)

---

[13] Scheler (1976 [1928]).

»Exzentrische Positionalität«

»grenzrealisierende Dinge«, sie haben eine zu ihnen gehörende »Grenze«, über die sie stoffwechselnd (in weiteren Stufen senso-motorisch) in Bezug zu einer je spezifischen Umwelt im Kosmos stehen. Grenzrealisierende Dinge haben also nicht nur eine raumzeitliche Position, sondern sie haben »Positionalität«, wie Plessner sagt, sie sind anonym in den Kosmos gesetzt, um ihre raumzeitliche Position in einer Umwelt zu behaupten, zu wachsen, sich zu entwickeln, sich zu entfalten und wieder zu verschwinden. Als »Stufen« des Organischen bestimmt Plessner nun innerhalb seiner Kategorienbildung die Pflanzen als »offene Positionalitäten« im Kosmos (mit ihren Blätter- und Wurzelwerk direkt zur Umwelt entfaltet), Tiere als »geschlossene Positionalitäten« (mit ihrer Einfaltung in eine Haut als Grenze und mit ihrer sensomotorischen positionalen Beweglichkeit). Höhere Organisationsformen der Tiere mit ihrer zentralneuronalen Vermitteltheit kennzeichnet er als »zentrische Positionalitäten« (einschließlich der Schimpansen)[14],

In Abhebung von diesen nicht-teleologischen Stufen des Organischen charakterisiert Plessner nun die menschlichen Lebewesen als »exzentrische Positionalitäten« im Kosmos. Menschen sind also die Lebewesen, die in ihrem vitalen raumzeitlichen Körper stecken und zugleich in eine exzentrische Distanz zu ihm versetzt sind, gleichsam außerhalb des Körpers und über sein Positionsfeld hinaus – sich in einem Raum der Phantasie, der Vorstellung, prinzipiell in einem virtuellen Raum der Möglichkeiten bewegen, von wo und aus dem sie sich in ihren körperlichen Impulsen und Aktionen steuern und regulieren müssen. Damit sind exzentrische Positionalitäten anders als zentrische Positionalitäten, denen von Natur aus die Lebensführung vorgeprägt ist, in ihrer Lebensführung auf »natürliche Künstlichkeit«, auf artifizielle »Verkörperung« verwiesen, auf einen technischen Umgang mit den natürlichen Dingen, auf künstliche Grenzziehungen und Territorialbildungen auf der Erde, auf eine artifizielle soziale Konstruktion ihrer Mitwelten im Verhältnis untereinander.

Arnold Gehlen hat versucht, diese exzentrische Position des Menschen entlang des Uexküll-Programmes, »Baupläne« von Lebewesen aufzudecken, zu beschreiben versucht. Der morphologische und ethologische Bauplan des menschlichen Lebewesens manifestiert nämlich aus Gehlens Sicht strukturelle »Mängel und Lücken«, durch die sich diesem Organismus riskant die »Umwelt« zur »Welt« öffnet,

---

[14] Plessner (1965 [1928]).

mit ihrer »Reizfülle« und vitalen Verunsicherung, die in einem eigentätigen Leistungsaufbau (»Handlung«) durch dieses Lebewesen geordnet und bewältigt werden muss, um zu überleben.[15] Statt der Orientierung entlang fixierter natürlicher »Umwelten« ist das menschliche Lebewesen in einen Zustand der »Weltoffenheit« versetzt, und es muss diese »Weltoffenheit« (Max Scheler) in »Kulturmilieus« bzw. eine »zweite Natur« umwandeln, um überleben zu können. Insofern entwickelt die Philosophische Anthropologie immer eine dezidierte Theorie des Menschen als Werkzeug- und Artefaktlebewesen auf der einen Seite – artifizielle Eingriffe in die Natur –, eine Theorie der spezifisch menschlichen Sozialität auf der anderen Seite – menschliche Lebewesen müssen sich artifizielle Sozialverhältnisse untereinander entdecken und erfinden – »Institutionen« und »soziale Rollen«, wie die anthropologischen Leitkategorien bei Plessner und Gehlen lauten.

In jedem Fall hat die der Anthropologie zugrunde gelegte philosophische Biologie Konsequenzen für die *Philosophische Anthropologie der Ökologie*. In der ›exzentrischen Positionalität‹ transzendieren die Personen die Positionalität aller Biowesen im Hinblick auf kulturelle Sozialität und bleiben zugleich durch die Positionalität ihrer Körperlichkeit an die lebendige Natur, an die Sphäre des Lebendigen und an Erdstandorte gebunden – *wie* Pflanzen und Tiere (offene und zentrisch-geschlossene Positionalitäten) *und* zugleich *mit* ihnen, mit den Pflanzen und Tieren: Damit ist theorietechnisch prinzipiell auch die ökologische Dimension der menschlichen Lebenswelt eröffnet. Um das Uexküllsche Waldbeispiel aufzugreifen: Von der Philosophischen Anthropologie her leben menschliche Lebewesen in der Weltoffenheit – oder um mit dem Wort zu spielen – anders als alle Tiere des Waldes im Zustand der »Waldoffenheit«. Plessners ›Stufen des Organischen und der Mensch‹ werden klassisch natürlich immer als Exponierung der »*Sonderstellung* des Menschen im Kosmos« (Scheler) gelesen (oft wird überhaupt nur das 7. Kapitel gelesen), lassen sich aber auch umgekehrt – vom Ende des 7. Kapitel über die vorherigen Tier- und Pflanzenkapitel zurück bis zum Anfang der Unterscheidung von lebendigen/nicht-belebten Dingen – als Positionierung der menschlichen Lebewesen *inmitten von Pflanzen und Tieren*, von Boden, Wasser, Energie und Luft als Medium auffassen. Es

---

[15] Gehlen (1950 [1940]).

»Exzentrische Positionalität«

ist deshalb konsequent, dass die Philosophische Anthropologie als soziologische Theorie von vornherein die Konstitution von menschlichen soziokulturellen Lebenswelt unter Einbeziehung von Pflanzen und Tieren rekonstruiert – bei Arnold Gehlen in der These von der Genese aller Institutionen im Totemismus: Exzentrische Positionalitäten, die im Verhältnis zu einander der ›doppelten Kontingenz‹ ausgesetzt sind, der wechselseitigen Unergründlichkeit, konstituieren und stabilisieren sich laut Gehlen durch die je gemeinsame Identifikation mit einer bestimmten Pflanze oder einem bestimmten Tier als einer lebendigen dritten Größe – und entwickeln über das Schutzgebot für diese jeweiligen Organismen zugleich von Beginn an gesellschaftliche Naturverhältnisse der Biosphäre und Geosphäre, die Hege und Pflege von Boden, Quellen, Pflanzen und Tieren als Voraussetzung aller soziokulturellen Lebensverhältnisse.[16]

3. Konsequenzen für die Theorie der Biodiversität aus der Perspektive Uexkülls und Plessner: Lebenssoziologie

Die moderne philosophische Biologie mit ihren Leitkategorien der pluralen Positionalitäten-Umwelten und die moderne Philosophische Anthropologie mit ihrer Leitkategorie der Korrelation von ›Exzentrischer Positionalität‹ und Weltoffenheit ermöglicht also Anknüpfungspunkte für eine »Lebenssoziologie«. Um systematisch einen Beitrag zur Reflexion auf den gesellschaftlichen Rahmen von kollektiven Handlungen (politisch, wirtschaftlich, kulturell) zur »Nachhaltigkeit« als Sicherung menschlicher Positionalitätsgrundlagen zu leisten, braucht die Philosophie und die Soziologie eine Theorie, die die Komplexität des Kultur-/Naturverhältnisses im Ansatz aufbereitet.

Ich ziehe aus den vorgestellten Theoriekonzepten der Organismus-Umwelt-Relation, der Positionalität und der exzentrischen Positionalität zwei Konsequenzen für eine Biologie und Anthropologie der Biodiversität. Ich formuliere es als ein Paradox: Erstens: Es gibt eine Biodiversität an sich – ohne den Menschen. Und zweitens: Es gibt die Biodiversität nur durch den Menschen – es gibt sie nur für ihn. Ich führe diese beiden Thesen drittens zu einem perspektivischen Konzept der Biodiversität zusammen.

---
[16] Gehlen (1956).

Joachim Fischer

3.1

Erste These: Es gibt Biodiversität, es gibt die vitale Fülle und Vielfalt in der Natur »an sich«, unabhängig vom Menschen. Das vorgestellte Paradigma bietet eine *Ontologie der Biodiversität*. Damit bildet das Paradigma der modernen philosophischen Biologie und Anthropologie grundsätzlich eine Einhegung aller sozialkonstruktivistischen oder kulturalistischen Ansätze, also aller Paradigmen, nach denen die sogenannte Natur oder das Leben oder die Biodiversität immer nur und bloß nach Maßgabe einer diskursiven oder symbolischen Konstruktion gegeben ist und wirksam wird, einer sozialen Konstruktion, die als Konstruktion selbstverständlich kontingent ist – darauf kommt es dem sozialkonstruktivistischem Ansatz als Idealismus an. Demgegenüber deckt die Ontologie des Lebendigen mit Uexküll und Plessner auf: Biodiversität kennzeichnet kein Konstrukt, sie ist kein interdisziplinär konstituiertes Phänomen, sondern sie ist ein gegebenes, vorfindbares Phänomen in der Natur unabhängig vom Subjekt, unabhängig vom kollektiven Erkenntnissubjekt. Biodiversität gab es *vor dem Auftritt* des Menschen in der Natur und wird es geben *nach seinem Abgang*, nach seinem Verschwinden aus der Natur. In den diversen Organismen oder Positionalitäten erscheint durch die jeweiligen Umwelten und Positionsfelder die unendliche Fülle des Kosmos immer schon gebrochen, hochselektiv, partikular, immer auch anders. Wichtig ist dabei noch: Die Ontologie des Lebendigen ist nicht nur eine Einhegung des Sozialkonstruktivismus der Natur, sondern auch eine Einhegung der Metaphysik der Natur: Uexküll, Plessner, Hartmann und die anderen Denker der Denkergruppe sind Ontologen des Lebendigen, keine Metaphysiker der Natur oder des Lebens. In einer Ontologie des Organischen und seiner Umwelten wird bloß die qualitative Eigenart des lebendigen Seienden rekonstruiert – aber es wird keine Metaphysik der Natur oder des Lebens geboten, also keine Spekulation über den Sinn dieses lebendigen Seienden, über den Sinn von Biodiversität im Kosmos. Vgl. zu dieser grundsätzlichen Einstellung dieser Denkergruppe Hartmann (1940).

3.2

Zweite These: Es gibt die Biodiversität nur durch den Menschen – es gibt sie *nur* »für ihn«. Das meint: Der Umgang mit Biodiversität verlangt notwendig eine Philosophische Anthropologie, es erfordert notwendig einen Begriff der Sonderstellung des menschlichen Lebewesens in der Natur – und Plessners Kategorie der »exzentrischen Positionalität« für den Menschen inmitten von Positionalitäten bietet einen solchen mit der Natur rückvermittelten Begriff. Diese Philosophische Anthropologie steht als Theorie selbstverständlich in einer Spannung zur Anthropozentrik-Kritik, wie sie von umwelt- und tierethischen Biodiversitätskonzepten formuliert wird. Oft sind die Biodiversitäts-Konzepte verbunden mit einer Kritik der Anthropozentrik, der Kritik aller Theorien, die eine Sonderstellung des Menschen im Kosmos behaupten und begründen. Anthropozentrikkritik meint dann, dass es sich von selbst verstehen sollte, dass die menschlichen Lebewesen sich einbetten in die Vielfalt und Diversität des Lebens als eine Lebensform unter anderen. Das hier vorgestellte philosophisch-anthropologische Konzept argumentiert andersherum: Es kann kein plausibles Biodiversitätskonzept geben, wenn man nicht systematisch die Sonderstellungsposition des Menschen unter Positionalitäten aufklärt. Nur in der Reflexion auf die eigentümliche Conditio humana in der Natur hält man den Schlüssel in der Hand, warum es durch dieses Lebewesen einerseits zu einer tendenziellen Bedrohung von Tieren und Tierarten kommen kann, zu einer Verarmung der Natur, andererseits zu einer Hege und Pflege von Tieren und Tierarten einschließlich eines Schutzes der Vielfalt der Arten überhaupt. In gewisser Weise gibt es nämlich die Biodiversität, die es »an sich« gibt, zugleich nur für ihn: nur durch die exzentrische Position des Menschen, durch seine vitale Weltoffenheit, die auch einen Sinn für die offene Pluralität aller anderen Lebewesen auf- und einschließt. Faktisch hat das natürlich mit seiner artifiziell erreichten Ubiquität als Lebewesen auf der Erde zu tun, so dass er es tendenziell im praktischen und forschenden Umgang mit tendenziell allen subhumanen Lebewesen zu tun bekommt. Nur menschliche Lebewesen – so hat es Plessner formuliert – können gleichsam ein Bilderbuch der für sie unsichtbaren Umwelten aufzeichnen und dabei künstlich darstellen, wie Fliege, Spinne, Hund die menschlichen Zimmer und Wohnräume sehen. Nur menschliche Lebewesen können sich vergegenwärtigen, wie sie durch Fliegenaugen, durch Spinnenaugen, Hundeaugen und mit Fliegen-, Spinnen-, Hundeinteressen die Welt sehen könnten. Aus der exzentrischen Positionalität, aus der konstitutionellen Distanz zur eigenen Körperlichkeit ergibt sich der unvermeidbare Vorsprung, die Umwelten der Tiere als Varianten in das Konstantengefüge der offenen Welt des Menschen eintragen zu können, sie in ihrer Interessen- und Triebbedingtheit zu durchschauen und damit Gewalt über sie zu haben – in der Jagd, in der Züchtung, in der Vernichtung. Die immer schon partiell rekonstruierten Umwelten verschiedenster Tiere machen in allen Soziokulturen eben gerade diese Tiere für den Menschen verstehbar, durchschaubar und handhabbar.

3.3

Abschließende kurze dritte These: Die Biodiversität, die es in der Natur *an sich* gibt, verwandelt sich also notwendig durch das Auftreten menschlicher Lebewesen in eine Biodiversität *für ihn*, die Biodiversität der Positionalitäten verwandelt sich notwendig in eine Biodiversität für die exzentrische Positionalität – jedenfalls solange diese auf Erden existiert. Und in diesem Umweg »über ihn« – über das menschliche Lebewesen – hat die Biodiversität, die es »an sich« gibt, auch die Chance, eine Biodiversität *für sich* zu werden – als eine theoretisch zu reflektierende Perspektivenfülle, durch die der Kosmos in seinen Aspekten vielfältig erscheint und sich spiegelt, und als eine praktisch-rechtlich zu schützende Pluralität von Positionalitäten, in deren Interphänomenalität bereits vor dem Menschen Protoformen des Sozialen sich einspielen.

Literaturverzeichnis

Delitz, H./Nungesser, F./Seyfert, R. (Hg.) (2018), *Soziologien des Lebens. Überschreitung, Differenzierung, Kritik*, Bielefeld.
Fischer, J. (2008), *Philosophische Anthropologie. Eine Denkrichtung des 20. Jahrhunderts*. Freiburg/München.
Fischer, J. (2016), »Exzentrische Positionalität. Plessners Grundkategorie der Philosophischen Anthropologie«, in: Ders., *Exzentrische Positionalität. Studien zu Helmuth Plessner*, Weilerswist, 48, 115–145.
Fischer, J. (2020), »Der Anthropos des Anthropozän. Zur positiven und negativen Doppelfunktion der Philosophischen Anthropologie«, in: *Der Anthropos im Anthropozän. Die Wiederkehr des Menschen im Moment

seiner vermeintlich endgültigen Verabschiedung, hrsg. v. H. Bajohr, Berlin, 19–40.
Fischer, J. (2019), »Interphänomenalität. Zum Erscheinungsverhältnis von Gesellschaft«, in: Mickan, A./Klie, T./Berger, P. A. (Hg.), *Räume zwischen Kunst und Religion. Sprechende Formen und religionshybride Praxis*, Bielefeld, 21–44.
Fischer, J. (2014), »Philosophical Anthropology: A Third Way between Darwinism and Foucaultism«, in: Mul, J. de (Ed.), *Plessner's Philosophical Anthropology: Perspectives and Prospects*, Amsterdam, pp. 41–56.
Gehlen, A. (1950 [1940]), *Der Mensch. Seine Natur und seine Stellung in der Welt*. 4. veränderte Aufl. Bonn.
Gehlen, A. (1956), *Urmensch und Spätkultur. Philosophische Ergebnisse und Aussagen*. Frankfurt a. M..
Hartmann, N. (1940), *Der Aufbau der realen Welt. Grundriss der allgemeinen Kategorienlehre*, Berlin.
Plessner, H. (1965 [1928]), *Die Stufen des Organischen und der Mensch. Einleitung in die philosophische Anthropologie*. 2. Aufl. Berlin.
Plessner, H. (1983 [1961]), »Die Frage nach der Conditio humana«, in: Ders., *Gesammelte Schriften*, hrsg. v. Dux, G./Marquard, O./Ströker, E., Bd. VIII. Frankfurt a. M., 136–217.
Portmann, A. (1956), *Zoologie und das neue Bild des Menschen. Biologische Fragmente zu einer Lehre vom Menschen*. Reinbek bei Hamburg.
Rohmer, S. (2016), *Die Idee des Lebens. Zum Begriff der Grenze bei Hegel und Plessner*, Freiburg/München.
Scheler, M. (1976 [1928]), »Die Stellung des Menschen im Kosmos«, in: Ders., *Späte Schriften*, hrsg. v. M. Frings, *Gesammelte Werke*, Bd. 9. Bern, 11–71.
Toepfer, G. (2011), *Historisches Wörterbuch der Biologie*, 3 Bde., Stuttgart/Weimar.
Uexküll, J. v. (1921 [1909]), *Umwelt und Innenwelt der Tiere*. 2. vermehrte und verbesserte Auflage, Berlin.
Uexküll, J. v. (1920), *Theoretische Biologie*, Berlin.

Implikationen des Anthropozän.
Über die Verortungen des menschlichen Subjektes innerhalb der ›Geologie der Menschheit‹

Eva Raimann

Abstract
When speaking of the decline of nature and simultaneously of the human as the main factor affecting the biological processes of the earth in an era of Anthropocene, the tension between the categories *nature* and *culture* is rising. After an inquiry into the manifold implications of the Anthropocene and the various levels of meaning of the term *nature*, this paper seeks to reflect on theoretical (re)conceptualizations of how and whether the human subject can situate itself consistently in the Anthropocene.

1. Einleitung

»Where did we ever get the strange idea that nature – as opposed to culture – is ahistorical and timeless? We are far too impressed by our own cleverness and self-consciousness [...]. We need to stop telling ourselves the same old anthropocentric bedtime stories.«[1]

Die Frage nach der Beschaffenheit einer dem Menschen inhärenten *conditio humana*[2], welche eine Selbsterkenntnis qua menschlicher Natur zuließe, ist schon immer an das Verhältnis zu einer vermeintlich außerhalb des Menschen stehenden, physischen ›Natur‹ gekoppelt. Seit den ältesten bekannten Überlieferungen ist kaum ein Begriff auszumachen, der eine solch zentrale Stellung innerhalb philosophischer Theorien, (natur)wissenschaftlicher Kontroversen und somit gleichzeitig Traditionen der Subjektverortungen[3] ein-

---
[1] Shaviro (1997), zitiert in Barad (2007), 132.
[2] Für eine grundlegende Reflektion sowie Kritik des Begriffs siehe z. B. Arendt (1998) und Barthes (1996), 16 ff.
[3] In vollem Bewusstsein ob der mannigfaltigen ideengeschichtlichen Verflechtungen der Kategorien ›Mensch‹ und ›menschlichem Subjekt‹ werden zur besseren Nachvoll-

Implikationen des Anthropozän

nimmt, wie jener der ›Natur‹⁴. In Anbetracht der globalen Transformationen erscheint es lohnend, (erneut) die moderne Erzählung der Natur-Kultur Opposition hinsichtlich ihres Potentials zu befragen, inwieweit sie auch vor derm Hintergrund der ökologischen Herausforderungen des 21. Jahrhunderts Bestand zu haben vermag – Im Zeitalter des Anthropozäns wird es dringlich, die Habermas'sche Dialektik der ›Desozialisierung der Natur‹ und ›Denaturalisierung der Gesellschaft‹⁵ auf ihre Tragfähigkeit hin abzuklopfen.

Im Hinblick auf die Epistemologie und die inhärente Fluidität des Begriffs verstehe ich ›Natur‹ im weiteren Verlauf dieses Beitrages nicht als historisch fixierte, objektive Wirklichkeit, sondern vielmehr als eine temporäre Naturerzählung, welche sich jeweils aus spezifischen ideengeschichtlichen und sozio-historischen Erfahrungsqualitäten speist und somit gleichzeitig abhängig von den jeweiligen menschlichen Subjekten ist, die selbige innerhalb einer spezifischen Gesellschaftsstruktur wechselwirkend generieren und rezipieren⁶. Mit dieser Annahme soll im Folgenden das Anthropozän, das ›Zeitalter des Menschen‹ auf seine Prämissen hin kritisch untersucht und Möglichkeiten diskutiert werden, die anthropozentrischen Erzählverfahren der Moderne aufzubrechen. Ein besonderes Augenmerk soll hierbei auf die Dilemma-Situation des menschlichen Subjektes⁷ im Anthropozän gelegt werden, welches sich, *einerseits*, in der Rolle des planetaren Geoengineers, mit einer neu dimensionierten Verantwortung für eine wegbrechenden ›Natur‹ konfrontiert sieht sowie sich

---

ziehbarkeit der in diesem Beitrag vorgebrachten Argumente beide Terme synonym verwendet.
⁴ Der Begriff der Natur hat in dieser Argumentation eine mehrfache Bedeutung und steht im Folgenden durchgehend in einfachen Anführungsstrichen. Er dient einmal der Beschreibung einer dem Menschen gegenübergestellten natürlichen Umwelt und verweist gleichzeitig auf die kontextabhängige Diskursivität des Begriffs.
⁵ Habermas (1981), 80.
⁶ Für einen Überblick sich wandelnder Naturverständnisse siehe u. a. Heise (2010) und Von Weizsäcker (1984).
⁷ Der Rekurs auf ›den Menschen‹ ist in dieser generalisierenden Form alles andere als unproblematisch. Die Terminologie verweist hier vielmehr auf den dem Anthropozändiskurs inhärenten Duktus der Verkürzung hoch komplexer Kategorien und der Tendenz, das menschliche Subjekt innerhalb Gattungsspezifika zu verorten, ohne u.a. Verteilungsungerechtigkeiten zu berücksichtigen. Für die nähere Auseinandersetzung mit dieser Problematik siehe u. a. Moore (2016), welcher als Gegenentwurf zur Anthropozän Konzeption das *Kapitalozän* vorschlägt und Chakrabarty (2009) zur Problematik der Entpolitisierung natürlicher Ressourcen.

83

gleichzeitig als Spezies im Artengefüge in einem unmittelbaren Zustand des Ausgeliefertseins gegenüber der ›Natur‹ befindet.

Das sich im Anthropozän zuspitzende Spannungsfeld von ›Natur‹-Kultur und die damit einhergehenden Risikoszenarien erfordern tragfähige Analyseinstrumente; die im weiteren Verlauf vorgestellte Öffnung von statischen ›Natur‹-Kultur Dichotomien dient als Versuch, den variable Vernetzungen von Subjekt(en) und ›Natur(en)‹ nivellierter zu begegnen und die, auf den ersten Blick gegenläufigen, Narrative des Anthropozän für mutigere Verortungen des menschlichen Subjektes innerhalb der ›Natur‹ fruchtbar zu machen.

2. Das Anthropozän: Kritik und Implikationen

Es sind vor allem zwei Motive zu verzeichnen, die es bedingen, dass die Untersuchung von Genesen und Erzählweisen zeitgenössischer Naturvorstellungen erneut in den Fokus der Sozial- und Kulturwissenschaften gerückt ist. *Erstens*, die stürmisch voranschreitende Weiterentwicklung der Technik[8], welche als bindendes Element von Natur und Subjekt verstanden werden kann, da Technologien die Kategorien ›Natur‹ und ›natürliche Umwelt‹ handhab-, mess- und reproduzierbar machen und sie gleichzeitig mit der Hervorbringung einer ›gemachten Natur‹[9] verflüssigen und überdehnen. *Zweitens*, eine sich spätestens seit der Industrialisierung zuspitzende Umweltproblematik, in welcher sich das menschliche Subjekt als Täter und Opfer zugleich mit einem globalen Bedrohungsszenario konfrontiert sieht. Die Übersäuerung der Ozeane, der Rückgang des Regenwaldes und der Biodiversität, der Anstieg von Treibhausgasen sowie die landschaftlichen Veränderungen durch Monokulturen zeichnen ein apokalyptisches Bild; laut dem 2012 veröffentlichten *Bericht an den Club of Rome* steigt die Temperatur, der Meeresspiegel und der menschliche Energieverbrauch kontinuierlich an, während die ungenutzte Biokapazität gleichläufig und unablässig sinkt[10]. Eine Prognose, die

---

[8] Während hier auf ein allgemeines Verständnis von Technik verwiesen wird, erfüllen Wissenssysteme und -Infrastrukturen einen ähnlichen Zweck innerhalb der Grenzziehungen zwischen Natur und Kultur. Beide können gleichzeitig als bedingender Faktor als auch als definierende Messinstrumente des Anthropozän verstanden werden. Siehe hierzu u. a. Heidenreich (2004).
[9] Schulz-Schaeffer (2008), 8.
[10] Randers (2012), 34.

Implikationen des Anthropozän

laut Jorgen Randers »die Geschichte einer Welt erzählt, die sich sehr nahe am Abgrund bewegt [...]«[11].

Beide Motive, die durch technischen Fortschritt vorgebrachte ›künstliche Natur‹ sowie zeitgenössische Umweltproblematiken, forcieren nicht nur die unmittelbare (Neu)Konzeptualisierung der Beziehungen zwischen menschlichem Subjekt und ›Natur‹, sondern verweisen in ihrer Verschränkung gleichzeitig auf das Anthropozän, ein Phänomen, welches sich seit seiner begrifflichen Einführung im Jahr 2000 viel zu lange der geistes- und sozialwissenschaftlichen Auseinandersetzung mit seinen zugrundeliegenden Prämissen entzog. Die neue geochronologischen Epoche, welche nun offiziell den jüngsten Zeitabschnitt der Erdgeschichte, das Holozän, ablösen wird, wurde erstmals im Jahr 2000 durch den Chemiker Paul Crutzen und dem Biologen Eugene Stoermer vorgeschlagen.[12] Es definiert als jüngstes Erdzeitalter den Menschen als Haupteinflussfaktor auf jegliche atmosphärischen, geologischen sowie biologischen Prozesse der Erde:

[...] for the past three centuries, the effects of humans on the global environment have escalated. Because of these anthropogenic emissions of carbon dioxide, global climate may depart significantly from natural behavior for many millennia to come. It seems appropriate to assign the term ›Anthropocene‹ to the present, in many ways human-dominated, geological epoch, supplementing the Holocene – the warm period of the past 10–12 millennia.[13]

Im August 2016 auf dem 35. Internationalen Geologischen Kongress in Kapstadt wurde die These zum Anthropozän von Crutzen und Stoermer von der Arbeitsgruppe um Zalasiewicz vorläufig bestätigt; für den Beginn der Epoche sprach sich die Kommission mehrheitlich[14] für das Jahr 1950 aus – Das Jahr des Eintritts in das nukleare Zeitalter.[15] Folgt man dem Appell der Arbeitsgruppe, leben wir bereits seit

---
[11] Ebd., 38.
[12] Das weder der Begriff noch die Prämisse des Anthropozän keineswegs neu war und bereits 1873 eine ähnliche Konzeption existierte, zeigt Krämer (2016), 3 f.
[13] Crutzen/Stoermer (2000), 17–18.
[14] Zu den einzelnen Stimmenabgaben der *Anthropozän Arbeitsgruppe (AWG)* siehe den Pressebericht der Universität Leicester (2016).
[15] Da eine offizielle Benennung einer Epoche nur durch die International Commission on Stratigraphy (ICS) vorgenommen werden kann, ist die 2016 bestätigte These vornehmlich als Appell zu verstehen. 2021 soll der ICS ein ausgearbeiteter Entwurf vorgelegt werden, welcher zeitliche Abläufe sowie einen definitiven geochronologischen Startpunkt enthalten soll. Dazu siehe Subramanian (2019).

sieben Jahrzehnten im Anthropozän, inmitten der ›Geologie der Menschheit‹[16] und am Ende stabiler Klimaverhältnissen, wie laut Jan Zalasiewicz in den letzten Millionen Jahren keine Entsprechung zu finden sei[17]. Etymologisch vom altgriechischen ›ánthrōpos‹ (Mensch) und ›kainē‹ (neu, noch nie dagewesen) stammend und entstanden aus der jahrzehntelangen Untersuchung von Sedimentstrukturen sowie der daraus resultierenden Erkenntnis, der Mensch habe ab den 1950er Jahren begonnen, die Erde nachhaltig zu transformieren, erscheint das Anthropozän als rechtmäßiger Nachfolger des Holozäns. Bei erster Betrachtung wirkt die Terminologe insofern wertfrei und rein deskriptiv, da sie, abgeleitet aus stratigraphischen Untersuchungen, normativ zu beschreiben scheint, wie das aktuelle geochronologische Zeitalter am treffendsten zu klassifizieren ist. Bei genauerer Betrachtung der Begrifflichkeit fällt jedoch auf, dass in Anbetracht der zeitgenössischen Umweltproblematiken dieser nicht lediglich in einer beschreibenden Funktion verharrt, sondern als Präsuppositionsbegriff eine Universalisierung der ökologischen Debatte[18] inklusive einer gleichzeitigen Neuzeichnung des Epochensubjektes Mensch mit sich bringt.

Diese dem Anthropozän *qua definitionem* inhärenten Implikationen sind insofern nicht unproblematisch, da bei der verkürzten Rezeption des Begriffs eine dem Menschen gegenübergestellte, fragile Natur evoziert und somit die kulturgeschichtlich und erkenntnistheoretisch hergestellte Trennung von ›Natur‹ und Kultur weiter forciert wird, ohne auf eine generelle multiperspektivische Neupositionierung des Menschen in der ›Natur‹ zu verweisen und nach grundlegende Rekonzeptualisierungen zu suchen. Die universelle und höchst suggestive Verwendung des Begriffs Anthropozän trägt weder der kulturgeschichtlich und erkenntnistheoretisch bedingten Fluidität des Begriffs ›Natur‹ Rechnung *(2.1.)*, noch wird das menschliche Subjekt stark genug in den Fokus genommen, welches sich als Namensgeber dieser Epoche mit einer Verantwortung globalen Maßstabes konfrontiert sieht *(2.2)*.

---

[16] Crutzen (2002), 23.
[17] Zalasiewicz et al. (2008), 7.
[18] Für eine weiterführende Kritik am Begriff und zu seiner eminenten Ausdehnung im populärwissenschaftlichen Diskurs siehe Matejovski (2016), 9 ff. sowie Manemann (2014).

2.1 Zur Naturvorstellung des Anthropozän

Dass ›Natur‹, wie bereits von Weizsäcker in *Die Geschichte der Natur* betonte, kein posthistorisches Phänomen ist und sich immer in einem Transformationsprozess befindet[19], gerät in Anbetracht des mittlerweile populärwissenschaftlichen Diskurses um das Anthropozän und die rasant ansteigende Konjunktur des Begriffes zeitweilen in Vergessenheit. Schlagzeilen wie »Das Ende des glücklichen Gleichgewichts«[20] erinnern an die Erzählmuster westlicher Romantik und an einen stoischen Naturbegriff, indem ein der Natur immanenter Logos impliziert wird. Jene, durch diese spezifische Erzählweise generierte ›Natur‹ des Anthropozän ist nicht mehr zurückzugewinnen und, wie Hartmut Böhme in *Natur und Subjekt* konstatierte, genauso verloren wie das ihr gegenübergestellte ›authentische Subjekt‹[21].

Ursula Heise weist in *Nach der Natur. Das Artensterben und die moderne Kultur* darauf hin, dass die seit der Romantik dominanten Erzählmuster einer im Niedergang begriffenen Natur sich im Laufe der Zeit wandelten. Während generell davon auszugehen sei, dass seit dem Beginn der Industrialisierung im Europa des späten 18. Jahrhunderts das Motiv einer beschädigten und schwindenden Natur vorherrschte, verlagerten sich die Bedrohungen je nach kulturellem, historischen und geographischen Kontext. Während vor dem Zweiten Weltkrieg unter anderem die Rodung der Wälder aufgrund der Einführung der Eisenbahn sowie der Wachstum der Städte die westliche Risikowahrnehmung prägten, drängten sich danach Bedrohungen durch Luft- und Wasserverschmutzungen, Nahrungsmittelknappheit und Radioaktivität in den medialen Vordergrund.[22] Die Vorstellungen von ›Natur‹ sowie die damit einhergehenden Risikowahrnehmungen unterlagen immer einem historischen Wandel[23], erfüllten kulturelle Zwecke und standen insofern auch immer in wechselwirkender Beziehung zu den jeweiligen menschlichen Subjekten, die sie innerhalb einer spezifischen Gesellschaftsstruktur generieren und rezipieren. Hierbei wird deutlich, dass es eine der großen Herausforderungen

---

[19] Von Weizsäcker (1984)
[20] Redaktion Badische Zeitung (2013), Artikel vom 05.01.2013
[21] Böhme (1988), 7.
[22] Heise (2010) 17f.
[23] Für einen umfassenden Überblick über den Wandel von Naturverständnissen sowie zur Ideengeschichte der Herkunft der Bilder und Vorstellungen von ›Natur‹ siehe u.a. Burrichter (1987) und Gloy (2005).

des Anthropozän ist, die lebensweltlichen Auswirkungen der unterschiedlichen Perspektiven auf ›Natur‹ sowie deren politische Gestaltbarkeiten zu erkennen[24].

John Protevi betont in *Political Affect: Connecting the Social and the Somatic*, dass der der öffentliche Diskurs über Umweltkatastrophen immer Ausdruck eines erneuten Erstarkens der Dichotomisierung von ›Natur‹ und Kultur sei.[25] Spätestens im Hinblick auf das Anthropozän, welches als Konzept eine einzige, allumfassend globale Umweltkatastrophe beschreibt, greift genau jene Gegenüberstellung beider Sphären zu kurz, den realpolitischen und lebensweltlichen Auswirkungen sich transformierender Ökosysteme auf menschliche und nichtmenschliche Säugetiere zu begegnen.

Um eine erste Bestandsaufnahme zu leisten, sollte die Frage gestellt werden, von welcher ›Natur‹ innerhalb des Anthropozän die Rede ist. Findet die Anthropozän Prämisse Anwendung auf die in gebräuchlichen Lexika unter dem Lemma ›Natur‹ vertretene Definition, stellen sich zwangsläufig Irritationen ein. Wenn ›Natur‹, als »alles, was an organischen und anorganischen Erscheinungen ohne Zutun des Menschen existiert oder sich entwickelt«[26] verstanden werden kann, eine Definition, die Michael Hampe als negativen und allgemeinen Naturbegriff auffasst[27], kann ebenjene im Anthropozän *a priori* als Sphäre außerhalb des menschlich Gemachten nicht (mehr) existent sein. Menschliches Handeln durchbricht natürliche Kausalketten, macht aus Vorgabe Resultat und führt innerhalb dieser Argumentation die Distinktion zwischen ›Natur‹ und Kultur ad absurdum. Diese vermeintliche Loslösungsbewegung von der ›Natur‹ und die gleichzeitige Tilgung selbiger als ontologische Kategorie verharrt in einer statischen Subjekt-Objekt Dialektik und ist in Anbetracht der komplexen Transformationen des Globusses offenkundig nicht zielführend[28]. Die ›Natur‹ im Anthropozän wird insofern im

---

[24] Zum weiteren Verständnis zum Verhältnis von sich wandelnden Naturverständnissen im Hinblick auf konkretes *policy-making* siehe Kropp (2002).
[25] Protevi (2009).
[26] Dudenredaktion (o. J.), »Natur« auf Duden online.
[27] Hampe (2011), 244.
[28] Besonders auffällig hierbei ist die etablierte Wahrnehmung des dem Anthropozän inhärenten Krisendiskurses und der gleichzeitigen Vernachlässigung konkreter, politischer Umsetzungen. Durch die repräsentative Bevölkerungsumfrage des Bundesministeriums für Umwelt, Naturschutz, Bau und Reaktorsicherheit (BMUB) *Umweltbewusstsein in Deutschland 2016* konnte festgestellt werden, dass ein Großteil der deutschen Gesellschaft und gerade jüngere Menschen über ein ausgeprägtes Um-

Sinne Markls zur reinen ›Kulturaufgabe‹.²⁹ In Anbetracht der unmittelbaren Dringlichkeit des Gelingens dieser Aufgabe kann eine strikte, symmetrische Gegenüberstellung von ›Natur‹ und Kultur den mannigfaltigen Verflechtungen und wechselnden Asymmetrien beider Terme nicht gerecht werden.

Wenn diesem allgemeinen Naturverständnis im Anthropozän qua gegenseitigen Ausschluss der Prämissen kein definitorisches Potential mehr zugesprochen werden kann und jedoch gleichzeitig die durch Ressourcenverknappung und Klimaänderung induzierten Bedrohungen unmittelbar lebensweltlich erfahrbar sind, eröffnen sich konzeptuelle Freiräume, das menschliche Subjekt und somit Kultur innerhalb eines zeitgenössischen Naturverständnisses neu zu verorten. Wie kann also das menschliche Subjekt (neu) gedacht werden, wenn die ›Natur‹, deren Erzeugnis der Mensch selbst ist und im Anthropozän zum Produkt seines eigenen Handelns wurde, nicht mehr von Kultur zu unterscheiden ist?³⁰

2.2. Verortungen: Das menschliche Subjekt im Anthropozän

Um sich der Kategorie ›Natur‹ weiter nähern zu können, erscheint es im Hinblick auf das Anthropozän und seine impliziten Prämissen zwingend notwendig, das menschliche Subjekt in den Fokus zu nehmen. So versuchte bereits 2013 das *Haus der Kulturen der Welt* in einem zweijährigen Projekt die Implikationen des Anthropozän auszuloten und appellierte: »Wenn der Mensch die maßgebliche Kraft hinter der Veränderung unserer Erde ist, wie die von den Naturwissenschaften aufgestellten These vom Anthropozän besagt, sind gleichzeitig die [...] Kultur- und Geisteswissenschaften aufgerufen, die Rolle des Menschlichen neu zu definieren«.³¹ Diese interdisziplinäre Herangehensweise ist nach langer Vorherrschaft der Geowissen-

---

weltbewusstsein verfügen und jene Diskursgebiete, welche noch bis in die 80iger Jahre als Aushandlungsobjekte zwischen Ökonomie und Ökologie verstanden werden konnten, zu verinnerlichten Selbstverständlichkeiten geworden sind. Gleichzeitig zeigt Matejovski, dass sich das diskursive Potential der Klimadebatte im Anthropozän im Hinblick auf die politische Mobilisierungsleistung erschöpft hat (Matejovski (2016), 11.).
[29] Markl (1994).
[30] Heise (2010), 138.
[31] HKW (2013).

schaften im Anthropozändiskurs äußerst begrüßenswert; der *ánthrōpos*, als Kernakteur, Erschaffer und ebenso Opfer dieser Epoche findet sich in einer multidimensionalen *Double Bind* Situation wieder, und es gilt, tragfähige Subjektfigurationen zu entwerfen, um den globalen Herausforderungen des Anthropozän zu begegnen. Die alleinige Existenz des Anthropozän setzt bereits tradierte Charakteristika lebensweltlicher Horizonte voraus und ist, wie bereits angemerkt, trotz der unbestreitbar nachweislichen Änderungen der Sedimentsstrukturen, erst einmal keine objektive Tatsache, sondern evoziert ein spezifisches Verhältnis von Mensch und ›Natur‹. Auch wenn es sich um die offizielle Beschreibung einer geochronologischen Zeit handelt, beschreibt es ›Natur‹ als eine mit spezifischen Qualitäten versehene Ausformung von kodierten Erfahrungen. Wie Jakob von Uexküll bereits 1940 in seiner *Umwelt- und Bedeutungslehre* konstatierte, »prägt jede Handlung, die aus Merken und Wirken besteht, dem bedeutungslosen Objekt ihre Bedeutung auf und macht es dadurch zum subjektbezogenen Bedeutungsträger in der jeweiligen Umwelt«.[32] An dieser Stelle wird erneut die Komplexität der Anthropozän Konzeption deutlich: Das Anthropozän ist als spezifische Naturvorstellung diskursiv hergestellt und wirkt gleichzeitig im Sinne Descolas als identitätskonstruierender Naturbezug spiegelnd auf das menschliche Subjekt zurück[33]. Die bedrohte ›Natur‹ im Anthropozän wird geschaffen und benannt vom lebensweltlich bedrohten menschlichen Subjekt, welches sich gleichzeitig selbst in diese Umwelt hineinschreibt. Die oben aufgeführte Formulierung Markls ›Natur als Kulturaufgabe‹ greift innerhalb des Anthropozän zu kurz und ist insofern mit einem *und umgekehrt* zu ergänzen. Im direkten Verweis auf das menschliche Subjekt im Anthropozän und im Hinblick auf das dem dieser Epoche inhärenten Naturverständnis soll im Folgenden die Gegenläufigkeit der Rollenzuschreibungen des Menschen im Anthropozän überblicksartig aufgezeigt und diese als Möglichkeit ausgewiesen werden, dem zugespitzten Spannungsfeld von ›Natur‹ und Kultur mit einer Öffnung statischer Kategorien zu begegnen.

Bei Beobachtung der Erzählweisen des Anthropozän sind zwei zentrale Schlüsselbegriffe auszumachen, welche die Rolle des Menschen im Anthropozän kennzeichnen: *Verantwortung* und *Bedrohung*. Dem Gegendiskutieren beider koexistierender Rollenzuweisun-

---

[32] Von Uexküll (1940), 110.
[33] Descola (2011).

Implikationen des Anthropozän

gen kann eine diskursive Macht unterstellt werden, die kulturgeschichtlich und erkenntnistheoretisch hergestellte Grenze zwischen ›Natur‹ und Kultur, Umwelt und menschlichem Subjekt zu perforieren und gleichzeitig neue Verhandlungsprozesse von menschlicher Subjektivität im Anthropozän anzuregen.

Im Anthropozän ist der Globus *qua definitionem* ein reines Humansystem – schwindende Ressourcen und sterbende Tierarten veranlassen Wissenschaftler_innen, die neue Epoche als »Ära der Verantwortung«[34] zu klassifizieren. Definiert das Anthropozän die Menschheit als omnipotenten, geologischen Faktor und ist gleichzeitig unter Verwendung aktueller Statistiken zur Biodiversität und dem Klimawandel die Zerstörung der ›Natur‹ messbar, wird eine *Verantwortlichkeit* des Menschen gegenüber der ›Natur‹ impliziert. Der durch diese Verschränkung vermittelte Eindruck, aus naturwissenschaftlicher Forschung ließen sich konkrete ethische Handlungsanweisungen ableiten, wurde bereits im Kontext der Diskussion um die neue, große Welle des Artensterbens[35] bereits von David Takacs belegt und kritisiert[36]. Dieser somit verbreitete »moralische Imperativ«[37] formuliert einen zentralen Appell an den Menschen, als verantwortungsvolle Spezies zu handeln und formuliert einen Anspruch, der an keine andere Art gestellt wird[38]. Wird also ›Natur‹ im Sinne Hampes als »all das, was ohne menschliche Planung, ohne Absicht, von selbst geschieht«[39] begriffen und diese Lesart in Beziehung zu aktuellen Umweltdebatten gesetzt, erscheint der Mensch als Antagonist einer in ihren Grundfesten bedrohten ›Natur‹: Ökologische Probleme werden zu einer immanenten Kritik an der Kultur. Es wird somit eine Moral etabliert, die das Unangetastete, ›Natürliche‹ *außerhalb* des Menschen denkt und eine Verantwortlichkeit kultureller Praktiken, dem menschlich Gemachten, gegenüber der unabhängig funktionierenden ›Natur‹ artikuliert. Die hier betonte Sonderstellung des Menschen im Artengefüge erweist sich als problematisch, wenn

---

[34] U. a. Schwägerl (2014).
[35] Das hier prognostizierte Massenaussterben wäre das erste durch den Menschen verursachte. Die vorangegangenen fünf sogenannten *großen Massenaussterben* werden (teilweise noch nicht bekannten) biologischen und ökologischen Krisen zugeschrieben. Siehe hierzu u. a. Ceballos et al. (2015).
[36] Takacs (1996).
[37] Ebd., 337.
[38] Soper (1995).
[39] Hampe (2007), 22.

sie als Untermauerung der hegemonialen Subjektposition gelesen und nicht kritisch auf ihre eigene Reflexivität innerhalb der modernen Dynamik der Naturbeherrschung hin untersucht und die voranschreitende Aufweichung der Trennschärfe zwischen ›Natur‹ und Kultur ignoriert wird.[40] Eng mit dieser Lesart von *Verantwortung* verknüpft, zeigt sich, dass die Aushandlung des Verhältnisses von Mensch und ›Natur‹ innerhalb des Anthropozän mit dem Faktor der *Bedrohung* konnotiert ist. Die ›Natur‹ im Anthropozän kann einerseits durch menschliches Eingreifen als bedroht rezipiert werden, gleichsam bedroht eben jene zerstörte ›Natur‹ mit ihrer immer unwirtlicher werdenden Ökosphäre nicht nur jegliche nicht-menschlichen Lebensformen, sondern die Spezies *homo sapiens* selbst, indem habitable Zonen immer weiter dezimiert werden. Diese im Beck'schen Sinne ›vergesellschaftete Natur‹[41] im Anthropozän bindet das menschliche Subjekt nicht nur qua seiner Eingriffe in ›natürliche‹ Prozesse ein und weicht somit die Kategorien ›Natur‹ und Kultur auf, sondern inkorporiert den Menschen in ökologische Gefüge aufgrund gemeinsamer und unmittelbar abhängiger Vulnerabilität. Das menschliche Subjekt erfährt aufgrund dieser Einschreibungen nicht nur eine direkte Selbstgefährdung, sondern riskiert im Hinblick auf die kommenden Generationen das Aussterben seiner ganzen Art: Diese geteilte Verletzlichkeit perforiert die harten Grenzziehungen zwischen menschlichen und nicht-menschlichen Lebensformen und weicht die hegemoniale Position des Menschen[42] innerhalb ›natürlicher‹ Systeme auf.

Die Wahrnehmung des Menschen als kosmopolitisches Säugetier im Darwin'schen Sinne ist freilich nicht als neue Erkenntnis zu

---

[40] Dipesh Chakrabarty weist auf eine weitere Ebene der Auflösung der Natur/Kultur Dichotomie im Anthropozän hin und plädiert ebenso für die Notwendigkeit, den Menschen in multiplen Registern und Maßstäben zu denken: Indem der Mensch im Anthropozän zu einer geologischen Kraft geworden sei und ›Kraft‹ im Sinne Newtons eine reine nicht-ontologische Wirkmächtigkeit darstelle, könne auch hier *qua definitionem* nicht mehr von einer Subjekt/Objekt Konstellation die Rede sein (Chakrabarty (2011), 160 f.).
[41] Beck (1986), 108 f.
[42] Ulrich Beck thematisiert in *Die Metamorphose der Welt* die Chancen des Anthropozän und plädiert in Anbetracht der globalen Bedrohungen für eine kosmopolitische Perspektive. Die gemeinsame Verwundbarkeit bedinge, erneut politische Grundfragen zu stellen und den »Blick nicht nur auf zerfallende gesellschaftliche und politische Realitäten« richten zu dürfen, »sondern auch auf die Neuanfänge« (Beck (2016), 31 f.).

Implikationen des Anthropozän

verstehen, jedoch wird der Einschreibung des Menschen in ›natürliche‹ Zusammenhänge im Anthropozän eine noch viel tiefere Dimension hinzugefügt. War das menschliche Selbstverständnis ›Spezies‹ vormals eher auf theoretischer Ebene zu verzeichnen, wird diese Klassifizierung im Anthropozän lebensweltlich und in globalem Maßstab erfahrbar: Die unmittelbare Verbindung geteilter, apokalyptischer Lebensräume und die multidimensionierte Dependenz zu anderen, nicht-menschlichen Säugetieren verweist auf eine neudimensionierte Verflüssigung der ontologischen Grenzen zwischen Mensch und Tier und stellt das menschliche Subjekt vor die Herausforderung, sich selbst erstmals konkret als Spezies, und somit direkt abhängig von anderen Spezies, als Teil ökologischer Systeme neu zu begreifen[43].

Entscheidend ist hier, dass sich das menschliche Subjekt im Anthropozän im Spiegel der Auseinandersetzung mit der ›Natur‹ mit zwei vollkommen unterschiedlichen, jedoch nebeneinander koexistierenden Verhandlungsprozessen des menschlichen Selbstverständnisses konfrontiert sieht. In der Rolle des planetaren *geoengineers* muss es sich als Gegenstück einer wegbrechenden ›Natur‹ konstruieren, um somit eine im Scheitern begriffene Verantwortung gegenüber der neuen, von ihm okkupierten Umwelt zu übernehmen. Diese hegemoniale Sonderstellung wird jedoch gleichzeitig penetriert, indem das menschliche Subjekt im Anthropozän eine mehrdimensionierte Rückverortung in ökologische Vernetzungen erfährt und somit die Prämisse des Anthropozän, die Teilung von ›Natur‹ und Kultur, unterwandert wird. Diese beiden unterschiedlichen Modi von Verortungen des menschlichen Subjektes im Anthropozän zeigen auf theoretischer als auch unmittelbar lebensweltlich erfahrbarer Ebene auf, dass der Mensch im Anthropozän an seine eigenen Grenzen gestoßen ist. Die Betrachtung dieser Inkommensurabilität erschafft jedoch gleichzeitig Räume, die unterschiedlichen Bedeutungsebenen von ›Natur‹ und menschlichem Subjekt zu reflektieren und, jenseits des Anthropozentrismus der Moderne, die komplexen Verantwortlichkeiten und Zugehörigkeiten im Anthropozän auszumachen und zu benennen.

---

[43] Zur Vertiefung der Schwierigkeiten, sich als Mensch selbst als Spezies zu denken, siehe Chakrabarty (2009), 220 f.

3. Chancen neuer Verortungen: Jenseits des Anthropozentrismus

»Das Anthropozän ist nach wie vor eine riesige intellektuelle Herausforderung, aus der sich institutionelle Antworten ergeben müssen«, betont Dipesh Chakrabarty im Gespräch mit Katrin Klingan auf ihre Frage hin, inwieweit die Validität der aufklärerischen Vorstellung, der Mensch säße im natürlichen Gefüge an erster Stelle, in Frage gestellt werden müsse.[44] Um sich dieser Herausforderung zu nähern, werden tragfähige und handlungsmächtige Subjektfigurationen benötigt, welche inmitten der Ambivalenzen und variablen Vernetzungen im Anthropozän befähigt sein können, den ökologischen Herausforderungen des 21. Jahrhunderts zu begegnen.

Die im Anthropozän wiedererstarkenden Kategorien ›Natur‹ und Kultur sind, wie gezeigt werden sollte, abstrakte Terminologien, welche im Hinblick auf ihre Fluidität und Präsuppositionen nicht normativ beschreiben können, in welcher Welt wir leben. Die humanistischen Zuschreibungen des ›natürlichen‹ und des dem gegenübergestellten menschlichen Subjektes haben bereits viel zu lange wirkmächtige Konsequenzen; spätestens die ökologischen Krisen im Anthropozän führt vor Augen, wie Bruno Latour bereits 2009 betonte, dass es »nichts weniger ›Natürliches‹ als die Moderne mit ihrer großen Teilung in menschliche und nicht-menschliche Wesen, Gesellschaft und Natur« gebe. Wenn in diesem Sinne die »Moderne nur ein kurzer Umweg gewesen sein« kann[45], sollten vielmehr die begrifflichen als auch ökologischen Destabilisierungen im Anthropozän genutzt werden, um neue, mutigere Begriffe zu etablieren und Plausibilitäten von Dichotomien in Frage zu stellen.[46] Es gilt, die Wirkmächtigkeit der ideengeschichtlich hergestellten Kategorien von ›Natur‹ und menschlichem Subjekt und ihre unmittelbaren Konsequenzen wahrzunehmen; letztlich sind es diese Zuschreibungen, welche den Blick auf die Welt und das praktische Verhältnis zu der ›Natur‹ konstituieren. Auch ist es angezeigt, die politischen Gestaltbarkeiten unterschiedlicher Perspektiven auf ›Natur‹ und das

---

[44] Scherer/Renn (2015), 156.
[45] Hache/Latour (2009), 2.
[46] Für eine aktuelle, weiterführende Lektüre zum umfassenden Naturverständnis Latours sowie seinem Vorschlag zur kosmologischen Beschreibungsfigur *Gaia* siehe Latour (2017).

Implikationen des Anthropozän

menschliche Subjekt zu erkennen und ein Vokabular zu erarbeiten, welches menschliche wie nicht-menschliche Akteure im Anthropozän zusammenführt.

Einige Denkerinnen bereiten den Weg, das menschliche Subjekt im Anthropozän mit mutigeren Theorien und Begriffen zu beschreiben. Donna Haraway ruft im Rückgriff auf ihre Figur des *Cyborgs*[47] eine ›artübergreifenden Widerstandfront‹ innerhalb der neuen Weltordnung auf und postuliert Multispezies-Assemblagen, welche sich neben Menschen auch aus allen anderen Erdbewohnenden zusammensetzen.[48] Die einzige Möglichkeit, den einschneidende Diskontinuitäten im Anthropozän zu begegnen sieht Haraway darin, »die Kräfte zu bündeln, um Zufluchtsräume wiederherzustellen, um eine partielle und stabile biologisch-kulturell-politisch-technologische Genesung und Neugestaltung zu ermöglichen, was auch das Trauern um irreversible Verluste einschließen muss«[49]. Sie plädiert in Anlehnung an Alfred North Whiteheads Prozessphilosophie und seinem Konzept des ›Konkreten‹[50] für ein Erfassen der mehrdimensionerten, realen Verbindungen zwischen menschlichen und nicht menschlichen Wesen, welche sich erst durch diesen Zugriff selbst und einander konstituieren können. Entbunden von der Vorstellung, Subjekt und Objekt besäßen einzelne Ursprünge, existierten beide nicht vor ihren sich wandelnden Verhältnissen und Beziehungen.[51]

Auch Rosi Braidotti versucht, mit ihrer ›posthumanen Theorie‹ ein Szenario einer Welt zu entwerfen, in welcher ›Natur‹, menschliche, also auch nicht menschliche Subjekte als politische Akteure verstanden werden. Sie fordert die Auflösung ›gesellschaftlich konstruktivistischer, binärer Gegensätze wie Natur/Kultur oder menschlich/nichtmenschlich‹ und entwirft einen ›nomadischen Beziehungssubjekt‹, welches, im Zuge einer radikale Dekonstruktion des humanistischen Menschenbildes, in einem Leben ›jenseits der Art‹ als planetarische Subjektform ein transversales Bündnis zwischen den Arten eingehen könne[52]. Sie betont, ähnlich wie Haraway, dass nur wenn mit Zuschreibungen des menschlichen und nicht-menschlichen expe-

---

[47] Haraway (1995), 33–72.
[48] Haraway (2017), 27.
[49] Ebd., 28 f.
[50] Whitehead (1987).
[51] Haraway (2016), 12 f.
[52] Braidotti (2014), 61 ff.

rimentiert werde, den gemeinsamen planetarischen Bedrohungen begegnet werden kann.

Beiden dieser, hier nur kurz angerissenen Ansätzen ist die Forderung gemein, das hegemoniale Selbstverständnis des menschlichen Subjektes aufzugeben und die ›Exzentrische Positionalität‹[53] Plessners hinter sich zu lassen. Durch das Aufzeigen der Fluidität des Naturbegriffs sollte gezeigt werden, dass es Möglichkeiten gibt, andere Beschreibungen zu finden, um den Herausforderungen des Anthropozän zu begegnen. Auch die *Double Bind* Rolle des menschlichen Subjektes im Anthropozän und die damit einhergehenden begrifflichen und lebensweltlichen Verunsicherungen im Anthropozän kann als Chance zur Öffnung gelesen werden, neue Konzepte zu erarbeiten. Es soll nicht darum gehen, das menschliche Subjekt im Anthropozän von seinen mannigfaltigen Verantwortungen zu entbinden, sondern vielmehr darum, Begriffe zu erarbeiten, welche in ihrer Überdehnung und experimentellen Anwendung im Sinne von Deleuze und Guattari erst neue, dringend benötigte ethische Beziehungen hervorbringen können[54].

Wir haben also ein ganzes Zeitalter schon nach dem ἄνθρωπος benannt und das zeichnet eben jenes inhärente Bild eines einzigen Schadenfalls, sollten die Geistes- und Kulturwissenschaften aufgerufen sein, den Menschen im Anthropozän mit mutigeren Begriffen in seinem Verhältnis in und zu der ›Natur‹ zu beschreiben und ein neues Vokabular zu erarbeiten, welches ermöglicht, abseits disziplinärer Grenzbestimmungen, neue, kulturelle Übersetzungen zu finden. Das bedeutet, in interdisziplinärer Zusammenarbeit, neue Formen des Aushandelns einer fundamentalen Referenzeinheit des Humanen zu etablieren, um den variablen Vernetzungen von menschlichen beziehungsweise nicht-menschlichen Subjekten und ›Natur(en)‹ gerecht zu werden.

Literaturverzeichnis

Arendt, H. (1998), *The Human Condition: Second Edition*, Chicago/London.
Barad, K. (2007), *Meeting The Universe Halfway: Quantum Physics And The Entanglement Of Matter And Meaning*, Durham.

---

[53] Z. B. Plessner (2003).
[54] Deleuze/Guattari (2000).

Implikationen des Anthropozän

Barthes, R. (1996), *Mythen des Alltags*, Frankfurt a. M.
Beck, U. (2016), *Die Metamorphose der Welt*, Berlin.
Braidotti, R. (2014), *Posthumanismus. Leben jenseits des Menschen*, Frankfurt a. M.
Bundesumweltministerium / Umweltbundesamt (Hgg.) (2017), *Umweltbewusstsein in Deutschland 2016. Ergebnisse einer repräsentativen Bevölkerungsumfrage*, Bonn/Dessau-Roßlau.
Burrichter, C. (Hg.) (1987), *Zum Wandel des Naturverständnisses*, Paderborn.
Ceballos et al. (2015), »Accelerated Modern Human–Induced Species Losses: Entering the Sixth Mass Extinction«, in: *Science Advances* 5, 71–78.
Chakrabarty, D. (2009), »The Climate of History. Four Theses«, in: *Critical Inquiry* 35, 197–222.
Chakrabarty, D. (2011), »Verändert der Klimawandel die Geschichtsschreibung?«, in: Transit. *Europäische Revue* 41, 143–163.
Crutzen, P./Stoermer, E. (2000), »The ›Anthropocene‹«, in: *Global Change Newsletter* 41, 17–18.
Crutzen, P. (2002), »Geology of Mankind-The Anthroposcene«, in: *Nature* 415, 211–215.
Deleuze, G./Guattari, F. (2000), *Was ist Philosophie?*, Frankfurt a. M.
Dudenredaktion (o. J.), »Natur« auf Duden online, URL: https://www.duden. de/node/643967/revisions/1673058/view (Abrufdatum: 21.04.2018).
Gloy, K. (2005), *Die Geschichte des wissenschaftlichen Denkens: Das Verständnis der Natur*, Köln.
Habermas, J. (1981), *Theorie des kommunikativen Handelns*. Bd. 1, Frankfurt a. M.
Hache, E./Latour, B. (2009), »Die Natur ruft. Wem gegenüber sind wir verantwortlich?«, In: *polar. Politik – Theorie – Alltag* 6, k. A.
Hampe, M. (2007), *Eine kleine Geschichte des Naturgesetzbegriffs*, Frankfurt a. M.
Haraway, D. (1995), »Ein Manifest für Cyborgs. Feminismus im Streit mit den Technowissenschaften«, In: ebd., *Die Neuerfindung der Natur. Primaten, Cyborgs und Frauen*, Frankfurt a. M., 33–72.
Haraway, D. (2016), *Das Manifest für Gefährten*, Berlin.
Haraway, D. (2017), *Monströse Versprechen. Die Gender- und Technologie-Essays*, Hamburg.
Heidenreich, E. (2004), *Fliessräume. Die Vernetzung von Natur, Raum und Gesellschaft seit dem 19. Jahrhundert*, Frankfurt a. M./New York.
Heise, U. (2010), *Nach der Natur. Das Artensterben und die moderne Kultur*, Berlin.
HKW (2013), *Das Anthropozän-Projekt. Kulturelle Grundlagenforschung mit den Mitteln der Kunst und der Wissenschaft*, URL: http://www. hkw.de/de/programm/projekte/2014/anthropozaen/anthropozaen_ 2013_2014.php (Abrufdatum: 12.02.2017).
Krämer, A. (2016), »Das ›Anthropozän‹ als Wendepunkt zu einem neuen wissenschaftlichen Bewusstsein? Eine Untersuchung aus ethnologischer

Perspektive zur Bedeutung und Verwendung des Konzeptes«, in: *Kölner Ethnologische Beiträge* 45, 7–92.

Kropp, C. (2002), »*Natur*«. *Soziologische Konzepte politische Konsequenzen*, Wiesbaden.

Latour, B. (2017), *Kampf um Gaia. Acht Vorträge über das neue Klimaregime*, Berlin.

Manemann, J. (2014), *Kritik des Anthropozäns. Plädoyer für eine neue Humanökologie*, Bielefeld.

Matejovski, D. (2016), »Anthropozän und Apokalypse. Zum Verhältnis von Ökologie, Theoriedesign und kommunikativer Hegemonie«, in: *CSSA Discussion Papers* 3, k. A.

Moore, J. (Hg.) (2016), *Anthropocene or Capitalocene? Nature, History, and the Crisis of Capitalism*, Oakland.

Plessner, H. (2003), *Conditio Humana. Gesammelte Schriften*, Frankfurt a. M.

Pressebericht University of Leicester (2016), *Media note: Anthropocene Working Group (AWG)*, URL: https://www2.le.ac.uk/offices/press/pressreleases/2016/august/media-note-anthropocene-working-group-awg (Abrufdatum: 06.04.2017).

Randers, J. (2012), *2052. Der neue Bericht an den Club of Rome. Eine globale Prognose für die nächsten 40 Jahre*, München.

Redaktion Badische Zeitung (2013), *Das Ende des glücklichen Gleichgewichts*, URL: https://www.badische-zeitung.de/kommentare-1/das-ende-des-gluecklichen-gleichgewichts–67829596.html (Abrufdatum: 14.02.2018).

Schulz-Schaeffer, I. (2008), »Technik als Gegenstand der Soziologie« in: *TUTS – Working Papers* 3, 1–32.

Shaviro, S. (1997), *Doom Patrols: A Theoretical Fiction About Postmodernism*, London.

Subramanian, M. (2019) »Anthropocene now: influential panel votes to recognize Earth's new epoch«, in: Nature, DOI: https://doi.org/10.1038/d41586-019-01641-5

Weizsäcker, C. F. von (1984), *Die Geschichte der Natur*, Stuttgart.

Whitehead, A. N. (1987), *Prozeß und Realität. Entwurf einer Kosmologie*, Frankfurt a. M.

Zalasiewicz et al. (2008), »Are we now living in the Anthropocene?«, in: *GSA Today* 18 (2), 4–8.

Menschengeschichte als Erdgeschichte.
Zeitskalen im Anthropozän

Eva Horn (Wien)

Abstract. Both as a geological epoch and as shorthand for an ecological metacrisis, the concept of the Anthropocene raises problems of temporal scale. As a term denominating an epoch, the Anthropocene confronts the longue durée of geological time with the short span of human history. As a term that gives a name to an array of ecological boundaries currently being transgressed, the Anthropocene highlights the threshold that separates the present from the Holocene. This paper asks what this means for an understanding of the present, the past, and the future in terms of temporal scale. In the light of the Anthropocene, the present emerges as a phase of accelerated transition towards potential tipping points. Regarding the past, a new form of historiography is called for that takes into account cosmic, geological and human time scales. And the future has to be understood as a »deep future,« which challenges traditional forms of forecasting but also such concepts as »sustainability.«

Am 29. August 2016 präsentierte die *Anthropocene Working Group*, eine interdisziplinäre Untergruppe der *International Commission on Stratigraphy*, in Kapstadt ihren Vorschlag, die geologische Epoche der Gegenwart von »Holozän« in »Anthropozän« umzubenennen. Als Anfang der neuen Epoche setzen die Wissenschaftler die fünfziger Jahre des 20. Jahrhunderts an, die Phase der sogenannten *Great Acceleration* mit dem scharfen Anstieg von fossilem Brennstoffverbrauch, v. a. von Erdöl, dem Ausstoß von Treibhausgasen, aber auch neuen Materialien wie Plutonium, Plastik oder Aluminium, die eine distinkte und dauerhafte geologische Markierung in der Oberfläche der Erde bilden werden. Als stratigraphische Markierung (der sogenannte GSSP *(Global Boundary Stratotype Section and Point)* oder auch »*golden spike*«) wird nun von der Anthropocene Working Group unter anderem der durch die Atomtests seit 1945 hervorgerufene radioaktive Fallout vorgeschlagen.[1] Der Vorschlag der Geologen betrifft nicht einfach eine fachliche Kontroverse innerhalb der Disziplin. *Anthropozän* – das »Neue« (καινός), das der »Mensch« (ἄνθρωπος) hervorgebracht hat – ist das Kürzel für die Einsicht, dass Menschen gegenwärtig tiefgreifend und im globalen Maßstab das Lebenssystem des Planeten verändern.[2] Konsum, Industrialisierung, Verkehr, Ressourcenverbrauch, Bodennutzung und Abfall verändern das Gesamtgefüge des Planeten mit der gleichen Wirkmacht wie globale geologische Kräfte in der Erdgeschichte, etwa Cyanobakterien, Meteoriteneinschläge, Plattentektonik oder Vulkanausbrüche. Bald nach seiner Popularisierung durch den Atmosphärenchemiker Paul Crutzen Anfang der 2000er Jahre gewann der Begriff ein Eigenleben in geistes- und sozialwissenschaftlichen Debatten, aber auch als Pop- und Kunstphänomen, wie die erfolgreiche Anthropozän-Ausstellung in München 2015, das *Anthropocene Project* am *Haus der Kulturen der Welt* in Berlin (2013–15) und die 2016 von Bruno Latour kuratierte »Gedankenausstellung« *Reset Modernity!* in Karlsruhe gezeigt haben.[3] »Anthropozän« ist eine Gegenwartsdiagnose, das Kürzel für das Bewusstsein, »auf einem beschädigten Planeten« zu leben.[4] Nach Latour ist Anthropozän »the most pertinent philosophical, religious, anthropological and – as we shall soon see – political concept for beginning to turn away for good from the notions of ›modern‹ and ›modernity.‹«[5] Somit ist es zum zentralen Begriff einer Verständigung über die politischen, ökologischen, sozialen und sogar ästhetischen Herausforderungen der Gegenwart geworden (Horn/Bergthaller 2019).

Trotz dieser Gegenwartsbezogenheit des Begriffs stellt sich die Frage nach den zeitlogischen Implikationen dieses geochronologischen Begriffs. Mein Argument geht in drei Schritten vor und orientiert sich dabei an den drei Dimensionen von Zeit: Gegenwart, Vergangenheit und Zukunft. (1) Zunächst gilt es zu untersuchen, wie der Begriff eine *Gegenwart* erfasst, die als Kollision von heterogenen Zeitskalen verstanden wird und so Epochenschwellen völlig neu bestimmt. Mit diesem Zusammenprall zeitlicher Größenordnungen

---

[1] Vgl. Zalasiewicz u. a. (2015), 196–203, Zalasiewicz u. a. (2019).
[2] Vgl. Crutzen (2002), 23, und Crutzen, P. J. & Stoermer, E. F. (2000), 17–18.
[3] Vgl. GLOBALE (2016).
[4] Vgl. Lowenhaupt Tsing u. a. (2017).
[5] Latour (2017), 116.

entsteht ein neues Verständnis menschlicher Handlungsmacht, seiner Zeithorizonte und Spätfolgen (2) Es bedeutet ferner zu fragen, wie *Vergangenheit* aus der Perspektive des Anthropozäns anders gefaßt werden muss als es die traditionelle Geschichtsschreibung vorsieht, die im 19. Jhd. damit beginnt, Naturgeschehen und menschliche Geschichte strikt zu trennen. Indem Historiographie nun dazu aufgerufen ist, *Menschengeschichte* als *Erdgeschichte,* aber auch die *Geschichte der Natur* als *Geschichte menschlicher Praktiken und Eingriffe* zu schreiben, muss sie Modelle finden, die es möglich machen, deren unterschiedliche Zeitskalen mit einander in Kongruenz zu bringen oder in einander zu übersetzen. (3) Zuletzt stellt sich die Frage, wie das Konzept ›Anthropozän‹ *Zukunft* organisiert. Es verlässt, so meine These, dabei das Zeitregime der Moderne mit seiner Orientierung an einer offenen und gestaltbaren Zukunft in Richtung einer ›*tiefen*‹ *Zukunft,* die als Raum einer schwer antizipierbaren Alterität und Diskontinuität zu fassen ist und die andere Formen des Zukunftsmanagements erforderlich macht als die der Moderne.

Im Konzept des Anthropozäns zeigt sich eine in den klassischen Moderne-Diagnosen bislang nicht adressierte Zeitproblematik: eine »Verwirrung der Größenordnungen« *(derangement of scale),* wie Timothy Clark es nennt.[6] Diese Verwirrung der Größenordnungen verändert nicht allein die Frage nach einer menschlichen Wirkungsmacht, die verteilt und unkoordiniert scheinbar harmlose Alltagshandlungen vollzieht. Es macht beispielsweise nicht nur einen *quantitativen,* sondern einen *qualitativen* Unterschied, ob ein paar Hundert oder aber Milliarden von Menschen einen klimaschädigenden Lebensstil haben. Clarke schreibt:

»Scale effects in relation to climate change are confusing because they take the easy, daily equations of moral and political accounting and drop into them both a zero and an infinity: the greater the number of people engaged in modern forms of consumption then the less the relative influence or responsibility of each but the worse the cumulative impact of their insignificance. As a result of scale effects what is self-evident or rational at one scale may well be destructive or unjust at another.«[7]

---

[6] Vgl. Clark (2015).
[7] Clark (2012), 148–166.

Aber es verändert auch die Bedeutung von klassischen Kategorien der Zeiterfahrung und Zukunftserfassung, wie den Zusammenhang von ›Erfahrungsraum‹ und ›Erwartungshorizont‹.[8] Es scheint, als sei der Erfahrungsraum der gegenwärtigen Gesellschaften auf einer ganz anderen Zeitskala angesiedelt als ihr Erwartungshorizont, der sich plötzlich – insbesondere in den Versuchen, das Klima der Zukunft zu berechnen – auf geologische Zeitmaße erstreckt.[9] Damit unterminiert die Problematik der unterschiedlichen Zeitskalen auch zentrale politische Kategorien wie ›Verantwortung‹, ›Gemeinwohl‹ oder ›Handlungsfähigkeit‹, da Verantwortung oder Handlungsmacht nicht mehr individuell auf überschaubare Kollektive zurechenbar ist. Es ändert die Zeithorizonte individuellen und kollektiven Handelns, ob man dessen Folgen in Jahrzehnten oder Jahrtausenden berechnen muss. Mit der Frage nach *temporalen* Größenordnungen werden so die traditionellen Grundlagen und Analysekategorien von Geschichte – nämlich die Definition von Räumen, Zeiten und Akteuren – fraglich: In welcher Größenordnung bewegen wir uns, wenn wir von einem ›Schauplatz‹ (etwa dem des Klimawandels) sprechen, in welcher Raum-Zeit-Dimension entfaltet sich ein ›Ereignis‹, sei es eine wirtschaftliche Transformation, eine tiefgreifende Veränderung von Umwelt oder ein Vorgang wie globale Erwärmung oder Artensterben? Ebenso verändern sich die Handlungshorizonte von Politik: Was heißt es, eine Person, eine Nation, eine bestimmte Gruppe von Menschen oder aber ›die Menschheit‹ zum Akteur und Verantwortlichen eines historischen Prozesses zu erklären?[10] Es sind die diesen Kategorien zugrundeliegenden Maßstäbe, die durch den Begriff des Anthropozäns in Frage gestellt werden, wenn hier von nichts Geringerem gesprochen wird als ›*der* Menschheit‹, ›*dem* Erdsystem‹ oder ›*dem* Holozän‹ (d. h. den letzten 11.700 Jahren). Es kommen hier Dimensionen von Zeit, Raum und Wirkmacht ins Spiel, die bislang weitgehend aus der Analyse menschlicher Handlungen ausgeschlossen und bislang ausschließlich für die langsamen und gigantischen Vorgänge der Natur reserviert waren. Genau dies wird nun anders.

---

[8] Koselleck (1989), 349–375
[9] Chakrabarty (2018), 16 ff.
[10] Hanusch/Biermann (2019).

Die Schwellen des Holozäns

Versteht man die Rede vom Anthropozän lediglich als eine Neuauflage der guten alten »Nachhaltigkeit«, bereichert um neue globalökologische Probleme wie Klimawandel und Artenschwund, dann erscheint der Begriff wenig mehr als ein neues Kapitel in den zahlreichen Krisendiagnosen, die das Gegenwartsgefühl der Moderne seit jeher geprägt haben.[11] Das ›Krisenbewusstsein‹ der Moderne ist das Bewusstsein eines überwindbaren geschichtlichen Moments, aber auch einer notwendigen Entscheidung. Das Anthropozän als ›Krise‹ zu verstehen, wäre aber eine vollkommene Verkennung seiner inhärenten Zeitstruktur. Schon Reinhart Koselleck, Kenner der europäischen Krisensemantiken, erfasst diese Struktur ansatzweise in seinen Notizen zur Begriffsgeschichte der Krise, wenn er am Ende seines Texts auf die rasante Beschleunigung historischer Prozesse in den »exponentiellen Zeitkurven« von Erdgeschichte, Menschheitsgeschichte und den 6000 Jahren der *recorded history* verweist.[12] Die Geschichte läuft immer schneller, und in jeder Phase dieser Beschleunigung braucht es eine neue, ›kürzere‹ Zeitskala. Damit kommt er dem Grundbefund des Anthropozäns schon sehr nahe, dessen letzte und heißeste Phase nicht umsonst *Great Acceleration* genannt wird.

Aber den Begriff des Anthropozäns als weitere Stufe im über hundertjährigen Beschleunigungs-Lamento der Moderne zu lesen, verkennt das radikal Neue in der Zeitstruktur des Begriffs. Die Gegenwartsdiagnose, die das Anthropozän stellt, kann nicht mehr in Begriffen einer Diskordanz von subjektiver Erfahrung und objektiven Prozessen, Eliten und Unterschichten, Avantgarden und Widerständlern der Modernisierung gefasst werden.[13] Auch wenn aktuelle politische Rhetorik ebenso wie einige Positionen des »good Anthropocene« nahelegen, dass man – durch Fortschritt in nachhaltigen Technologien und notfalls auch etwas Geoengineering – aus der »Krise« herausfinden wird, geht es nicht mehr um eine zeitweilige Krise, die die irgendwann einer neuen Stabilität gewichen sein wird. Insbesondere, wenn man die Parameter der Great Acceleration be-

---

[11] Zur Sprengkraft des Konzepts Anthropozän für den Diskurs der Nachhaltigkeit vgl. Horn (2017), 5–17.
[12] Koselleck (2010), 203–217, hier: 215.
[13] So nur einige Kategorien in der Flut an Beschleunigungstheorien. Vgl. dazu Rosa (2005). Außerdem vgl. Charle (2011).

Eva Horn (Wien)

trachtet, in denen eine Fülle von Faktoren der Natur, aber auch des Konsums eine nie dagewesene Eskalation zeigen, wird klar, dass das Anthropozän nicht eine vorübergehende Krise, sondern das irreversible Überschreiten einer Schwelle ist: ein *geologischer Epochenbruch*, der das Holozän beendet. Dies betrifft nicht nur den Eingriff des Menschen in die Erdgeschichte, sondern eine fundamentale Veränderung des Erdsystems. Damit tritt eine Diskordanz der Zeit auf, die nicht mehr eine zwischen Lebenswelten ist, sondern zwischen gänzlich unterschiedlichen Skalen von Zeit: geologischer und menschlicher Zeit. Erd- und Menschengeschichte prallen aufeinander. So erschließt sich das kurze, schnelle Jetzt gerade nicht durch eine Analyse der Gegenwart, sondern gerade durch einen Blick in den »Abgrund der Zeit«.[14] Schon der initiale Aufsatz von Paul Crutzen in *Nature* 2002 zeigt diese Verkopplung inkompatibler Skalen:

»*For the past three centuries*, the effects of humans on the global environment have escalated. Because of these anthropogenic emissions of carbon dioxide, global climate may depart significantly from natural behaviour *for many millennia to come*. It seems appropriate to assign the term ›Anthropocene‹ to the present, in many ways human-dominated, geological epoch, *supplementing the Holocene — the warm period of the past 10–12 millennia*. [...] Unless there is a global catastrophe [...] *mankind will remain a major environmental force for many millennia*.«[15]

Verbunden werden hier nicht nur eine Menschengeschichte, die sich in Jahrzehnten, bestenfalls Jahrhunderten schreiben lässt, mit einer Erdgeschichte, die sich in Jahrtausenden, wenn nicht Zehntausenden oder Millionen von Jahren bemisst. Verbunden werden auch ganz unterschiedliche Dimensionen historischer Transformation: Die Industrielle Revolution und der Beginn der Globalisierung im 19. Jahrhundert – also menschliche Kultur-, Wirtschafts- und Technologieentwicklung – werden verknüpft mit dem Beginn der Holozän-Warmzeit nach der letzten Eiszeit. Anders als in traditionellen Schemata der Vor- und Frühgeschichte, werden diese unterschiedlichen Geschichtsdimensionen aber nicht *ineinander geschachtelt*, womit die Zeit seit der Industrialisierung ein Zeitabschnitt *innerhalb* des Holozäns wäre, die rasante Konsumentwicklung nach dem Zweiten Weltkrieg wiederum eine Spätphase der Industrialisierung. Dem

---

[14] Playfair (1805), 39–99, hier: 73.
[15] Crutzen (2002), 23. [Hervorh. EH].

Konzept des Anthropozäns geht es vielmehr um ein »Aufeinanderprallen« inkommensurabler Zeitformen, wie Dipesh Chakrabarty es nennt.[16] Die kurz (und immer kürzer) dimensionierten Epochen menschlicher Geschichte intervenieren in die *longue durée* der Zivilisationsgeschichte, in der der Übergang zur Sesshaftigkeit im Holozän die bisher wichtigste Zäsur darstellt, danach der Übergang zu fossilen Brennstoffen. Chakrabarty sieht im Konzept des Anthropozäns den Zusammenprall dreier bislang als distinkt und in völlig unterschiedlichen Zeitmaßen gemessenen Arten von Geschichte: die Geschichte des Erdsystems, die Geschichte des Lebens auf dem Planeten mitsamt der Speziesgeschichte des *Homo sapiens*, und schließlich die überaus junge Geschichte der Industrialisierung. Aber einiges spricht dafür, dieses Aufeinanderprallen der Zeitskalen vor allem als *Bruch* zwischen einer Zivilisationsgeschichte im Holozän und der Industrialisierung in der Moderne zu verstehen. Die kleineren Skalen sind damit nicht einfach Teile der größeren, die sich in ihnen abbilden lässt. Mit dem Anthropozän – ob man es nun mit Beginn der Industriellen Revolution um 1800 oder mit der Konsum- und Bevölkerungsexplosion der Great Acceleration beginnen lässt – *unterbricht* vielmehr die Entwicklung menschlicher Energie-Regime (von Sonnenenergie und Tierkraft zu fossilen Brennstoffen) die relative klimatische Kontinuität der letzten 11.700 Jahre. Dieses vom Anthropozän eingeläutete *Ende des Holozäns* verweist dabei auf die noch immenseren Zeitskalen des die Speziesentwicklung des Menschen bereits umfassenden Mittelpleistozäns (der letzten 420.000 Jahre), das von massiven Temperaturschwankungen und Eiszeiten geprägt war. Schwankten in der Frühgeschichte des Menschen die globalen Temperaturen zwischen 8 °C kälter und 2 °C wärmer als heute, so stellt die Warmzeit des Holozäns, in der die (vorindustriellen) Temperaturen lediglich um 1,5 °C variierten, eine klimahistorische Anomalie dar – eine lauwarm temperierte Wiege der Zivilisation. Erst vom möglichen Ende dieser Anomalie aus gesehen werden nun die Errungenschaften der Zivilisation – Sesshaftigkeit, komplexe Sozialsysteme, Formen der Speicherung von Gütern und Wissen usw. – erkennbar als Produkte einer ungewöhnlichen Klimaphase des Planeten.[17] Die Lebensbedingungen des Holozäns zu verlassen, bedeutet daher

---

[16] Chakrabarty (2014), 1–23, hier: 1.
[17] Zu den klimatischen Bedingungen des Übergangs zur Sesshaftwerdung vgl. Sieferle (1997), 58.

den größten nur denkbaren umwelthistorischen Bruch: den Bruch mit den klimatischen Möglichkeitsbedingungen der Zivilisation.[18] Diese Möglichkeitsbedingungen aber zeigen sich offensichtlich erst in dem Moment, wo sie zu Ende gehen. Mit dem Anthropozän wird also nicht nur die Gegenwart, sondern auch das Holozän in eine andere Perspektive gerückt. Es erscheint plötzlich nicht mehr als die heroische »Selbsterschaffung des Menschen«, wie etwa V. Gordon Childe die von ihm so genannte »Neolithische Revolution« (Sesshaftwerdung, Ackerbau, Viehzucht) beschrieben hat.[19] Vielmehr wird, vom Anthropozän her gesehen, schon das Holozän erkennbar als Phase, in der die menschliche Geschichte allmählich eine ökologische Schwelle überschreitet.[20] Denn von Sesshaftigkeit, Ackerbau, Stadt- und Staatenbildung, aber auch kulturellen Speichermedien führt (jedenfalls ohne katastrophische Strukturzusammenbrüche) kein Weg mehr zurück zur Jäger- und Sammlergesellschaft.[21] Es ist kein Zufall, dass gegenwärtig Bücher über die *deep history* der Spezies *Homo sapiens* und der frühen Zivilisationen zu Bestsellern werden, wie etwa Yuval Noah Hariris *Sapiens* oder James C. Scotts *Against the Grain*. Denn im Kern der Gegenwartsdiagnose des Anthropozäns liegt die gleiche Denkfigur: keine Krise im Sinne Kosellecks, sondern ein unbemerktes aber irreversibles Überschreiten einer Schwelle.

Das zeigt sich auch in den naturwissenschaftlichen Konzeptionalisierungen des Anthropozäns, in denen das Konzept des »Grenzwerts« *(boundary)* neuerdings eine zugleich epistemisch und politisch prominente Rolle spielt. 2009 hat eine Gruppe um den Resilienzforscher Johan Rockström vorgeschlagen, im Hinblick auf die Parameter der Klimageschichte und des Erdsystems »Grenzwerte für einen sicheren Operationsspielraum der Menschheit« zu bestimmen. Sie orientieren sich dabei an den Parametern des vorindustriellen Holozäns.

»The Anthropocene raises a new question: ›What are the non-negotiable planetary preconditions that humanity needs to respect in

---

[18] Vgl. Hamilton (2016), 93–106.
[19] Childe (1941).
[20] Sieferle (1997). Vgl. außerdem Smith (1995).
[21] James C. Scott hat jüngst gezeigt, dass dieser Übergang eher einem ›Sündenfall‹ gleicht: vom Leben in relativer sozialer Freiheit und bei guter Versorgung hin zu einer Existenz in starken sozialen Hierarchien, hoher Bevölkerungsdichte, Mangelernährung und zahlreichen Epidemien. Vgl. Scott (2017).

order to avoid the risk of deleterious or even catastrophic environmental change at continental to global scales?‹ We make a first attempt at identifying planetary boundaries for key Earth System processes associated with dangerous thresholds, the crossing of which could push the planet out of the desired Holocene state.«[22]

Bestand das Selbstverständnis der Moderne immer darin, Grenzen zu überschreiten, um Zukünfte zu eröffnen und Spielräume zu erweitern,[23] so ist das Gebot der Stunde plötzlich das Einhalten von Grenzwerten und die Rückkehr zu einem früheren Systemzustand. Rockströms Gruppe hat dabei neun Bereiche identifiziert, in denen wichtige Grenzwerte (also z.B. der Gehalt an Treibhausgasen, der Prozentsatz an genutztem Land, die Größe des Ozonlochs etc,) überschritten sind oder überschritten werden könnten. Drei dieser Bereiche – Klimawandel, Ozonloch und die Versauerung der Ozeane – sind global wirksame Phänomene, deren Schwellenwerte bekannt sind. Sechs weitere – Artensterben, Luftverschmutzung, die Verbreitung von toxischen Chemikalien, die Störung des Phosphor- und Nitratzyklus, Süsswasser- und Landverbrauch – haben regionale Folgen, Schwellenwerte für sie sind bisher nur teilweise berechenbar. In dreien dieser Bereiche sind diese Schwellenwerte vermutlich oder mit Sicherheit bereits überschritten: im Bereich des Klimawandels, des Stickstoff-Kreislaufs und dem Verlust der Artenvielfalt. Ein Update der Graphik hat zudem die Kategorie »Neue Entitäten« hinzugefügt – ein Hinweis darauf, dass man selbst die Problemdiagnose noch nicht für vollständig hält. Zeitlogisch ist das bemerkenswert: Nicht ein krisenhafter Einbruch, sondern eine fortgesetzte Gegenwart, ein Weitermachen-wie-bisher, beschwören eine Veränderung herauf, deren Ausmaß ebenso wenig absehbar ist wie ihre künftige Dauer. So wie die Zeitskalen der Gegenwart plötzlich in erdhistorische Tiefen zurückverweisen, so eröffnet sich mit dem gegenwärtigen Überschreiten der Grenzwerte des Holozäns eine unabsehbare Zukunft, die vielleicht aussehen könnte wie die Tiefenzeit des Pleistozäns mit ihren massiven Klimaschwankungen.

Rockström greift dabei auf eine Form der wissenschaftlichen Betrachtung zurück, die sich ausdrücklich als Leitwissenschaft des Anthropozäns versteht: die Erdsystemwissenschaft. Ursprünglich hervorgegangen aus der Erforschung der Atmosphären anderer Pla-

---

[22] Rockström u.a. (2009), o.S.
[23] Zum Zukunftsverständnis der Moderne vgl. Assmann (2013).

neten, tritt sie an, in einer interdisziplinären Herangehensweise das gesamte Erdsystem als einen einzigen Systemzusammenhang zu betrachten. Einige Vertreter des Anthropozän-Vorschlags argumentieren daher, dass es nur aus dieser einheitlichen System-Perspektive überhaupt möglich ist, die Konsequenzen des gegenwärtigen Übergangs in einen neuen Systemzustand genau zu erfassen.[24] Mit der *globalen* Perspektive der Erdsystemwissenschaft und ihren *planetarischen* Parametern (wie dem Klimawandel und der Integrität der Biosphäre) stellt sich die Frage, wer dieser *anthropos* des Anthropozäns überhaupt ist. Kann man *die* Menschheit als solche sinnvoll adressieren? Tatsächlich sprechen die meisten Publikationen der Erdsystemwissenschaft von einer uniformen ›Menschheit‹ ohne Differenzierung nach Lebensstandards, Energie- und Ressourcenverbrauch. Wo eine sozial- und geisteswissenschaftliche Mikro-/Meso-Perspektive einzelne Regionen, Epochen, Lebensstile und Wirtschaftsformen in ihren *Differenzen* und *Ungleichzeitigkeiten* betrachtet, blicken die Erdsystemwissenschaftler auf ein globales Gefüge und erdgeschichtliche Tiefenzeiten.[25]

Dieser naturwissenschaftlichen Perspektive ist von Seiten der Sozial- und Geisteswissenschaften die Divergenz und Ungleichzeitigkeit entgegengehalten worden, mit der unterschiedliche Gesellschaften, Klassen und Wirtschaftsräume am Prozess des Anthropozäns beteiligt sind: Die Umwelthistoriker Christophe Bonneuil und Jean-Baptiste Fressoz haben dem vorherrschenden Narrativ des Anthropozäns vorgeworfen, dass hier eine abstrakte, ebenso gleichermaßen betroffene, wie gleichermaßen schuldige Menschheit konstruiert werde.[26] Auch Quantifizierungsversuche wie die des ›ökologischen Fußabdrucks‹ können diese Divergenz kaum abbilden. Die Umweltgeschichte, aber auch postkoloniale Perspektiven haben gezeigt, dass es sehr unterschiedliche Rollen, Machtverhältnisse und Widerstände im nur scheinbar uniformen Prozess der globalen Industrialisierung, der Ressourcenausbeutung und des Konsumverhaltens gegeben hat und gibt. Eines der zentralen epistemischen – und damit auch politischen – Probleme bei ökologischen Schäden ist dabei die *zeitliche Entkopplung von Ursachen und Folgen*. Die Risikosoziologie verweist seit Langem darauf, dass lokale gegenwärtige Praktiken plane-

---

[24] Vgl. Hamilton/Grinevald (2015), 59–72. Außerdem vgl. Hamilton (2016), 93–106.
[25] Lenton (2016). Langmuir/Broecker (2012).
[26] Bonneuil/Fressoz (2013), 82.

tarische Folgen und Nebeneffekte haben, die nur indirekt und vor allem mit einer langen Latenzperiode sichtbar werden. Ulrich Beck hat diese Art von zeitlicher und räumlicher Dehnung von Ursachen und Wirkungen als »Weltrisikogesellschaft« beschrieben, in der mögliche und zu erwartende Schäden global verteilt werden.[27] Der Konsum, den sich jemand heute in Europa leistet, schädigt in fünf, fünfzig oder hundert Jahren die Bewohner des Ganges-Deltas oder der Afar-Ebene.

Zeitlogisch lässt sich diese Differenz von Handlungsmacht und die Entkopplung von Ursachen und Wirkungen als Ungleichzeitigkeit beschreiben. Rob Nixon hat dafür den Begriff der »slow violence« geprägt: Eine Form von Gewalt, die sich nicht in akuten und direkten Akten der Verletzung oder Unterdrückung äußert, sondern in langsamen, indirekten und damit fast unbeobachtbaren Prozessen der Schädigung.

»By slow violence I mean a violence that occurs gradually and out of sight, a violence of delayed destruction that is dispersed across time and space, an attritional violence that is typically not viewed as violence at all. [...] Climate change, the thawing cryosphere, toxic drift, biomagnification, deforestation, the radioactive aftermaths of wars, acidifying oceans, and a host of other slowly unfolding environmental catastrophes present formidable representational obstacles that can hinder our efforts to mobilize and act decisively.«[28]

Wenn eine Seite des Anthropozäns in Prozessen der immer weiter eskalierenden Beschleunigung liegt – der Great Acceleration – so liegt eine andere, dunkle und unsichtbare Seite in der Trägheit, mit der ökologische Folgeerscheinungen sichtbar werden, in genau dieser Asynchronie der Lebens- und Konsumformen. Nicht wenige Menschen heute verbrauchen kaum mehr Ressourcen als die frühen Bauern des Holozäns, nicht wenige Regionen unterliegen nicht den rasanten Wachstums- und Eskalationsprozessen, die die Great Acceleration ausmachen. Beschrieben als *Gewalt* zieht sich diese »Große Divergenz« (Kenneth Pomeranz) durch eine alles andere als homogene Menschheit, die sich nicht nur auf unterschiedlichen Seiten dieser Gewalt befindet – als Verursacher oder als Opfer – sondern auch in unterschiedlichen Zeitdimensionen lebt.[29] Lebt die ›Erste Welt‹ in

---

[27] Vgl. Beck (2007).
[28] Nixon (2011), 2.
[29] Der Begriff der »Great Divergence« wurde ursprünglich von dem Historiker Ken-

einer »breiten Gegenwart«[30] scheinbarer klimatischer Stabilität und ungebremst fortschreitender Modernisierung, so befinden sich die Armen dieser Welt zugleich in einer vor- oder halb-industrialisierten Welt der (holozänischen) Vergangenheit und in einer (anthropozänischen) Zukunft der Spätfolgen, in denen sie schon jetzt zunehmend mit Überschwemmungen, Dürren, Ernteausfällen und Extremwettern konfrontiert sind. Aus einer solchen Perspektive gesehen, kann das Konzept des Anthropozäns dazu dienen, diese Erschütterung von Zeithorizonten *als Divergenz* sichtbar zu machen. Im Anthropozän werden nicht nur Erfahrungsräume – wie die Klimaerwartungen des Holozäns – plötzlich als fragil sichtbar, es werden im Zusammenprall heterogener Zeitskalen auch Erwartungshorizonte zunehmend unklar. Was wir heute tun, wird Folgen haben, die wir nicht hier und nicht morgen absehen können, sondern die an gänzlich anderen Orten, in fernen Zeiten und unabsehbaren Formen die Bedingungen allen Lebens auf dem Planeten ändern können.

Menschengeschichte als Erdgeschichte

Mit dem Einbruch der kurzfristigen Zeitskala des Menschen in die langfristige der Erdgeschichte bringt das Konzept des Anthropozäns eine fundamentale Neufassung von Geschichte mit sich: eine Tiefendimension menschlicher Geschichte. Es ist daher nicht nur als ökologisches und politisches, sondern, wie Bonneuil und Fressoz betont haben, auch als epistemisches *Ereignis* zu verstehen, das die Differenz zwischen Natur und Kultur und ihrer heterogenen Geschichten und Zeitskalen erschüttert.[31] »Anthropogenic explanations of climate change«, so Dipesh Chakrabarty, »spell the collapse of the age-old humanist distinction between natural history and human history.«[32] Damit stellt sich die Frage, wie man aus dieser Perspektive Geschichte schreiben kann. Das bedeutet vor allem zu fragen, wie man die unterschiedlichen Zeitskalen – eine Geschichte des Kosmos, eine Geschichte des Lebens auf der Erde, eine Geschichte des Menschen als Spezies,

---

neth Pomeranz geprägt, um die unterschiedliche Dynamik der Industrialisierung zwischen Europa und Asien betrachtet. Pomeranz (2000). Nixon (2014).
[30] Ich übernehme den Begriff von Gumbrecht (2010).
[31] Vgl. Bonneuil/Fressoz (2013). Außerdem vgl. Chakrabarty (2009), 197–222.
[32] Chakrabarty (2009), 197–222, hier: 201 u. ö.

und eine der menschlichen Zivilisation – mit ihren mehrfachen Beschleunigungs- und Eskalationsstufen integrieren kann.

Modelle einer solchen Geschichte aufzufinden, heißt zunächst einmal, hinter die Zeitrevolution des 19. Jahrhunderts zurück zu gehen. Diese Zeitrevolution der Moderne, die oft als ›Große Synchronisierung‹ beschrieben wird, in der Zeit standardisiert und weltweit vereinheitlicht wird,[33] beginnt mit einer Divergenz, die die Zeitskalen von Menschenzeit und Naturzeit radikal trennt. Die an der Bibel orientierte Erdgeschichte hatte die Geschichte der Welt und des Menschen als gleichursprünglich und parallel entworfen, Mensch und Erde waren mehr oder weniger gleich »alt«. Mit der modernen Geologie wird nun eine Erdgeschichte in Zehntausenden, später Millionen von Jahren entworfen.[34] Als »plot without man«[35] wird Natur zum stummen und trägen Hintergrund menschlicher Geschichte. Der Geologe Charles Lyell ist der Begründer einer Theorie der geologischen Erdveränderungen, die plötzliche Umweltveränderungen ebenso ausschließt wie nicht auch in der Gegenwart beobachtbare geologische Mechanismen. Sein theoretisches Grundprinzip des »Gradualismus« prägt noch heute die Geowissenschaften. Es besagt, dass Veränderungen in der Natur nur in unendlich langsamen, kontinuierlichen Prozessen ablaufen. Lyell verwirft daher auch die Vorstellung, dass der Mensch langfristige Einwirkungen auf Landschaften und Klima haben könnte:

No one of the fixed and constant laws of the animate or inanimate world was subverted by human agency, and ... the modifications now introduced for the first time were the accompaniments of new and extraordinary circumstances, and those not of a *physical* but a *moral* nature. The deviation permitted would also appear to be as slight as was consistent with the accomplishment of the new *moral* ends proposed, and to be in a great degree temporary in its nature, so that, whenever the power of the new agent was withheld, even for a brief period, a relapse would take place to the ancient state of things; the domesticated animal, for example, recovering in a few generations its wild instinct, and the garden-flower and fruit-tree reverting to the likeness of the parent stock.[36]

---

[33] Vgl. Landes (1983).
[34] Rudwick (2005).
[35] Beer (^{2}2000), 17.
[36] Lyell (1997), 102.

Im geologischen Zeitmaß betrachtet, ist der Mensch für Lyell folgenlos. Das ist seither in der Geologie traditionellerweise auch so geblieben – bis zur plötzlichen und höchst umstrittenen ›Politisierung‹ des Fachs im Begriff des Anthropozäns.[37] Umgekehrt vollzieht sich Menschengeschichte nun in einem Raum der menschlichen Freiheit, der definiert ist als ein Sieg über die Natur oder als Unabhängigkeit von ihr. So schreibt Jules Michelet in seiner Einführung in die Universalgeschichte:

«Avec le monde a commencé une guerre qui doit finir avec le monde, et pas avant; celle de l'homme contre la nature, de l'esprit contre la matière, de la liberté contre la fatalité. L'histoire n'est pas autre chose que le récit de cette interminable lutte. [...] Et il durera, n'en doutons-pas, tant que la volonté humaine se roidira contre les influences de race et de climat. [...] Des deux adversaires, l'un ne change pas, l'autre change et devient plus fort. La nature reste la même tandis que chacque jour, l'homme prend quelque avantage sur elle.»[38]

Der Mensch ändert sich, die Natur ändert sich nicht – jedenfalls nicht im menschlichen Zeitmaß. Im Zeichen einer menschlichen Freiheit, die genau darin besteht, sich gegen die Einflüsse der Natur zu wappnen, treten Menschen- und Naturgeschichte auseinander. Eine zentrale Rolle spielt dabei das Klima als zentrales Agens der Erdgeschichte, neben Plattentektonik, Vulkanen, Veränderung der Sonne oder Meteoriteneinschlägen. Als eine Dimension der Natur, die massiven Veränderungen unterliegt, widmet Lyell dem Klima zwar mehrere Kapitel in seinen *Principles of Geology*. Im Zeitmaß des Menschen aber wird es nicht als Prozess, sondern als statischer Zustand erfahren. Der Mensch kommt so in der *Geschichte* des Klimas nicht vor, das Klima nicht in der *Geschichte* des Menschen, es sei denn als fixe Umweltbedingung.

Das war aber nicht immer so. Klimaverhältnisse und Menschengeschichte, die klimatischen Bedingungen von Landschaften und historischen Epochen einerseits, körperliche Konstitution und Kulturen auf der anderen Seite, waren lange in einer Kulturtheorie des Klimas eng miteinander verbunden. Von der Medizin und Geographie der

---

[37] Vgl. dazu die Debatte zwischen den Gegnern und Befürwortern der Formalisierung des Anthropozäns als stratigraphischer Epoche: Autin/Holbrooke (2012), Zalasiewicz et al. (2012).
[38] Michelet (1831), 9–11.

Antike bis in die Anthropologie der Aufklärung, von der frühneuzeitlichen politischen Theorie bis zu den neo-hippokratischen Konzepten der Medizin Mitte des 19. Jahrhunderts war Klima ein Begriff, in dem sich die natürlichen Lebensbedingungen von Menschen auf deren Kultur und politische Institutionen beziehen ließen.[39] Klima war eine Kategorie des Orts und der Zone, lange ein Synonym für »Breitengrad«, aber auch für die Art und Weise, wie etwa Kälte oder Wärme Körper, Charaktere und Kulturen prägen konnten.[40] Sucht man neuerdings wieder nach Formen eines Denkens, das die Trennung der Zeitmaße von Natur- und Menschenzeit unterläuft, dann ist diese Tradition plötzlich nicht mehr epistemisch veraltet, sondern von erstaunlicher Aktualität.[41] Dieses alte Klima-Konzept ist gerade kein Vorläufer einer modernen Klimawissenschaft, denn es zielt *nicht* darauf ab, ein systematisches, empirisch gestütztes Modell des gesamten Planeten herzustellen.[42] Vielmehr orientiert es sich an den lokalen und singulären Formen, in denen der Mensch als kulturelle Kraft sich in unterschiedlichen Klimata und Landschaften ansiedelt. Damit nimmt es genau die enge Verwobenheit von Kultur und Klima, Mensch und Natur in den Blick, die aus einer Perspektive des Anthropozäns neuerdings wieder eingeklagt wird.

George-Louis Leclerc de Buffon ist der erste Autor einer Geschichte der Geologie, die sich allmählich von den Zeitmaßen der an der Bibel orientierten Erdgeschichte ablöst. Zugleich ist er vielleicht einer der ersten Protagonisten eines Denkens des Anthropozäns *avant la lettre*.[43] In seinen *Epoques de la nature* (1778) erzählt er (in Reverenz an die sieben Schöpfungstage) die Geschichte der Erde in

---

[39] Das prominenteste Beispiel einer solchen Verbindung von Klima und politischer Form ist das XIV. Buch von Montesquieus *L'Esprit des Lois* (1748), das die politischen Institutionen verschiedener Länder mit dem Einfluss von Hitze und Kälte erklärt.
[40] Vgl. dazu den Artikel »Climat«, bestehend aus einem Abschnitt zum geographischen und einem zum medizinischen Begriff von Klima, in: d'Alembert, J.-L. R./Diderot, D. (Hg.), *Encyclopédie ou Dictionnaire raisonné des sciences, des arts et des métiers*, Bd. 3, Paris, 532–534.
[41] Bonneuil/Fressoz (2013) beschreiben das Auseinandertreten von Natur- und Menschengeschichte mit Charle's Begriff als »grande discordance des temps«, 45 ff.
[42] Vgl. Hamilton/Grinevald (2015), 59–72. Sie plädieren dafür, das Denken des Anthropozäns ausschließlich von den Earth Systems Sciences her zu schreiben und verwerfen daher jede Idee von Vorläufern – es sei denn die epistemologischen der *Earth Systems Sciences*. Dagegen siehe Bonneuil/Fressoz (2013), Horn (2016), 87–102, Horn/Bergthaller (2019), 43–58.
[43] Vgl. Heringman (2015), 56–85.

sieben Epochen, bemisst dabei aber das Erdalter auf 77.000 Jahre. In der sechsten Epoche taucht der Mensch auf, in der siebten beginnt er, sich auf dem langsam zur Ruhe kommenden Planeten auszubreiten. Buffon erzählt so eine Menschengeschichte, die eng mit der Erdgeschichte konvergiert. Zeitlicher Schauplatz dieser Konvergenz ist jene Zeit, die erst ein Jahrhundert später, auf Vorschlag Lyells, als »Holozän« in die Nomenklatur der Geologie aufgenommen wird. Buffon erzählt, wie der Mensch sich zunächst in Zentralasien ausbreitet, wo er eine erste Hochkultur entwickelt, die trotz ihrer Weisheit und avancierten astronomischen Kenntnisse wieder untergeht. Nach diesem Bruch migriert die Menschheit vom Zentrum des eurasischen Kontinents in die fruchtbaren Täler Europas, Indiens und Persiens und bis an die Küsten. Buffons Mensch folgt so den Veränderungen des Klimas in die gemäßigten Zonen. Aber er wird auch zum Akteur, der das Klima verändern und anpassen kann. Da Buffon von einem sich irreversibel abkühlenden Planeten ausgeht, liegt es in der Hand des Menschen, den Planeten warm zu halten. Durch Trockenlegung von Mooren, Abholzung, Ackerbau und Kanalisierung von Gewässern reduziert die Menschheit die kühlende Feuchtigkeit der Erdoberfläche und hilft so der Natur, die Erde warm zu halten. Der Mensch, so Buffon, kann die Temperatur der Erde seinen Bedürfnissen anpassen: »Je donnerois aisément plusieurs autres exemples, qui tous concourent à démontrer que l'homme peut modifier les influences du climat qu'il habite, et en fixer pour ainsi dire la température au point qui lui convient.«[44]

Buffons spekulative Erdgeschichte betrachtet die Klimaregulation durch den Menschen nicht als Form der prometheischen Naturbeherrschung, sondern als geologischen Glücksfall. Die planetarische Bestimmung des Menschen ist, den Abkühlungsprozess hinauszuzögern – der Mensch als Katechon des Verfalls der Erde. Aber er ist auch Zeuge der erdhistorischen Umwälzungen. Menschengeschichte ist von Brüchen und Verlusten durchzogen wie die des Planeten, und die Zukunft des Menschen wird die Zukunft der Erde mitgestalten.[45] Buffons klimatischer Optimismus mag heute befremden, sein Modell

---

[44] Leclerc/de Buffon (1780), 196–197.
[45] Noah Heringman hat gezeigt, dass Buffons Überlegungen zur Abkühlung der Erde und der Rolle des Menschen bereits auch einen Blick auf die Energieregime menschlicher Kultur enthält. Er geht davon aus, dass die Erde mit Holz und Kohlevorräten bis zum Ende ihrer Bewohnbarkeit in ca. 76.000 Jahren genug Brennstoffe für eine wachsende Menschheit enthält. Vgl. Heringman (2016), 73–85.

einer atmosphärenlosen Erde, deren Temperatur nur von Sonnen- und Erdwärme bestimmt wird, ist eher ein »wunderschöner Roman«[46] als eine naturwissenschaftliche Theorie. Aber seine Betrachtungsweise einer Konvergenz von Menschen- und Erdgeschichte erscheint im Licht des Anthropozäns als Perspektive, die nicht zu überwinden, sondern wiederzugewinnen ist. An diese Konvergenz historischer Zeitskalen knüpft Johann Gottlieb Herder im zweiten Teil seiner *Ideen zur Philosophie der Geschichte der Menschheit* (1784–91) mit einer fulminanten Kulturanthropologie des Klimas an.[47] Er versteht die Menschheit wie das organische Leben auf der Erde, die Buffon beide noch relativ undifferenziert als eine Einheit gefasst hatte, als eine Vielfalt von Lebensformen. Wie Buffon beginnt auch er bei den Anfängen – und das ist nicht nur der Anfang der Erde, sondern deren Position im Kosmos. Die Distanz zu ihrem Stern macht die Erde zu einem »Mittelplaneten«, der sich genau in der gemäßigten Zone zwischen heiß und kalt positioniert, in heutigen Termini ein ›*goldilocks planet*‹.[48] Dieser Mittelplanet bringt wiederum den Menschen als »Mittelgeschöpf« hervor, das in sich die Eigenschaften vieler Tiere vereinigt, ohne wie diese auf bestimmte Fähigkeiten festgelegt zu sein. Die Neigung der Erdachse, der sich die Jahreszeiten verdanken, und die geologischen Revolutionen der Erdoberfläche erzeugen eine ständig sich wandelnde Welt, in der die Menschheit sich in der Vielfalt ihrer Arten und Anlagen einrichtet. Herders Erde ist so eine und vieles, und so ist auch die Menschheit eine solche differenzierte Einheit: »In so verschiedenen Formen das Menschengeschlecht auf der Erde erscheint, so ist's doch überall ein und dieselbe Menschengattung«[49]. Dieses Prinzip einer *Einheit in der Mannigfaltigkeit* durchzieht die *Ideen* als grundlegende Denkfigur – von den Planeten über die Morphologie der Lebewesen bis zu den menschlichen Kulturen.

Für diese Denkfigur ist Klima die entscheidende Grundlage, denn es ist das Klima, das die regionalen Unterschiede von Orten, Landschaften, Lebewesen und Menschentypen hervorbringt, aber zugleich zu einem gemeinsamen System verbindet. Das Gesamtsystem besteht aus unzähligen Mikro- und Eigenklimata:

---

[46] Forster (1780), 140–157, hier: 140.
[47] Vgl. Herder (2002), Bd. III.
[48] Zalasiewicz/Williams (2012).
[49] Herder (2002), Bd. III/2, 7, Überschrift Abschnitt 1.

»Hier gibt die Nähe des Meers, dort ein Wind, hier die Höhe oder Tiefe des Landes, [...] dem allgemeinen Gesetz eine so neue Local-Bestimmung, daß oft die nachbarlichsten Orte das gegenseitige Klima empfinden. Überdem ist aus neueren Erfahrungen klar, daß jedes lebendige Wesen eine eigne Art hat, Wärme zu empfangen und von sich zu treiben, ja daß, [...] je mehr es eigne tätige Lebenskraft äußert, um so mehr auch ein Vermögen äußert, relative Wärme und Kälte zu erzeugen.«[50]

Jeder Ort und jedes Lebewesen hat sein Eigen-Klima, wie auch jeder Organismus eine Eigenzeit hat, wie Herder einige Jahre später gegen Kants abstrakte Konstruktion von Zeit als Möglichkeitsbedingung sinnlicher Erfahrung einwenden wird.[51] Auch Herder, der wie Buffon von einer im ständigen Wandel begriffenen Natur ausgeht, versteht den Menschen als Faktor dieser Veränderungen. Kulturgeschichte ist für ihn Klimageschichte. Die Geschichte vom Menschen als klimaveränderndem Wesen erzählt auch er als Mikro-Narrativ des Holozäns:

»Nun ist keine Frage, daß wie das Klima ein Inbegriff von Kräften und Einflüssen ist, zu dem die Pflanze wie das Tier beiträgt und der allen Lebendigen in einem wechselseitigen Zusammenhange dienet, der Mensch auch darin zum Herrn der Erde gesetzt sei, daß er es durch Kunst ändre. Seitdem er das Feuer vom Himmel stahl und seine Faust das Eisen lenkte, seitdem er Tiere und seine Mitbrüder selbst zusammenzwang [...]: hat er auf mancherlei Weise zur Veränderung desselben mitgewirket. Europa war vormals ein feuchter Wald [...]: es ist gelichtet, und mit dem Klima haben sich die Einwohner selbst geändert. [...] Wir können also das Menschengeschlecht als eine Schar kühner, obwohl kleiner Riesen betrachten, die allmählich von den Bergen herabstiegen, die Erde zu unterjochen und das Klima mit ihrer schwachen Faust zu verändern. Wie weit sie es darin gebracht haben mögen, wird uns die Zukunft lehren.«[52]

Kulturtechniken und Klima, Mensch und Natur stehen für Herder in einem Verhältnis gegenseitiger Transformation. Der Mensch ändert das Klima, aber das Klima ändert auch den Menschen und formt ihn zu der Diversität, die die Menschheit kennzeichnet. Die hier äußerst knapp vorgetragene Theorie der Akkulturation des Men-

---

[50] Herder (2002), Bd. III/2, 239.
[51] Vgl. dazu Gamper/Hühn (2014), 27–29.
[52] Herder (2002), Bd. III/1, 244.

schen (Sesshaftwerdung, Viehzucht, Waffengebrauch, Bildung von Machtstrukturen) zeigt nicht nur, dass der Mensch sich historisch nur durch Wandlung der Natur verändern kann, sie verweist auch auf die Gewalt, die dieser frühen Kulturwerdung innewohnt. Das heißt umgekehrt auch: eine Geschichte menschlicher Kultur kann für Herder nur auf der Basis eines Verständnisses der Natur geschrieben werden, das deren zeitlichen und räumlichen Größenordnungen gerecht wird, aber zugleich mit der Skala menschlicher Existenz vereinbar macht. Im ersten seiner vier Bücher geht es daher gar nicht um Menschengeschichte, sondern um die geologische Entwicklung des Planeten, die Morphologie der Lebewesen und die Funktionen des Lebens, bis er im zweiten Buch über die Theorie des Klimas zu den Lebensformen des Menschen kommt. Klima ist der Nexus zwischen Natur und Menschenwelt. Der Mensch ist für Herder ein »Zögling der Luft«[53]. Im Klima verändert er sich und mit ihm die ihn umgebende Natur. Herders Geschichtsentwurf ist alles andere als frei von Wertungen und Fehlinterpretationen, insbesondere in Bezug auf außereuropäische Kulturen und Historien. Aber er ist, nach der Infragestellung der biblischen Zeitskala durch Buffon, ein brillanter Versuch, Menschen- und Naturgeschichte, eine Theorie des Kosmos und eine Theorie des Menschen als Kulturwesen miteinander zu verbinden. Darstellungstechnisch verfolgt er dabei eine Bewegung des kontinuierlichen Übergangs von den riesigen Zeitskalen der Erdgeschichte in die mittleren der Menschheitsgeschichte bis hin zur kleinteiligen Perspektive einer globalen Kulturgeschichte im letzten fertiggestellten vierten Band. Seine Anthropologie, allzu oft auf die Idee vom ›Mensch als Mängelwesen‹ reduziert, ist der Versuch, den Menschen im Kosmos zu verorten, indem er ihn im fließenden Übergang von Makro- und Mikrogeschichte in den Blick nimmt.[54] Nötig ist dabei eine in allen Größenordnungen wiederkehrende Denkfigur, die es ermöglicht, eine Übersetzung zwischen den Skalen vorzunehmen. Genau dies ist die immer wieder aufgenommene Figur der ›Einheit in der Mannigfaltigkeit‹. Als Selbstähnlichkeit, die die vielfältigen Lebensformen der Natur ebenso wie die unterschiedlichen Körper und Kulturen der Menschheit verbindet, hält sie das Gesamtprojekt der

---

[53] Herder (2002), Bd. III/1, 33.
[54] Vgl. dazu Wolfgang Proß' hervorragenden Artikel zu den *Ideen*. Proß (2016), 171–216.

Ideen zusammen. Die Langzeit der Erdgeschichte wandelt, differenziert und ähnelt sich ebenso wie die Kurzzeit des Menschen. Das macht Herders *Ideen* zu einer frühen Fassung von Big History, einer Global- und Universalgeschichte, die sich neuerdings ausdrücklich als Historiographie im Geiste des Anthropozäns präsentiert. Ihr prominentester Vertreter, David Christian, versteht sie als »the attempt to understand the past *at all possible scales*, up to those of cosmology, and to do so in ways that do justice both to the contingency and specificity of the past and also to the large patterns that help make sense of the details. [...] [Big History] will treat human history as one member of a large family of historical disciplines that includes biology, the earth sciences, astronomy and cosmology. By doing so, it will blur the borderline between history and the natural sciences [...] as history rediscovers an interest *in deep, even lawlike patterns of change*.«[55]

Es ist dabei bezeichnend, dass sich Big History ganz im Sinne Herders als *Bildungsprojekt* für ein historisches Verständnis der Gegenwart und für eine Reintegration von Natur- und Geisteswissenschaften versteht.[56] Ihre Selbstbeschreibung als »Universalgeschichte« ist daher nur zum Teil zutreffend, weil es nicht allein um eine Globalgeschichte geht. Big History will nicht nur Orte, sondern auch Zeitskalen integrieren. Das heißt, die Geschichte des Menschen innerhalb einer Geschichte des Universums, des Planeten, des Lebens auf diesem Planeten und schließlich der Spezies Mensch zu erzählen, statt sich darauf zu beschränken, das Zeitmaß des Menschen auf die 6000 Jahre der ›recorded history‹ oder gar der letzten 400 Jahre zu stauchen. Was Christian in seinem Bestseller *Maps of Time* (2004) dabei voraussetzt, ist – anders als bei Herder – die Marginalität des Menschen gemessen an den Zeitskalen des Kosmos. Was aber in der Mega-Perspektive, die Christian einnimmt, zu Tage tritt und die Skalen ineinander übersetzbar macht, ist die Rekurrenz immer wiederkehrender Muster in der Entstehung von komplexen Ordnungen. So vergleicht Christian etwa die Aggregation von Materie zu Sternen

---

[55] Christian (2010), 6–26, hier: 7. [Hervorh. EH].
[56] So bietet z. B. das *Big History Project*, initiiert von Bill Gates und David Christian, ein Portal mit Materialien für Lehrer, Schüler und interessierte Laien. Auf der Website heißt es: »By sharing the big picture and challenging middle and high school students to look at the world from many different perspectives, we hope to inspire a greater love of learning and help them better understand how we got here, where we're going, and how they fit in.« Gates/Christian (o. J.).

durch Schwerkraft mit der Zusammenballung von verstreuten Familien zu frühen Städten. Er sieht hierin analoge Muster der Komplexitätssteigerung:
»In the early universe, gravity took hold of clouds of atoms, and sculpted them into stars and galaxies. In [...] this chapter, we will see how, by a sort of social gravity, cities and states were sculpted from scattered communities of farmers. As farming populations gathered in larger and denser communities, interactions between different groups increased and the social pressure rose until, in a striking parallel with star formation, new structures suddenly appeared, together with a new level of complexity.«[57]

Während Herders wiederkehrendes Mantra das der »Einheit in der Mannigfaltigkeit« ist, ist das Christians die Figur der Komplexitätssteigerung. Sie wiedersteht dem Sog der ordnungsauflösenden Entropie, sowohl auf kosmischer und biologischer wie zuletzt auf sozialer Ebene. Diese Figur macht die Jahrmillionen der Formierung von Sternen oder der Umwälzungen auf dem Planeten Erde übersetzbar in die Jahrhunderte oder Jahrtausende der Bildung von Städten. Solche Skalenübergänge, das zeigt sich bei Herder wie bei Christian, sind nur möglich, wenn es wiederkehrende, selbstähnliche Strukturen oder Figuren gibt, die sich in unterschiedlichen Größenordnungen – also auf Makro-, Meso- und Mikro-Ebene – beobachten lassen.

Eine Möglichkeit, Bruno Latours Aufforderung zu folgen, im Anthropozän die epistemische Trennung von Natur und Kultur aufzuheben, besteht also darin, Modelle zu entwickeln, die Kollision der Skalen durch Übersetzungen von einer Größenordnung in die andere in ein umfassendes Narrativ zu überführen. Herders Einheit in der Mannigfaltigkeit, Christians Ordnung selbstorganisierender Komplexität sind solche fraktalen Modelle, die divergente Größenordnungen ineinander abbildbar machen. Mit ihnen lassen sich wiederkehrende Strukturen in der Geschichte finden, die Natur- und Menschengeschichte gleichermaßen durchziehen. Was dabei entsteht, ist eine Geschichtsschreibung, die an Strukturen und Funktionen interessiert ist – nicht aber an Selbstbeschreibungen historischer Akteure, und auch nicht allein den abstrakten Prozessen von Naturgeschehen. Es geht dabei darum, Modelle zu finden, die Menschen- und Erdgeschichte mit einem gemeinsamen Set von Begriffen beschreiben könnte. Christian nennt das einen »modernen Schöpfungsmythos« –

---

[57] Christian (²2011), 245.

aber de facto geht es ihm weniger um die mythischen Qualitäten seines Narrativs als darum, eine Einheit modernen Wissens zu stiften: »Beneath the awesome diversity and complexity of modern knowledge, there is an underlying unity and coherence, ensuring that different timescales really do have something to say to each other.«[58] Aber es gibt zwischen dem spätaufklärerischen und dem anthropozänischen Modell einer Naturgeschichte des Menschen auch Unterschiede: Christian entwirft einen an den Naturwissenschaften (genauer der Erdsystemwissenschaft, aber auch der Komplexitäts- und Emergenzforschung) orientierten, vereinheitlichenden Blick auf *globale Prozesse* der Menschheitsgeschichte – wie Landwirtschaft, die Etablierung von Städten und Institutionen der Macht, Wirkungen von Technologie. Differenzen zwischen Regionen, Asynchronien und divergente Entwicklungen werden in dieser Makroperspektive ausgeblendet. Herder dagegen bleibt den Singularitäten treu – ein Erbe der alten Klimaanthropologie, die Klima als Differenzprinzip verstanden hatte. Ihm geht es nicht um die Einheitsgeschichte der Menschheit, sondern um den Eigensinn von historischen und lokalen Lebensformen, die sich dem *Eigenklima* unterschiedlichster Zeiten und Lokalitäten verdanken. In diesem Eigensinn liegt für ihn der Kern der »Humanität«. Wo *Big History* Menschengeschichte als *planetarische Naturgeschichte* schreiben will, erinnert Herder an einen *anthropos* des Anthropozäns, der nur in der Vielfalt, den Widersprüchen und Differenzen seiner Lebensformen adäquat gefasst werden kann.[59]

Tiefe Zukunft

Das Anthropozän trägt die Gegenwart in die Zeitmaße einer erdgeschichtlichen Tiefenzeit ein, indem es das Jetzt als Epochenbruch innerhalb dieser geologischen Zeitmaße beschreibt. Die Tiefe dieser

---

[58] Christian (^{2}2011): 3.
[59] Dieser Hinweis auf die Vielheit der menschlichen Kultur und Lebensformen, auch die Divergenz zwischen Intensivkonsumenten und Armen ist immer wieder – vor allem von geisteswissenschaftlicher Seite – gegen den Begriff des Anthropozäns angeführt worden. Ich verstehe ihn als Aufruf, das Konzept entsprechend zu differenzieren. Siehe dazu z. B. Chakrabarty (2014), 1–23, hier: 9–15. Bonneuil/Fressoz: (2013), insb. 81–112. u. ö.; Mauelshagen (2016), 39–56, hier: 41; Nixon (2014), Horn/Bergthaller (2019), 79–99.

neu gefundenen und zugleich verlorenen Vergangenheit informiert auch die Entwürfe von Zukunft im Anthropozän. Es ist nicht nur ein Bruch in einer Tiefen*geschichte*, sondern läutet eine *tiefe Zukunft* ein, deren Zeithorizonte sich neuerdings ebenfalls in hunderttausend Jahren messen.[60] So schreibt der Klimahistoriker David Archer: »Mankind is becoming a force in climate comparable to the orbital variations that drive glacial cycles. [...] The long lifetime of fossil fuel CO_2 creates a sense of fleeting folly about the use of fossil fuels as an energy source. *Our fossil fuel deposits, 100 million years old, could be gone in a few centuries, leaving climate impacts that will last for hundreds of millennia.* The lifetime of fossil fuel CO_2 in the atmosphere is a few centuries, plus 25 % that lasts essentially forever.«[61]

Im Verbrauch von fossilen Brennstoffen ›verheizt‹ die Gegenwart eine immense Vergangenheit (100 Millionen Jahre).[62] Sie prägt damit zugleich eine ebenso dämonisch lange Zukunft, die jeden menschlich denkbaren Zeithorizont übersteigt. Zukünfte, die sich auf Kinder und Kindeskinder bezogen, werden abgelöst von erdzeitlichen Zeitspannen, in denen nicht einmal klar ist, ob und in welcher Form die Menschheit sie erleben wird.[63] Politisch erzeugt dies eine dramatische Divergenz zwischen den kurzen Perioden politischer Entscheidungsprozesse und den nur wenig längeren Horizonten der Vorsorge oder Nachhaltigkeit in modernen Gesellschaften.[64] Chakrabarty hat diesen Abgrund zwischen den Zeithorizonten des Klimawandels und den modernen Werkzeugen des Zukunftskalküls und der Zukunftsabsicherung (etwa durch Risikokalküle, durch Monetarisierung von Schäden, durch Versicherung oder das Vorsorge-Prinzip) als eine fundamentale Schwierigkeit beschrieben, die *tiefe Zukunft* des Anthropozäns epistemisch und politisch zu fassen.[65]

Eine Strategie, diese Schwierigkeit zumindest darstellungstechnisch zu überbrücken, ist nun, diese ferne Zukunft narrativ einzuholen, sie gleichsam zu ›setzen‹, um von diesem epistemischen Stand-

---

[60] Ich übernehme diesen Begriff von Stager (2011).
[61] Archer (2009), 11. [Hervorh. EH].
[62] Dazu grundlegend Sieferle (1982).
[63] Zu einigen Konsequenzen dieses neuen und obskuren Zeithorizonts, der alle Begriffe von ›Nachhaltigkeit‹ obsolet macht, vgl. Horn (2017), 5–17.
[64] Vgl. dazu die Vorschläge von Hanusch/Biermann (2019), die tiefe Zukunft in die Struktur politischer Institutionen einzulassen.
[65] Chakrabarty (2014), 1–23, hier: 4–9.

punkt in der Zukunft aus einen Blick auf die Gegenwart werfen zu können. In seiner populären Einführung in ein geologisches Verständnis des Anthropozäns, *The Earth After Us* (2008), wendet Jan Zalasiewicz (zugleich Vorsitzender der *Anthropocene Working Group*) genau diese Erzähltechnik an.[66] Ein Raumschiff mit extraterrestrischen Paläontologen landet in 100 Millionen Jahren auf dem »Nordkontinent« der Erde. In einem tiefen Canyon stoßen die Forscher auf eine breite Gesteinsschicht, in der sie metallene und steinerne Artefakte finden, Zeichen einer untergegangenen Zivilisation. In der gleichen Schicht finden sie aber auch die Spuren einer Katastrophe, die die Lebensbedingungen auf dem Planeten stark verändert haben muss. Was die Forscher untersuchen, sind die Reste der Menschheit, die noch nach Millionen Jahren erhalten sein werden – von diesen Resten handelt das Buch, ein geostratigraphischer Blick zurück aus der Zukunft auf die Gegenwart. Womit Zalasiewicz aufräumen will, ist die romantische Vorstellung einer entvölkerten, aber pittoresk überwucherten Ruinenlandschaft, wie sie etwa Alan Weisman in *The World Without Us* (2007) entworfen hat.[67] Die tiefe Zukunft, so lernt man in *The Earth After Us*, lässt nichts übrig als geologische Schichten, aus denen die Spuren des vergangenen Lebens mühsam und bruchstückhaft entziffert werden müssen. In diesen Strata der Zukunft wird aber auch deutlich, wie erstaunlich das kurze, kometenhafte Erscheinen der menschlichen Zivilisation innerhalb der letzten 10.000 Jahre ist. Die Alien-Geologen vermuten daher nicht eine rasante Evolution, sondern den Besuch extra-terrestrischer Siedler. Die Möglichkeit, dass sich eine Spezies innerhalb so rasant kurzer Zeit zur planetarisch wirksamen Macht entwickelt haben könnte, erscheint ihnen gänzlich undenkbar.

Die Fiktion einer Perspektive in der tiefen Zukunft ermöglicht Zalasiewicz einen zugleich verfremdenden und erhellenden Blick auf die menschliche Zivilisation der Gegenwart. In der narrativen Verfremdung wird Gegenwart ihrerseits als *Verfremdung* – oder, in einem Wortspiel Thomas Friedmans – als »*global weirding*« des Erdsystems und der Erdgeschichte verstehbar. Nur im Blick aus der Zukunft ist der Schock dieses schnellen und durchgreifenden »global weirdings« evident zu machen. Das Gedankenexperiment Zalasiewiczs verfolgt so subtil noch eine andere, politische Agenda. Denn

---

[66] Zalasiewicz (2008), Prologue.
[67] Weisman (2007).

die Inversion des Blicks aus der Zukunft auf die Gegenwart liegt eigentlich jeder Form des Zukunftsmanagements zugrunde. Die Basis jeder Form der Prävention ist ein notwendig fiktiver Blick aus der Zukunft auf die Gegenwart.[68] Deutlich wird das etwa in der »Heuristik der Furcht«, die Hans Jonas als epistemische Grundlage jenes »Prinzips Verantwortung« identifiziert, das eine lebbare Zukunft für kommende Generationen gewährleisten soll. Jonas schreibt: »Was kann als Kompaß [einer Zukunftsethik] dienen? Die vorausgedachte Gefahr selber! In ihrem *Wetterleuchten aus der Zukunft*, im Vorschein ihres planetarischen Umfanges und ihres humanen Tiefganges, werden allererst die ethischen Prinzipen entdeckbar, aus denen sich die neuen Pflichten neuer Macht herleiten lassen.«[69]

Allerdings denkt Jonas dieses Wetterleuchten aus der Zukunft durchaus noch im Rahmen einer Verpflichtung gegenüber jenen Kindern und Kindeskindern, die im normalen Zeithorizont menschlicher Zukunftsplanung liegen. Nicht umsonst entwirft Jonas eine neue Version des kategorischen Imperativs: »Handle so, daß die Wirkungen deiner Handlung verträglich sind mit der Permanenz echten menschlichen Lebens auf Erden.«[70] Das Problem ist, dass wir in einer tiefen Zukunft nicht einmal wissen können, wie dieses »echte menschliche Leben« auch nur aussehen würde. Eins ist immerhin klar: Menschliches Leben in Hunderttausenden von Jahren wird radikal anders sein als wir.

Die Zeitskalen des Anthropozäns stellen so auch die biopolitischen Implikationen gegenwärtiger Zukunftspolitik in Frage, die sich immer noch an ›Kindeskindern‹ orientiert – also Vertretern der menschlichen Spezies, mit denen wir möglichst eng verwandt sind und deren Lebenszeit sich mit unserer berührt. Donna Haraway dagegen hat vorgeschlagen, soziale Beziehungen im Anthropozän nicht mehr orientiert an ›Kindern‹ und ›Generationen‹ zu verstehen, sondern anhand einer möglichst weit gefassten »Sippschaft« *(kin)*. Dieser Begriff der Sippschaft würde nicht nur denkbar ferne menschliche Lebensformen umfassen, sondern auch Vertreter anderer Spezies.[71] Ein Begriff des Politischen im Anthropozän, das hat Bruno Latour prominent vorgetragen, müsste Tiere, Pflanzen, Landschaften, Mee-

---

[68] Vgl. dazu ausführlich Horn (2014), 297–375.
[69] Jonas (1979), 7–8.
[70] Jonas (1979), 36.
[71] Vgl. Haraway (2015), 159–165.

resströmungen, Klima inkludieren.[72] Verstanden als Sippschaft, deren Überleben und Wohlergehen wir sichern wollen, würden auch fernste Nachkommen der Menschheit dazu zählen, ebenso wie dem *Homo sapiens* nachfolgende Spezies. Bezogen auf eine tiefe Zukunft kann weder eine Epistemologie noch eine Politik der Zukunft sich mehr ausschließlich an verwandten oder auch nur bekannten Lebensformen orientieren, sondern muss für radikale Alterität hin offen sein. Unter dieser Voraussetzung muss es darum gehen, nicht allein für die Menschheit der nächsten paar Generationen, sondern für alle möglichen denkbaren menschlichen und nicht-menschlichen Lebensformen die notwendigen Stabilitätsbedingungen zu gewährleisten. Gerade die Tiefengeschichte der Erde kann einen Begriff für diese Alterität geben, weil sie Erdzustände ohne den Menschen und menschliche Lebensformen lange vor der Zivilisation in den Blick nimmt.[73]

Die tiefe Zukunft des Anthropozäns dehnt sich also in einen Abgrund von Unabsehbarkeit und Andersartigkeit aus. Aber auch die nahe Zukunft gestaltet sich heute zunehmend dunkel – dunkel weniger im Sinne absehbarer Katastrophen als einer radikalen epistemischen Intransparenz. Denn hochkomplexe selbstorganisierte Systeme, wie das Klima, Biotope, das Strömungssystem der Meere usw. neigen zu Emergenzen und Umschlagspunkten *(tipping points)*, Momenten also, an denen ein stetiger quantitativer Zuwachs in einen qualitativ anderen Zustand umschlägt. Je größer das System ist, desto träger (und damit stabiler) reagiert es zwar auf Veränderung einzelner Faktoren, aber desto tiefgreifender sind die Konsequenzen solcher Kipppunkte. Der Vorschlag Rockströms, einen »safe operating space« zu bestimmen und einzuhalten, versucht genau solche Umschlagspunkte zu vermeiden. Aber das Problem ist, dass solche systemischen Umschlagspunkte schwer abzusehen sind. Schon sich ihnen zu nähern öffnet große Spielräume der Unsicherheit und Unabsehbarkeit. Denn gerade selbstregulierende Systeme können sich lange trotz aller krisenhaften Tendenzen immer wieder selbst in eine Balance bringen – bis sie jenen gefährlichen Punkt des plötzlichen Umschlags erreicht haben. Das Konzept des *tipping point* meint genau das: dass Regulierung irgendwann nicht mehr stattfinden kann, dass ein System »ge-

---

[72] Vgl. Latour (2001).
[73] Zum Plädoyer für eine *Deep History*, die bislang aus der Geschichtsschreibung radikal ausgeblendet worden sei, siehe Styner u. a. (2011), 176–196.

sättigt« ist (wie es in der Chemie heißt), oder dass (mit einem Ausdruck aus der Physik) eine »kritische Masse« erreicht wird. Es impliziert damit auch eine andere Vorstellung von Handlungsmacht, denn Umschlagspunkte werden nicht durch einzelne Akte hervorgerufen, sondern emergieren aus der Summe von Handlungen.

Die Zukünfte des Anthropozäns sind, ebenso wie die Geschichte von Menschheit und Erde, durchsetzt von solchen Schwellen und Umschlagspunkten. Oder anders gesagt: mit dem Befund des Anthropozäns wird die Diskontinuität der Erd- und Menschengeschichte sichtbar als Folge von Schwellen, Sprüngen und Katastrophen. Clive Hamilton hat daher vorgeschlagen, den Gradualismus, der die Geologie seit Lyell beherrscht, aufzugeben zugunsten des von Georges Cuvier vertretenen Katastrophismus, einer Vorstellung von Erdgeschichte als Abfolge von Zäsuren, Kataklysmen und schnellen, radikalen Wandlungen.

»The Anthropocene is [...] not a continuation of the past but a step change in the biogeological history of the Earth. The previous step change, out of the Pleistocene and into the Holocene, saw a 5 °C change in global average temperature and a 120-m change in sea levels. Geologically speaking, the Anthropocene event, occurring over an extremely short period, has been a very abrupt regime shift, closer to an instance of catastrophism than uniformitarianism.«[74]

Geologie würde so wieder zur Katastrophengeschichte der Erde – damit aber auch eminent politisch. Gerade in den Zäsuren, die beide durchziehen, kommen Menschen- und Naturgeschichte zur Konvergenz. Betrachtet im Zeitmaß der Erdgeschichte sind die massiven Veränderungen, die insbesondere die *Great Acceleration* mit sich bringt, kaum anders als die Folgen eines plötzlichen Meteoriteneinschlags oder Vulkanausbruchs zu fassen: ein plötzliches Desaster (wörtlich: ein Un-Stern), nur vergleichbar mit dem Meteor, der vor 66 Millionen Jahren die Kreidezeit beendete und die Dinosaurier auslöschte. »Wir«, so der Geologe Zalasiewicz, »sind der Meteor«.[75]

---

[74] Hamilton (2016), 93–106, hier: 100.
[75] Zalasiewicz/Kunkel/Gladstone (2017).

Eva Horn (Wien)

Literaturverzeichnis

Archer, D. (2009), *The Long Thaw, How Humans Are Changing the Next 100,000 Years of Earth's Climate*, Princeton 2009.
Assmann, A. (2013), *Ist die Zeit aus den Fugen? Aufstieg und Fall des Zeitregimes der Moderne*, München.
Autin, W. J./Holbrook, J. M. (2012), »Is the Anthropocene an issue of stratigraphy or pop culture?« in: *GSA Today* 22/7: July, 60–61.
Beck, U. (2007), *Weltrisikogesellschaft*, Frankfurt a. M.
Beer, G. (²2000), *Darwin's Plots, Evolutionary narrative in Darwin, George Eliot and nineteenth-century fiction*, Cambridge.
Bonneuil, C./Fressoz, J.-B. (2013), *L'événement Anthropocène, La Terre, l'histoire et nous*, Paris.
Chakrabarty, D. (2009), »The Climate of History. Four Theses«, in: *Critical Inquiry* 35/2, 197–222.
Chakrabarty, D. (2014), »Climate and Capital. On Conjoined Histories«, in: *Critical Inquiry* 41/1, 1–23.
Chakrabarty, D. (2018), Anthropocene Time, in: *History and Theory* 57/1 (March), 5–32.
Charle, C. (2011), *La discordance du temps*, Paris.
Childe, V. G. (1941), *Man Makes Himself*, London.
Christian, D. (2010), »The Return of Universal History«, in: *History and Theory* 49, 6–26.
Christian, D. (²2011), *Maps of Time, An introduction to big History*, Berkeley.
Clark, T. (2012), »Derangements of scale«, in: Cohen, T./Susman, H. (Hg.), *Telemorphosis, Essays in Critical Climate Change*, Vol. 1, Ann Arbor, 148–166. Online: https://quod.lib.umich.edu/o/ohp/10539563.0001. 001/1:8/-telemorphosis-theory-in-the-era-of-climate-change-vol-1? rgn=div1;view=fulltext [konsultiert am 11.09.2017]
Clark, T. (2015), *Ecocriticism on the Edge, The Anthropocene as a Threshold Concept*, London/New York.
Crutzen, P. J. (2002), »The Geology of Mankind«, in: *Nature* 415, 23.
Crutzen, P. J. & Stoermer, E. F. (2000). The ›anthropocene‹. Global Change Newsletter 41, 17–18.
d'Alembert, J.-L. R./Diderot, D. (1753), Art. »Climat«, in: d'Alembert, J.-L. R./Diderot, D. (Hg.), *Encyclopédie ou Dictionnaire raisonné des sciences, des arts et des métiers*, Bd. 3, Paris, 532–534.
Forster, J. R. (1780), »Dr. Forster an Prof. Lichtenberg«, in: *Göttingisches Magazin der Wissenschaft und Litteratur* 1, 140–157.
Gamper, M./Hühn, H. (2014), *Was sind ästhetische Eigenzeiten?*, Hannover.
Gates, B./Christian, D., *Big History Project*. Online: https://school.big historyproject.com/bhplive [konsultiert am 11.09.2017]
GLOBALE (2016), *Reset Modernity!* Online: http://zkm.de/pressemappe/ 2016/globale-reset-modernity [konsultiert am 11.08.2017]
Gumbrecht, H.-U. (2010), *Unsere breite Gegenwart*, Frankfurt a. M.

Hamilton, C. (2016), »The Anthropocene as rupture«, in: *The Anthropocene Review* 3/2, 93–106.
Hamilton, C./Grinevald, J. (2015), »Was the Anthropocene anticipated?«, in: *The Anthropocene Review* 2/1, 59–72.
Hanusch, F./Biermann, F. (2019): Deep-time organizations: Learning institutional longevity from history, in: The Anthropocene Review 6/3, 1–21.
Haraway, D. (2015), »Anthropocene, Capitalocene, Plantationocene, Chthulucene. Making Kin«, in: *Environmental Humanities* 6, 159–165. Online: www.environmentalhumanities.org [konsultiert am 11.08.2017]
Herder, J. G. (2002), *Ideen zu einer Philosophie der Geschichte der Menschheit [1784–1791]*, Text, in: Proß, W. (Hg.), *Werke*, Bd. III/1 u. 2, München/Wien.
Heringman, N. (2015), »Deep Time at the Dawn of the Anthropocene«, in: *Representations* 129/1, 56–85.
Heringman, N. (2016), »Buffons Époques de la nature (1778) und die Tiefenzeit im Anthropozän«, in: *Zeitschrift für Kulturwissenschaften* 1, hg. von E. Horn u. P. Schnyder: Romantische Klimatologie, 73–85.
Horn, E. (2014), Zukunft als Katastrophe, Frankfurt a. M.
Horn, E. (2016), »Klimatologie um 1800. Zur Genealogie des Anthropozäns«, in: *Zeitschrift für Kulturwissenschaften* 1, hg. von E. Horn u. P. Schnyder: Romantische Klimatologie, 87–102.
Horn, E. (2017), »Jenseits der Kindeskinder. Nachhaltigkeit im Anthropozän«, in: *Merkur* 814, 5–17.
Horn, E./Bergthaller, H. (2019): Anthropozän ... zur Einführung, Hamburg.
Jonas, H. (1979), *Das Prinzip Verantwortung. Versuch einer Ethik für die technologische Zivilisation*, Frankfurt a. M.
Koselleck, R. (1989): »Erfahrungsraum« und »Erwartungshorizont« – zwei historische Kategorien. in: *Vergangene Zukunft. Zur Semantik geschichtlicher Zeiten*, Frankfurt a. M., 349–375.
Koselleck, R. (2010), »Einige Fragen an die Begriffsgeschichte von ›Krise‹«, in: *Begriffsgeschichten*, Frankfurt a. M., 203–217.
Landes, D. S. (1983), *Revolution in Time, Clocks and the Making of the Modern World*, Boston.
Langmuir, C. H./Broecker, W. (2012), *How to Build a Habitable Planet, The Story of the Earth from the Big Bang to Humankind*, Princeton.
Latour, B. (2001), *Das Parlament der Dinge, Naturpolitik*, Frankfurt a. M.
Latour, B. (2017), *Facing Gaia, Eight Lectures on the New Climatic Regime*, Cambridge.
Leclerc, G.-L./de Buffon, C. (1780), *Les Époques de la Nature*, Bd. 2, Paris, 196–197.
Lenton, J. (2016), *Earth Systems Science, A very short introduction*, Oxford.
Lowenhaupt Tsing, A. u. a. (2017), *The Arts of Living on a Damaged Planet*, Minneapolis.
Lyell, C. (1997), *Principles of Geology [1830]*, London.
Mauelshagen, F. (2016), »Der Verlust der biokulturellen Diversität im Anthropozän«, in: Haber, W. u. a. (Hg.), *Die Welt im Anthropozän, Erkun-*

dungen im Spannungsfeld zwischen Ökologie und Humanität, München, 39–56.
Michelet, J. (1831), Introduction à l'histoire universelle, Paris.
Nixon, R. (2011), Slow violence and the environmentalism of the poor, Cambridge.
Nixon, R. (2014), The Great Acceleration and the Great Divergence, Vulnerability in the Anthropocene. Online: https://profession.mla.hcommons.org/2014/03/19/the-great-acceleration-and-the-great-divergence-vulnerability-in-the-anthropocene/ [konsultiert am 30.09.2017]
Playfair, J. (1805): »Biographical account of the late Dr. James Hutton, F. R. S. Edin«, in: Transactions of the Royal Society of Edinburgh V/III, 39–99.
Pomeranz, K. (2000), The Great Divergence, China, Europe, and the Making of the Modern World Economy, Princeton.
Proß, W. (2016), »Ideen«, in: Greif, S. u.a. (Hg.), Herder Handbuch, Paderborn, 171–216.
Rockström, J. u.a. (2009), »Planetary boundaries: exploring the safe operating space for humanity«, in: Ecology and Society 14/2. Online: www.ecologyandsociety.org/vol14/iss2/art32/ [konsultiert am 11.09.2017]
Rosa, H. (2005), Beschleunigung. Die Veränderung der Zeitstrukturen in der Moderne, Frankfurt a. M.
Rudwick, M. J. S. (2005), Bursting the Limits of Time, The Reconstruction of Geohistory in the Age of Revolution, Chicago/London.
Scott, J. C. (2017), Against the Grain, A Deep History of the Earliest States, New Haven.
Sieferle, R. P. (1982), Der unterirdische Wald, Energiekrise und Industrielle Revolution, München.
Sieferle, R. P. (1997), Rückblick auf die Natur, Eine Geschichte des Menschen und seiner Umwelt, München.
Smith, B. D. (1995), The Emergence of Agriculture, New York.
Stager, C. (2011), Deep Future, The Next 100,000 years of life on Earth, New York.
Styner, M. u.a. (2011), »Chapter X: Scale«, in: Shryrock, A./Smail, D. L. (Hg.), Deep History, The Architecture of Past and Present, Berkeley, 176–196.
Weisman, A. (2007), The World Without Us, New York.
Zalasiewicz, J. (2008), The Earth After Us, What Legacy will Humans Leave in the Rocks, Oxford.
Zalasiewicz, J. (2012): Response to Autin and Holbrook on »Is the Anthropocene an issue of stratigraphy or pop culture?«, in: GSA Today, v. 22/10: October, 21–22.
Zalasiewicz, J. u.a. (2015), »When did the Anthropocene begin? A mid-twentieth century boundary level is stratigraphically optimal«, in: Quaternary International Volume 383, 196–203.
Zalasiewicz, J./Kunkel, B./Gladstone, B. (2017), »We are the Meteor«, Interview in WNYC. Online: http://www.wnyc.org/story/we-are-meteor/. [Konsultiert am 11.09.2017]

Zalasiewicz, J./Williams, M. (2012), *The Goldilocks Planet, The Four Billion Year Story of Earth's Climate*, New York.
Zalasiewicz, J./Waters, C. N./Williams, M./Summerhayes C. (2019) (Hg.): The Anthropocene as a geological time unit. A guide to the scientific evidence and current debate, Cambridge.

Forced displacement, resettlement processes and climate change in Colombia

Erika Castro-Buitrago, Juliana Vélez-Echeverri and Mauricio Madrigal-Pérez

1. Introduction

Although there is scarce research regarding the link between climate change and human mobility in Colombia and doubts related to certainty of a causal relationship of this phenomenon (IOM, 2017, page 24), concerns are growing given the alarming figures of climate-induced displacement reported around the world. The »Atlas of Environmental Migration« states that in 2015 more than 19 million people were internally displaced due to natural disasters (Ionesco, Mokhnacheva, & Gemenne, 2017). Along with Sub-Saharan Africa, Latin-America and the Caribbean are the most vulnerable regions to the effects of climate change, particularly the Amazon basin and the Andean region that supply water to the main cities (Oetzel & Ruiz, 2017, page 11). In this region, the environmental disruptions caused by extractivism, melting of glaciers, the »multiplier effects« of El Niño and La Niña climatic phenomena, floods, landslides and droughts led to the displacement of at least 8 million people between 2000 and 2015 (Oetzel & Ruiz, 2017, page 12).

In Latin-America, Colombia is one of the most vulnerable countries to climate change because the majority of the population live in »coastal flood zones and unstable mountain range soils, the country also presents high recurrence and magnitude of disasters associated with the climate« (UNDP, 2010). Between 2005 and 2015, heavy rains led to 4,017,690 people affected (UNGRD, 2017). In February 2016, an intense drought caused a massive displacement of 313 farmers in the state of Bolívar and more than 426,000 people affected in the Colombian Atlantic coast, according to a complaint made by the Ombudsman's Office (Agencia EFE, 2016).

Despite the figures, the country lacks a solid institutional framework based on public policies and legislation to manage human mobility caused by the effects of climate change (Castro-Buitrago & Vélez

Echeverri, 2018). Internal research is still scarce with very few case studies aimed at assessing national and local government action (IOM, 2017, pp. 69). However, the work of Castro-Buitrago et al (2018) is an important contribution to evaluating the existing work in the field and the need of further research. Additionally, despite the international commitments made by the Colombian government, climate induced-displacement and adaptive measures to restore rights such as resettlement or planned relocation (UNHCR, 2015, pp. 4) do not fall within a conceptual framework that recognizes the phenomenon as a cause of human rights violations and the necessity of improving the current mechanisms of guarantee, respect and protection.

The aim of this paper is to review the state of the research in Colombia in relation to the concept of human displacement and planned relocation as a result of climate change. This investigation was based on an exploratory study of documentary analysis that included primary sources such as legislation and secondary sources of information.

To develop this objective, this chapter starts with a brief introduction of the local and international legal context, which draws on the relationship between climate change and human displacement and its undeniable effects on human rights. Then, there is a short review of the literature regarding the language used to discuss human mobility and resettlement or planned relocation as a result of climate change. The review of the terms used in Colombia and the progress regarding this subject is of interest in order to draw conclusions and recommendations for future research.

2. Brief introduction of the national and international legal context on the displacement caused by climate change

The relationship between climate change and human displacement is not regulated by an international declaration or a binding treaty that stipulates the obligations of the states in order to protect human rights of climate displaced people. Currently, issues regarding environmental migration and human rights have been developed in different fields like International Environmental Law (IEL), International Strategy for Disaster Reduction (ISDR) and Human Rights Law.

In the field of IEL, since 1990 with the first report published by the Intergovernmental Panel on Climate Change (IPCC), it was recognised that the movement of population would be one of the largest impacts of climate change. (IPCC, 2018). In the climate change adaptation strategies ambit, agenda »planned relocation« of displaced people is accepted as a measure of adaptation with the Cancun Adaptation Framework on 2010 (Ferris, 2012, pp. 8).

The Nansen Initiative was launched by Norway and Switzerland in Geneva and New York in October 2012, which aims »to achieve consensus among states regarding the most effective way of addressing the movements through borders because of sudden-onset and slow-onset disasters« (Kälin, 2012). This initiative was followed by the approval of the Protection Agenda, adopted in October 2015 by 109 states and the establishment of the ›Platform on Disaster Displacement‹ (OIM, 2017, pp. 47–48). This platform is linked to the ISDR which includes the current Sendai Framework for Disaster Risk Reduction 2015–2030 (UNISDR, 2018). Within these programmes, displacement and resettlement are relevant issues considering the states' obligations to prevent, reduce and respond to disasters.

Meanwhile the Paris Agreement, which entered into force on 4 November 2016, added the request for the creation of a task force to develop recommendations for integrated approaches to avert, minimize and address displacement related to the adverse impacts of climate change (Naciones Unidas, 2018, pp. 9).

This brief review of international instruments aims to highlight at least two issues: firstly, the international recognition of the relationship between climate change and the violation of human rights due to forced displacement; and secondly the inadequate international regulation to protect the rights of displaced people or those in risk of becoming displaced, led by weak states' preventive actions to tackle climate change. In other words, the migration associated with climate change and the violation of human rights is well known within the international community, even though there is not considerable progress on a special supranational regulatory framework.

The previous reflection is also applicable to Colombian domestic legislation. In fact there is no special regulation about the displacement led by the effects of the climate change (Valencia & Munévar, 2014, pp. 46) or adaptation measures to the phenomena like planned relocation. However, the Colombian state has made international commitments such as submitting national communications before the United Nations Framework Convention on Climate Change (CMNUCC), issuing the National Plan of Adaptation to Climate

Change and implementing the Sendai Framework in order to reduce disaster risks (Castro-Buitrago & Vélez, 2018). The current Colombian legislation applied to climate-induced displacement and resettlement processes is not specially designed to approach this challenge. The first drawback identified is the lack of a conceptual framework as there is not a clear definition of this type of displacement and its legal effects. The second obstacle is the scattering of regulations with minimal references on the matter and the multiple legal frameworks that are applied by the authorities when responding to displacement events and addressing resettlements (risk management, land management, environmental regulation, public services and social housing, among other aspects). In this regard, case studies in Colombia have shown how this has been mainly a matter of »population movement« in which social housing regulations and cost benefit analyses take precedence over other regulations (Chardon, 2008; Robles, 2009), with insufficient ›relief effort‹ responses common (Duque, 2006, pp. 155). The final difficulty is the administrative discretion given by the law to the local authorities when addressing population displacements and resettlements due to disaster risks. This is mainly in a context of a lack of national regulations that stipulate the parameters of guaranteeing human rights to climate displaced people and regulate adequate administrative procedures.

3. The concepts of displacement, migration, resettlement or planned relocation associated with causes of climate change

Currently there is an increased debate about the conceptualization of human mobility led by climate change. There is progress in the academic field that provides some insights about the necessity of a human rights protection framework, but it is not clear the appropriate concept in terms of legally endorsing the phenomenon.

According to Biermann and Boas (2012) when approaching the definition of climate refugees, it is important to analyse three categories: (i) cause of migration; (ii) type of migration and; (iii) appropriate terminology. In this matter, there are four environmental threats which could lead to migration: (i) global warming; including disasters linked to rising sea levels, extreme weather events or droughts and water scarcity; (ii) global warming mitigation and adaptation projects like dams, biofuel crops, etcetera; (iii) any other type of environmental degradation such as pollution or volcanic eruptions and; (iv) armed conflicts resulting from the decrease of the available natural resources (Biermann & Boas, 2012, pp. 63).

Migrants, displaced or refugees?

Related to the *type of migration* and the *appropriate terminology*, migrations are classified as *voluntary or forced* depending on the individual's capacity to adapt; *internal or transnational mobility*, depending mainly on the magnitude of the event and; *temporal or permanent mobility*, defined by the possibility of returning to the place of origin (Biermann & Boas, 2012, pp. 63).

According to the OIM (2006), migration is the »the movement of a person or a group of persons, either across an international border, or within a State. It is a population movement, encompassing any kind of movement of people, whatever its length, composition and causes; it includes migration of refugees, displaced persons, economic migrants, and persons moving for other purposes, including family reunification«. Thereby migration is referred to specifically as population mobility, but when it is forced by different reasons, the term might have different connotations. In academic literature, the word *migrants* has been mainly used to describe *voluntary mobility* of people caused by environmental problems, which means to have control over the migration decision (Bates, 2002, pp. 468).

Instead, in forced migration or displacement there are external factors that lead to migration and there is no control over the decision of movement, with the affected described as *refugees or displaced persons*. Several authors coincide that the term *environmental refugee* was popularized by Lester Brown from the Worldwatch Institute in 1970 and its increase of use started in 1985 when Essam El-Hinnawi formally defined the term (Berchin et al., 2017; Black, 2011; Morrisey, 2009):

»Those people who have been forced to leave their traditional habitat, temporarily or permanently, because of a marked environmental disruption (natural and/or triggered by people) that jeopardized their existence and/or seriously affected the quality of their life [sic]. By ›environmental disruption‹ in this definition is meant any physical, chemical, and/or biological changes in the ecosystem (or resource base) that render it, temporarily or permanently unsuitable to support human life. (El-Hinnawi, 1985).«

From that moment until today, the use of the word *refugee* to describe those who migrate because of climate change has been controversial. This debate has swayed between the difficulty to describe human mobility due to climate change as the only determinant factor and the proposal of embracing the definition of refugee from the Refugees Convention of 1951. From a strictly legal analysis, people forced to migrate due to environmental impacts do not fulfil the assumptions from which they could be considered refugees according to the Convention of 1951 (Berchin, Valduga, Garcia, & Guerra, 2017, pp. 148). From a practical dimension, renegotiating the Convention of 1951 or creating a parallel treaty, could introduce greater difficulties and misunderstandings on the current procedures to determine the status of a refugee, which might result in a reduction of protection standards for these people (Zetter, 2017, pp. 25).

Specifically, to reflect the non-voluntary character of migration caused by environment or climate change, without falling into the inconsistencies pointed out on the use of the term *refugee*, the concept *environmentally displaced people* has been used. Even though this concept seems to be more appropriate to name the human mobility phenomenon led by environmental impacts or climate change, it still presents difficulties given that it does not consider the myriad of causes of those migrations, in which it is not possible to just attribute to the change of the environmental conditions (Refugee Studies Centre, 2011).

In any case, the legal concepts should go beyond the history and the preservation of the *status quo* and should not be a reason to limit the guarantee of human rights, these changes must focus on the requirements of the context more than the calls aimed at raising public awareness of the problem. This is because in the legal dimension, the conceptualization will define the effectiveness of the protection framework. This implies that the states take measures to protect their own territories, as well as promoting strategies to collaborate with other states in order to address this issue.

Resettlement or planned relocation?

When discussing the appropriate terminology for the phenomenon of climate-induced displacement, the debate should focus on the appropriate human rights protection framework for the affected populations. While there remains much debate on the scope of climate induced displacement, the reality of forced climate-induced displacement demands urgent solutions from all states. One aspect of this debate regards the implementation of protection measures like population movement in order to guarantee and protect people's rights. These measures are known in the literature as resettlement processes or planned relocation of populations.

Such processes are rarely investigated in the literature around climate change and most of the references come from the *development induced displacement studies* (Wilmsen & Webber, 2015). There are currently important research initiatives taking place to understand the process of climate change displacement and its impacts, however there is a significant gap related to the human rights protection frameworks to mitigate the impacts of displacement that include people's adaptive strategies and resilience (Yelfaanibe & Zetter, 2017), as well as resettlement or relocation.

The concepts of resettlement and relocation and their characterisation remain unclear (Ferris, 2012). There are conceptual approaches that categorize resettlement as a climate change adaptive measure (Zetter, 2017; Ferris, 2012; McAdam, 2010), but they do not answer the question of how this could be developed in a specific context to be an effective adaptive measure that protects human rights. Meanwhile Ferris (2012) recognizes resettlement as a type of human mobility, different to voluntary and forced displacement due to war, but this has received less international attention. This means that international debate is focussed on the fact of the migration and forced displacement, omitting specific protective measures for the mobility of people affected by climate change. As an answer, this researcher in association with UNHCR suggests a *People Protection Guide by Planned Relocation Because Of Natural Disasters and Climate Change* that establishes principles and basic rights, aiming for »resettlement or planned relocation«, to draw attention to the necessity of effective public management measures (Ferris, 2015).

In general, the academic literature coincides on highlighting the negative results of resettlement in terms of decreasing quality of life and obstructing the access to human rights (Zetter, 2017; Cernea, 1995; Barnet & Webber, 2010). The above is focused on the failure to achieve the goals of the resettlement, rather than critiquing the nature of the measure.

Some authors study resettlement based on the outcomes of different experiences. This leads to criticism of the definition as an adaptive measure given that experience shows how it is forcedly implemented and even used by different powerful actors to gain political and economic benefits (Barnet & Webber, 2010). On the other hand, there are various academic works in which the term *relocate or resettlement* is used without being defined. For Bates (2002, pp. 467) the voluntary nature or the order to relocate is the basis for discussing forced or voluntary migration.

In general the studies conducted on resettlement are undertaken in different parts of the world and in spite of Latin America's recognised vulnerability to climate change, it does not appear as a focus point for research. This is surprising given the serious violations of human rights when communities are part of improvised relocation process that lack sufficient measures to guarantee human rights.

4. Treatment of the concepts of displacement, migration, resettlement or planned relocation linked to climate change in Colombian literature

In the local context, there is little legal literature regarding the conceptual analysis of the displacement phenomenon or environmental migration and the measures to restore human rights such as resettlement or planned relocation. Reviewing Colombian literature, the topic is noted in some case studies, postgraduate thesis, general reflection articles and the documents of international organisations.

A case study in the coffee region of Colombia (Valencia, 2014; Valencia, Aguirre, & Sarmiento, 2015) analyses analysis foreign literature on climate displacement and adopt El-Hinnawi's definition (1985). In the Atlantic coast case study Amar et al. (2014) adheres the definition proposed by Myers (2002), who highlights the multicausality of the phenomenon, the lack of wilfulness and the displaced people's poor economic conditions.

All authors point out the inconsistencies in the different terms and the problems brought due to the lack of a unique and international concept which allows the effective protection of human rights (Amar, y otros, 2014, pág. 11; García, Aguirre, & Alvárez, 2014, pp. 76; García, 2014). From a legal perspective, there is a necessity of adopting a critical and unified concept enabling an adequate »legal, political and social approach« (Valencia, Aguirre, & Sarmiento, 2015, pp. 327) in the face of human rights violations, considering that such situations cannot be managed with the current political and legal frameworks in the country (Valencia, Aguirre, & Sarmiento, 2015, pp. 327; Valencia & Munévar, 2014, pp. 70; Guzmán, Ríos, & Valencia, 2017, pp. 249).

In general reflective articles, the same approach is followed. Authors highlight the lack of a suitable legal-political framework to deal with the country's cases (Avendaño & Aguilar, 2014). Particularly in the absence of domestic legislation, Rubiano (2014, pp. 441) suggests the term environmental migrant »as a person displaced forcefully by an environmental disaster within the national borders«. Although this definition is not different from another author's proposals, it has the inconvenience of limiting its scope to disaster events, rejecting other causes that involve environmental variables and excluding cases of cross-border migration that could also be caused by climate change effects.

However, Mesa (2015, pp 10) who chooses to use the term environmental migrant to refer to »people, groups, collectives, societies and towns that are threatened by conflicts and various environmental issues, who end up directly or indirectly affected as well as their territories, houses and way of life«. On the same approach, Valencia (2016, pp. 88) analyses the term environmental migrant from a broader perspective: »an environmental migrant has to have been forced to abandon their home as a crucial condition and they are not necessarily refugees«.

Although the literature on human mobility led by environmental factors, including climate change, is limited, it is nevertheless an important source for situating the phenomenon within the Colombian social-political context. It is not only necessary to further the theoretical contribution to the field, but also to urgently establish a legal-political approach that provides appropriate guarantees to protect the human rights of people affected. Here the existing local research on resettlement is relevant in establishing and identifying resettlement as a climate change adaptive measure and a human rights protection measure.

Despite the large number of resettlements caused by natural disasters in Colombia, there are not comprehensive scientific adaptation and climate change studies on resettlement or relocation. In the legal research ambit there is urgent need for a theoretical-practice research to set the conceptual framework to allow the creation of public policies and legislation, integrating the different legal frameworks (Castro-Buitrago & Velez, 2018). Especially in order to unify the current variety of terms into the legal system such as relocation, resettlement and population movement.

While there is no national policy that defines resettlement or planned relocation, nor a national level law, there is legislation applied to specific events that stipulates the meaning of these concepts. This is the case with the Decree 3905/2008 issued by the Ministry of Interior and Justice to process the volcanic hazard zone resettlement for people located next to the Galeras Volcano. The first article, only paragraph lays down:

For the effects of the present Decree, resettlement is defined as the actions of population relocation, the reestablishment of their housing unit, as well as the development and implementation of projects that enable compensation and mitigate negative impacts caused by the forced migration, so the territory and social, economic and productive conditions are preserved to the inhabitants of the intervened zone.

The inclusion of similar terms like relocation and forced migration is noted in the definition above. Likewise, the aim of re-establishing the housing unit and the preservation of the socio-economic conditions of the affected community. Although the definition and in general the Decree 3905/2008 establishes rules and principles aimed at protecting the affected people's rights, in practice this resettlement process did not meet the expectations of the population (Enrique, 2009).

In another large scale case, in the resettlement process of Gramalote, a town in Norte de Santander, implemented by Fondo de Adaptación with support from the World Bank, resettlement is defined as »a way to respond to people's forced displacement, either by constructing public infrastructure or by risk-management through community transfer, as a result of an unmitigated risk« (Banco Mundial, 2016, pp. 5).

The above public approach of resettlement and the review of the documented case studies in Master's research (Pineda, 2017; Rueda,

2016: Velásquez, 2016; Enriquez, 2009: Zuluaga, 2004) show the lack of a unified concept that includes the multi-causality of the migration or displacement due to environmental causes including climate change. It also demonstrates the need for unique guidelines on the management of these cases.

Also, the local literature coinciding with international sources, highlights the negative experiences of resettlement or relocation processes in the country. Robles (2009, pp. 26) studies resettlement due to high risk zones from a human rights and habitat perspective and shows how the notion of resettlement is incomplete in Colombian policies and guidelines. This contains a »people's migration oriented-approach, without any concept of process« (Robles, 2009, pp. 72).

In the same perspective, for Chardon (2008, pp. 228–229), the concept of resettlement has been approached in the country with a focus on public housing and a cost/benefit analysis, excluding consideration of the concepts of habitat, vulnerability, development and sustainability: »a simple exercise of movement of population«.

From an anthropological point of view, Serje (2011, pp. 20) describes resettlement as a »particular political and economic constitutive practice (that sustains the expansion of a modern world system) and not as part of an inevitable universal plan, as development and modernization is normally displayed.« From this classification, resettlement is determined as a social and cultural issue, whose implementation responds to different interests and therefore it is not neutral or ›natural‹.

In summary, from the local literature review it can be asserted that although migration, resettlement and relocation issues have been marginally treated on the national public agenda, they are topics that have attracted interest from researchers. Undoubtedly there has been an effort to study the area and generate new theoretical-conceptual knowledge.

A suitable conceptualization will enable the establishment of legal categories that facilitate reinterpretation of concepts and legal institutions for effective systemization and execution of the law in practice. As a consequence, concepts like victim, legally accountable institutions, reparation measures, human rights restoration and legal procedures are only some of the issues that need to be reinterpreted from the environmental-migration phenomenon perspective, including the causes associated with climate change.

5. Conclusions

Since the 1980s, the international literature has presented a broad debate about the way to classify human movement caused by climate change. The term that opened such debate was *environmental refugees* and from there concepts like *climate migrant, climate refugee and climate displaced person* have been created. This discussion lies between those who take different positions regarding legal-political effects and those who consider that ethical and public opinion determine the use of one term or another. This debate enables the analysis of the inclusion or exclusion of relevant conceptual elements to add to the discussion. Furthermore it helps to approach a unified theory on the best classification in terms of defining the human rights protection framework of those forced to migrate because of climate change disasters.

Colombian scientific research on migration caused by environmental causes and its link to climate change is recent, the sources date from 2014 until today. It can be acknowledged that the research on the topic is powered by the recent events of climate variability that the country has faced and its negative impacts. Additionally the demand of international commitments to diagnose the local situation regarding climate change and the possible solution for adaptation of alternatives has brought about a need for further research.

There is a consensus in the national literature about the necessity of setting a unified concept that describes the population displacement phenomenon linked to climate change causes. Such requirement is made due to the urgency of issuing an effective local and international legal framework to protect human rights. In this sense, it is said that the main difficulty in establishing such a concept is the multi-causality that surrounds the phenomenon and its different conditions on the environmental context, legal-political, and socio-economic on which it is presented.

Regarding the terms resettlement and planned relocation there is also no widespread international definition that recognises the phenomenon caused by displacement due to environmental reasons, including climate change. The international and national literature identify the need for a deeper study on the topic in both the quality of its adaptation measures and the protection of human rights. Although in Colombia, research on resettlement and planned relocation has been linked to public housing and disaster management, only recently and on a small scale, this process has been associated with climate change and the configuration of resettlement as an adaptation measure.

Bibliography

Agencia EFE. (2016 de Febrero de 2016). Sequía por el niño provoca desplazamiento de campesinos. *El Pilón*.

Amar, J., Madariaga, C., Jabba, D., Abell, R., Palacio, J., De Castro, A., Zanello, L. (2014). *Desplazamiento climático y resiliencia: modelos de atención a familias afectadas por el invierno en el Caribe colombiano: el caso del sur del Atlántico (2010–2011)*. Barranquilla: Editorial Universidad del Norte.

Avendaño, W., & Aguilar, D. (2014). Geopolítica y medio ambiente: una mirada a la problemática de los desplazados ambientales. *Investigación & desarrollo*, 283–308.

Banco Mundial. (2016). *La experiencia de intervención en Gramalote: Un caso de reasentamiento en Colombia, Sur América. Evaluación de Medio Término del proceso de construcción y reconstrucción emprendido por el Fondo Adaptación (septiembre de 2011 – diciembre de 2014)*. Bogotá: Econometría Consultores.

Barnet, J., & Webber, M. (2010). *Accommodating Migration to Promote Adaptation to Climate Change*. Melbourne: The World Bank, Policy Research Working Paper 5270.

Bates, D. (2002). Environmental Refugees? Classifying Human Migrations Caused by Environmental Change. *Population and Environment. Vol. 23, No. 5, May 2002*, 465–477.

Berchin, I. I., Valduga, I. B., Garcia, J., & Guerra, J. B. (2017). Climate change and forced migrations: An effort towards recognizing climate refugees. *Geoforum 84*, 147–150.

Biermann, F., & Boas, I. (2012). Preparing for a Warmer World: Towards a Global Governance System to Protect Climate Refugees. *Global Environmental Politics, Volume 10, Number 1, February*, 60–88.

Brown, O. (2007). *Fighting Climate Change: Climate Change and Forced Migration: Human solidarity in a divided world*. Geneva: Human Development Report Office.

Cancillería. (13 de Abril de 2018). *Colombia presenta su contribución nacional para enfrentar el cambio climático*. Obtenido de sitio web de la Cancillería colombiana: http://www.cancilleria.gov.co/newsroom/news/colombia-presenta-su-contribucion-nacional-enfrentar-cambio-climatico

Castro-Buitrago, E., & Vélez, J. (2018). Procesos de reasentamiento en Colombia: ¿Una medida de adaptación y protección de derechos humanos de las víctimas del cambio climático? *Universitas*.

Cernea, M. (1995). Understanding and Preventing Impoverishment from Displacement: Reflections on the State of Knowledge. *Journal of Refugee Studies, Volume 8, Issue 3, 1,* 245–264.

Chardon, A. (2008). Reasentamiento y hábitat en zonas urbanas, una reflexión en Manizales. *Cuadernos de vivienda y urbanismo, 1* (2), 226–247.

CNN. (18 de Octubre de 2017). *100 % de los municipios en Colombia están en riesgo por el cambio climático.* Obtenido de sitio web de CNN en español: http://cnnespanol.cnn.com/2017/06/21/100-de-los-municipios-en-colombia-estan-en-riesgo-por-el-cambio-climatico/#0

Defensoría del Pueblo. (Noviembre de 2011). *Informe Defensorial Emergencia en Colombia por el fenómeno de la Niña 2010–2011.* Bogotá: http://www.defensoria.gov.co/attachment/36/Emergencia%20en%20Colombia%20por%20el%20fen%C3%B3meno%20de%20la%20ni%C3%B1a.pdf. Obtenido de http://www.defensoria.gov.co/attachment/36/Emergencia%20en%20Colombia%20por%20el%20fen%C3%B3B3meno%20de%20la%20ni%C3%B1a.pdf.

Duque, J. (2006). El reasentamiento poblacional: fenómeno social, político y de progreso. *Estudios Socio-Jurídicos,* 145–165.

El-Hinnawi, E. (1985). *Environmental Refugees. United Nations Environment Programme.* Obtenido de http://rfmsot.apps01.yorku.ca/glossary-of-terms/environmental-refugee/

Enriquez, A. (2009). *Tesis: Urcunina: la realidad de las buenas intenciones: un análisis a la implementación del reasentamiento poblacional de la zona de amenaza volcanica alta –Zava.* Bogotá: Universidad Javeriana, Maestría en Política Social.

Ferris, E. (2012). Protection and Planned Relocations in the Context of Climate Change. En UNHCR, *Protection and Planned Relocations in the Context of Climate Change, 8.* Switzerland: UN High Commissioner for Refugees UNHCR Disponible en: http://www.refworld.org/docid/50 23774e2.html.

Ferris, E. (2015). *Guía sobre Protección de Personas por medio de la Relocalización Planeada ante Desastres Naturales y Cambio Ambiental.* ACNUR.

García, C. (2014). Desplazamiento ambiental: polisemias y tensiones de una categoría emergente. *DELOS. Revista de Desarrollo Local Sostenible,* 1–16.

García, C., Aguirre, A., & Álvárez, J. (2014). Desplazamiento ambiental: aportes conceptuales, metodológicos y normativos como base para su comprensión y reconocimiento en las agendas públicas. En J. Valencia, *Cambio Climático y Desplazamiento Ambiental Forzado: Estudio de Caso en la Ecoregión Eje Cafetero en* (págs. 48–127). Armenia: Editorial Universidad La Gran Colombia.

Gemenne, F., Caroline, Z., & De Bruyckere, L. (2017). *The State of Environmental Migration 2017.* Liège: Presses Universitaires de Liège-IOM.

Guzmán, A., Ríos, M., & Valencia, J. (2017). olíticas públicas participativas, desplazamiento forzado ambiental y cambio climático. *Revista Virtual Universidad Católica del Norte*, 233–251.

IDEAM, PNUD, MADS, DNP, & Cancillería. (2017). *Análisis de Vulnerabilidad y Riesgo por Cambio Climático en Colombia. Tercera Comunicación Nacional de Cambio Climático.* Bogotá: IDEAM, PNUD, MADS, DNP, CANCILLERÍA, FMAM.

Ionesco, D., Mokhnacheva, D., & Gemenne, F. (2017). *The Atlas of Environmental Migration.* New York: Routledge-IOM. Disponible en: https://www.book2look.com/embed/9781317693093.

IPCC. (2014). Human Security. En IPCC, *Impacts, Adaptation and Vulnerability. Part A: Global and Sectoral Aspects. Contribution of Working Group II to the Fifht Assessment Report of the Intergovernmental Panel on Climate Change* (págs. 755–791). Cambruidge: Cambridge University Press.

IPCC. (27 de marzo de 2018). *Climate Change: The IPCC Impacts Assessment (1990).* Obtenido de sitio web del Intergovernmental Panel on Climate Change: http://www.ipcc.ch/publications_and_data/publications_ipcc_first_assessment_1990_wg2.shtml

McAdam, J. (2010). El desplazamiento provocado por el cambio climático y el derecho internacional. *Evento Paralelo al Diálogo del Alto Comisionado sobre los Desafíos en Materia de Protección.* Ginebra.

Mesa, G. (2015). Conflictividad y desplazamiento ambiental: elementos jurídico-políticos de justicia ambiental y reparación a sociedades tradicionales. *Revista Catalana de Dret Ambiental,* 1–50.

Ministerio del Interior y de Justicia. (7 de Octubre de 2008). Decreto 3905 de 2008. Bogotá: http://www.minambiente.gov.co/images/normativa/decretos/2008/dec_3905_2008.pdf.

Myers, N. (2002). Environmental refugees: a growing phenomenon of the 21st century. Philosophical Transactions of the Royal Society of London. *Philosophical Transactions B. Biological Sciences,* 609–613.

Naciones Unidas. (17 de Abril de 2018). *Acuerdo de París.* Obtenido de sitio web de Naciones Unidas: https://unfccc.int/resource/docs/2015/cop21/spa/l09s.pdf

Naciones Unidas. (31 de Marzo de 2018). *Acuerdo de París.* Obtenido de sitio web de Naciones Unidas: https://documents-dds-ny.un.org/doc/UNDOC/LTD/G15/283/22/PDF/G1528322.pdf?OpenElement

Naciones Unidas. (28 de Marzo de 2018). *Informe de la Conferencia de las Partes sobre su 18° período de sesiones, celebrado en Doha del 26 de noviembre al 8 de diciembre de 2012.* Obtenido de sitio web de United Nations Climate Change: http://unfccc.int/resource/docs/2012/cop18/spa/08a01s.pdf#page=

Oetzel, R., & Ruiz, S. (2017). *Movilidad humana,desastres naturales y cambio climático en América Latina. De la comprensión a la acción.* Ecuador: Ministerio Federal de Cooperación Económica y Desarrollo-Deutsche Gesellschaft für Internationale Zusammenarbeit (GIZ).

OIM. (2006). *Glosario sobre Migración*. Ginebra.

OIM. (2015). *Guía diagnóstica de migración humana por*. Bogotá: Organización Internacional para las Migraciones.

PNUD, P. d. (2010). *El cambio climático en Colombia y en el Sistema de las Naciones Unidas. Revisión de riesgos y oportunidades asociados al cambio climático*. Bogotá.

Refugee Studies Centre. (2011). *Protecting environmentally displaced people Developing the capacity of legal and normative frameworks*. Oxford: Oxford Department of International Development.

Robles, S. (2009). *Impactos del reasentamiento por vulnerabilidad en áreas de alto riesgo. Bogotá, 1991–2005*. Bogotá: Universidad Nacional de Colombia.

Rubiano, S. (2014). la protección del desplazamiento forzado por desastres ambientales en Colombia: hacia una perspectiva de derechos humanos. En J. Beltrão, J. Monteiro, I. Gómez, E. Pajares, F. Paredes, & Y. Zuñiga, *Derechos Humanos de los Grupos Vulnerables. Manual* (págs. 431–475). Barcelona: Red de Derechos Humanos y Educación Superior.

Serje, M. (2011). Los dilemas del reasentamiento. Introducción a los debates sobre procesos y proyectos de reasentamientos. En M. Serje, & S. Anzellini, *Los dilemas del reasentamiento. Debates y experiencias de la Mesa Nacional de Diálogos sobre Reasentamiento* (págs. 17–42). Bogotá: Ediciones Uniandes.

UNFCCC. (31 de Marzo de 2018). *El Programa de Trabajo de Nairobi*. Obtenido de https://unfccc.int/files/adaptation/application/pdf/nwpleaflet_0_es.pdf.

UNGRD, U. N. (22 de Octubre de 2017). *Sistema Nacional de Información de Gestión del Riesgo de Desastres*. Obtenido de http://www.gestiondelriesgo.gov.co/snigrd/index.aspx

UNHCR. (2015). *Guía sobre protección de personas por medio de la relocalización planificada ante desastres y cambio ambiental*. Georgetown: UNHCR.

UNISDR. (28 de Marzo de 2018). *Marco de Acción de Sendai para la reducción del riesgo de desastres 2015–2030*. Obtenido de Sitio web de la Oficina de las Naciones Unidas para la Reducción del Riesgo de Desastres: https://www.unisdr.org/files/43291_spanishsendaiframeworkfordisasterri.pdf

Valencia, J. (2014). *Cambio Climático y Desplazamiento Ambiental Forzado: Estudio de Caso en la Ecoregión Eje Cafetero en Colombia*. Armenia: Editorial Universidad La Gran Colombia.

Valencia, J. (2016). Justicia ambiental y acceso a la misma frente al desplazamiento ambiental. En A. Lampis, *Cambio ambiental global, Esatdo y valor público: la cuestión socio-ecológica en América Latina, entre Justicia Ambiental y »Legítima depredación«* (págs. 87–103). Bogotá: Universidad Nacional, Consejo Latinoamericano de Ciencias Sociales, Pontificia Universidad Católica del Perú.

Valencia, J., & Munévar, C. (2014). El desplazamiento ambiental por factores asociados al cambio climático: emergencia social, política y jurídica del cambio ambiental global. En J. Valencia, *Cambio Climático y Desplazamiento Ambiental Forzado: Estudio de caso en la Ecoregión Eje Cafetero en Colombia* (págs. 19–47). Armenia: Editorial Universidad La Gran Colombia.

Valencia, J., Aguirre, A., & Sarmiento, M. (2015). Desafíos de la justicia ambiental y el acceso a la justicia ambiental en el desplazamiento ambiental por efectos asociados al cambio climático. *Luna Azul*, 323–347.

Wilmsen, B., & Webber, M. (2015). What can we learn from the practice of development-forced displacement and resettlement for organised resettlements in response to climate change? *Geoforum 58*, 76–85.

Yelfaanibe, A., & Zetter, R. (2017). Policies and labels for negotiating rights protection for the environmentally displaced in Ghana: the Dagara farmer in perspective. *African Geographical Review, DOI: 10.1080/19376812.2017.1350988*.

Zetter, R. (2017). Why They Are Not Refugees – Climate Change, Environmental Degradation and Population Displacement. *Sirtolaisuus Migration*, 23–28.

Die Oslo Prinzipien als faire Lösung der drohenden ökologischen Katastrophe

Thomas Pogge

In diesem Aufsatz diskutiere ich ein Arbeitsprodukt, das 13 Experten für internationales Recht aus allen Erdteilen in mehrjähriger Zusammenarbeit hervorgebracht haben. Diese *Expertengruppe zum Thema globale Klimapflichten* hat sich zusammengefunden zur Beantwortung der Frage, welche rechtlichen Pflichten hinsichtlich des Erdklimas Staaten heute haben. Dabei sind wir davon ausgegangen, dass es in der Tat solche rechtlich verbindlichen Klimapflichten gibt. Dieser Ausgangspunkt lässt sich bestreiten. Eine populäre Gegenposition, die Staaten selbst oft gern in Umlauf bringen, besagt, dass Staaten keine rechtlich verbindlichen Klimapflichten haben. Zwar haben sich die Staaten im Rahmen ihrer *United Nations Framework Convention on Climate Change* (UNFCC) viele Jahre lang um einen völkerrechtlich verbindlichen Klimavertrag bemüht. Ein solcher Vertrag ist aber nicht zustande gekommen; und am Ende haben die Staaten sich dann, bei ihrer 21. *Conference of the Parties* (COP 21) in Paris darauf geeinigt, das Klimaproblem auf der Basis von freiwilligen Selbstverpflichtungen – den sogenannten *Intended Nationally Determined Contributions* (INDCs) – anzugehen.[1]

Nun stimmt es natürlich, dass unsere Regierungen in den bis 1992 zurückreichenden UNFCC Verhandlungen keine Einigung auf rechtsverbindliche Klimapflichten zustande gebracht haben. Dennoch ist es möglich, dass bestehendes Recht rechtsverbindliche Klimapflichten impliziert. Aus dieser Möglichkeit ergibt sich unsere Leitfrage: Welche rechtlichen Klimapflichten von Staaten lassen sich aus

---

[1] Die Experten weltweit waren sich schnell einig, dass die von den verschiedenen Staaten zugesagten Reformen (INDCs) nicht annähernd hinreichend sind, um die Erderwärmung auch nur auf 2 Grad Celsius zu begrenzen. Letzten Schätzungen zufolge müssen wir bis 2100 mit einer Erwärmung um 2.8 Grad Celsius rechnen, selbst wenn all Länder ihre INDCs einhalten sollten (https://climateactiontracker.org/documents/698/CAT_2019-12-10_BriefingCOP25_WarmingProjectionsGlobalUpdate_Dec2019.pdf).

bestehendem Recht herleiten – aus den international anerkannten Menschenrechten etwa, sowie aus anderen Teilen des internationalen Rechts, dem Umweltrecht, dem Deliktsrecht und dem Privatrecht? Dass es solche Pflichten gibt, war uns von Anfang an plausibel. Ein Staat handelt nicht menschenrechtskonform, wenn er durch leicht vermeidbare Emissionen manchen seiner gegenwärtigen oder zukünftigen Bürger – oder auch manchen gegenwärtigen oder zukünftigen Ausländern – vorhersehbar die Lebensgrundlage entzieht.

Wir haben uns in mehrjähriger Arbeit auf *eine* Formulierung der rechtsverbindlichen Klimapflichten von Staaten geeinigt und diese Interpretation der gegenwärtigen Rechtslage dann, zusammen mit einem rechtlichen Kommentar, als die *Oslo Principles on Global Climate Obligations* veröffentlicht.[2] Dabei geht die Erwähnung von Oslo im Titel auf die Tatsache zurück, dass unser letztes Gruppentreffen – auf großzügige Einladung des *Centre for the Study of Mind in Nature* – vom 27. bis 29. Juni 2014 in Oslo stattgefunden hat.

Nach Veröffentlichung der Oslo Prinzipien hat eine neu zusammengestellte Gruppe dann die Arbeit fortgesetzt mit der Frage nach den rechtsverbindlichen Klimapflichten von Unternehmen. Auch diese Arbeit ist inzwischen abgeschlossen mit der Veröffentlichung der *Principles on Climate Obligations of Enterprises* mit rechtlichem Kommentar.[3] Obwohl ich auch an diesem zweiten Projekt beteiligt war, konzentriere ich mich in diesem Aufsatz ausschließlich auf die Oslo Prinzipien.

1. Die Expertengruppe zum Thema globale Klimapflichten

Ich beginne damit, die Autorengruppe, die sich unter dem Namen *Expert Group on Global Climate Obligations* konstituiert hat, kurz vorzustellen. Sie bestand aus folgenden Mitgliedern:

---

[2] *Oslo Principles on Global Climate Obligations* (The Hague: Eleven International Publishing 2015). Übersetzungen der Prinzipien ins Deutsche, Französische, Griechische, Italienische und Spanische, zusammen mit dem englischen Original und dem englischen Rechtskommentar sind unter https://globaljustice.yale.edu/oslo-principles-global-climate-change-obligations zu finden.
[3] *Principles on Climate Obligations of Enterprises* (The Hague: Eleven International Publishing 2017). Auch einsehbar unter https://climateprinciplesforenterprises.org/resources.

Die Oslo Prinzipien als faire Lösung der drohenden ökologischen Katastrophe

Antonio Benjamin, Richter am Hohen Gerichtshof (Tribunal Superior de Justiça) von Brasilien.
Michael Gerrard, Andrew Sabin Professor of Professional Practice und Direktor des Sabin Center for Climate Change Law an der Columbia Universität.
Toon Huydecoper, pensionierter Generalanwalt am Obersten Gerichtshof (Hoge Raad) der Niederlande.
Michael Kirby, pensionierter Richter am Obersten Gerichtshof (High Court) von Australien.
M. C. Mehta, Anwalt vor dem Obersten Gerichtshof (Supreme Court) von Indien.
Thomas Pogge, Leitner Professor of Philosophy and International Affairs und Gründungsdirektor des Global Justice Program an der Yale Universität.
Qin Tianbao, Professor für Umwelt- und Internationales Recht an der Wuhan Universität in China.
Dinah Shelton, emeritierte Manatt/Ahn Professorin für Internationales Recht an der George Washington Universität und ehemalige Präsidentin der Inter-Amerikanischen Kommission für Menschenrechte.
James Silk, Binger Clinical Professor of Human Rights und Direktor der Allard K. Lowenstein International Human Rights Clinic und des Orville H. Schell, Jr. Center for International Human Rights an der Yale Universität.
Jessica Simor QC, Anwältin (barrister) bei Matrix Chambers in London.
Jaap Spier, pensionierter Generalanwalt am Obersten Gerichtshof (Hoge Raad) der Niederlande und Honorarprofessor an den Universitäten Maastricht und Stellenbosch in Südafrika. Spier fungierte als Berichterstatter der Expertengruppe.
Elisabeth Steiner, pensionierte Richterin am Europäischen Gerichtshof für Menschenrechte und Anwältin in der Kanzlei Lansky, Ganzger + Partner in Wien.
Philip Sutherland, Professor an der Universität Stellenbosch in Südafrika.
Mitglieder der Expertengruppe haben sich an dem Projekt als Privatpersonen beteiligt, nicht im Namen ihrer Organisationen. Ihre Titel und Arbeitsverhältnisse sind hier nur zu Identifikationszwecken aufgeführt.

2. Der empirische Hintergrund der Oslo Prinzipien

Die spezifischen Klimapflichten von Staaten ergeben sich aus der Kombination von (i) rechtsgültigen normativen Prinzipien und (ii) empirischen Gegebenheiten. Die in den Oslo Prinzipien formulierten rechtsgültigen normativen Prinzipien lassen sich am besten im Kontext des gegenwärtigen Forschungsstands hinsichtlich der relevanten Klimafakten explizieren.

Die Frage nach den Klimapflichten von Staaten wird nahegelegt durch den Zustand, in dem unser Planet und seine Atmosphäre sich befinden bzw. nach menschlichem Ermessen in näherer Zukunft befinden werden. Sollten gegenwärtige Trends sich fortsetzen, dann wird es zu einer massiven Klimakatastrophe kommen, mit riesigen Landverlusten durch Anstieg des Meeresspiegels, mit Versalzung von Grundwasser und landwirtschaftlichen Nutzflächen, mit akutem Mangel an Nahrungsmitteln, mit erheblich zunehmender Gefährdung durch Infektionskrankheiten, mit unerträglich heißen Temperaturen und mit Aussterben von Tausenden von Tier- und Pflanzenarten. Diese drohende Klimakatastrophe wird nicht alle Menschen in arge Bedrängnis bringen, aber doch mehrere Milliarden Menschen, vor allem die ärmeren Völker in den tropischen Regionen.

Die Gefahr einer Klimakatastrophe besteht wegen der rapiden Erderwärmung, die durch anthropogene Treibhausgase – das heißt durch menschliche Emissionen solcher Gase und durch Änderungen der Flächennutzung (Waldrodung, Tierhaltung) – angetrieben wird. Diese Erderwärmung wird als Differenz definiert zwischen der gegenwärtigen Durchschnittstemperatur an der Erdoberfläche und der Durchschnittstemperatur, die bei Anbruch der Industrialisierung, also in der Mitte des 18. Jahrhunderts vorherrschte. Die Erderwärmung beträgt zurzeit etwa 1,1 Grad Celsius.[4] Umgelegt auf 270 Jahre klingt diese Zahl nicht besonders beunruhigend – nur 0,4 Grad pro Jahrhundert! In Wirklichkeit ist unsere Situation jedoch sehr viel bedrohlicher. Das liegt daran, dass der auf menschliche Aktivitäten rückführbare Temperaturanstieg nicht linear verläuft sondern sich rapide beschleunigt.

Warum das so ist, können wir anhand des wichtigsten von uns emittierten Treibhausgases, Kohlenstoffdioxyd (CO_2), analysieren. Je mehr Kohlenstoffdioxyd sich in der Atmosphäre befindet, desto mehr

---

[4] Siehe www.climate-lab-book.ac.uk/2017/defining-pre-industrial.

Die Oslo Prinzipien als faire Lösung der drohenden ökologischen Katastrophe

zusätzliche Sonnenwärme wird von der Atmosphäre eingefangen. Bei Anbruch der Industrialisierung lag der Volumenanteil von Kohlenstoffdioxyd in der Atmosphäre bei etwa 277 Millionsteln.[5] In den folgenden 210 Jahren (1750–1960) stieg dieser Volumenanteil um 40 auf 317 Millionstel an.[6] Seither ist er, in nur 60 Jahren, um weitere 97 auf 414 Millionstel gestiegen, und in den letzten Jahren hat der Anstieg sogar 2,5 Millionstel pro Jahr betragen.[7] Die durch anthropogene Treibhausgase verursachte zusätzliche Energiezufuhr hat sich also seit 1960 ganz erheblich verstärkt – und verstärkt sich weiterhin.

Die durch ein anthropogenes Treibhausgas zusätzlich eingefangene Sonnenwärme ist ungefähr proportional zum Logarithmus der Konzentration des betreffenden Gases in der Atmosphäre – beim Kohlenstoffdioxyd gemäß folgender Näherungsformel:

$$\Delta E = 5{,}35 \cdot \ln(C/C_0) \text{ W/m}^2$$

wobei ΔE die Differenz in der Energiezufuhr (in Watt pro Quadratmeter Erdoberfläche) bezeichnet, C den gegenwärtigen Kohlenstoffdioxydanteil in der Atmosphäre und C_0 den Kohlenstoffdioxydanteil im Basisjahr. Anthropogenes Kohlenstoffdioxyd führt der Erde zurzeit also laufend rund dreimal so viel zusätzliche Energie zu wie das noch 1960 der Fall war.[8] Diese zusätzliche Energiezufuhr beläuft sich zurzeit auf etwa 1100 Terawatt[9] aus anthropogenem Kohlenstoffdioxyd, bzw. auf über 1600 Terawatt, wenn man alle anderen Treibhausgase mit einbezieht.[10]

---

[5] Wissenschaftler sprechen hier von ppmv, das heißt, »parts per million volume«.
[6] Siehe https://www.esrl.noaa.gov/gmd/ccgg/trends/data.html.
[7] Siehe https://www.esrl.noaa.gov/gmd/ccgg/trends/data.html.
[8] Berechnung: ln(414/277) / ln(317/277) = 0,402/0,135 = 2.98
[9] Berechnung: $5{,}35 \cdot \ln(414/277)$ W/m² $\cdot$ 510.000.000 km² = $5{,}35 \cdot 0{,}402$ W/m² $\cdot$ 510.000.000.000 m² = 1097 TW (= 1097 Milliarden kW).
[10] Das sind $1600 \cdot 10^{12}$ Watt oder 3,1 Watt pro Quadratmeter Erdoberfläche (siehe https://en.wikipedia.org/wiki/Radiative_forcing; wenn man auch sehr kurzlebige Gase wie Ozon (O_3) einbezieht, kommt man auf höhere Werte um 3,5 Watt pro Quadratmeter (ebenda) oder insgesamt 1800 Terawatt. Pro Sekunde sind das 430 Milliarden Kilokalorien; das entspricht der Sprengkraft von 430.000 Tonnen TNT oder 28 Hiroshima Bomben (900 Millionen Hiroshima Bomben pro Jahr). Pro Sekunde! Zum Vergleich: Der laufende Energieverbrauch der Menschheit, der ja maßgeblich zum wachsenden Treibhausgasanteil in der Atmosphäre beiträgt, liegt bei nur einem Bruchteil, nämlich bei 19 Terawatt. Andererseits liegt die Sonnenenergie, die laufend auf die Erde einstrahlt, bei 173.000 Terawatt. Davon reflektiert die Erde 29 % und sie absorbiert 71 % also 123.000 Terawatt. Der bisher erfolgte anthropogene Treibhausgasanstieg in der Erdatmosphäre erhöht also unsere Wärmeenergiezufuhr

Die rapide Beschleunigung des Temperaturanstiegs geht vor allem darauf zurück, dass anthropogene Treibhausgase sich in der Erdatmosphäre ansammeln, und das mit zunehmender Geschwindigkeit. Die Intensität der gegenwärtigen Erwärmung reflektiert nicht nur die Auswirkungen unserer gegenwärtigen, sondern auch die unserer vergangenen Aktivitäten. Und das wird sich in die Zukunft fortsetzen. Ein großer Teil der von unseren vergangenen Emissionen verursachten Erderwärmung ist noch gar nicht eingetreten. So hat zum Beispiel das von uns in den ersten 20 Jahren dieses Jahrhunderts hinzugefügte Kohlenstoffdioxyd bisher (2020) erst ein Fünftel seiner erwärmenden Wirkung ausgeübt – die anderen vier Fünftel dieser Erderwärmung stehen noch bevor.[11] Um die vom Klimawandel ausgehende Gefahr für die Menschheit zu begreifen, müssen wir also nicht nur die schon eingetretene Erderwärmung berücksichtigen, sondern auch die zusätzliche Erwärmung, die die von der Menschheit der Atmosphäre bereits hinzugefügten Treibhausgase noch verursachen werden. Dazu kommen dann noch unsere weiterhin anwachsenden zukünftigen Emissionen, die den Anteil verschiedener Treibhausgase in der Atmosphäre weiter nach oben treiben werden. Wenn wir so weitermachen, wie bisher, dann kann die atmosphärische Konzentration von Kohlenstoffdioxyd bis zum Jahr 2100 leicht die 800 Millionstel Grenze durchstoßen, womit das vorindustrielle Niveau verdreifacht wäre.[12] Die von anthropogenem Kohlenstoffdioxyd zusätzlich eingefangene Sonnenwärme würde sich dadurch von heute 1100 auf rund 2900 Terawatt erhöhen.[13]

---

von der Sonne um rund 1,46 Prozent (1800/123.000). Diese zusätzliche Energiezufuhr reicht aus, um alle 22 Monate ein Prozent der auf der Erde befindlichen 30,6 Millionen Gigatonnen Eis abzuschmelzen oder um jedes Jahr die 1,26 Milliarden Gigatonnen Wasser um ein Hundertstel Grad Celsius zu erwärmen.

[11] Berechnet aufgrund der Tatsache, dass jährlich etwa 2,5 % des von uns der Erdatmosphäre zusätzlich zugeführten Kohlenstoffdioxyds von Pflanzen und Ozeanen absorbiert werden (siehe http://euanmearns.com/the-half-life-of-co2-in-earths-atmosphere-part-1). Zurzeit enthält die Atmosphäre 1071 Gigatonnen mehr Kohlenstoffdioxyd als 1750, von denen also jedes Jahr rund 27 Gigatonnen absorbiert werden. Weil wir der Atmosphäre aber – durch unsere Emissionen und veränderte Flächennutzung – rund 43 Gigatonnen Kohlenstoffdioxyd pro Jahr hinzufügen (https://www.scientificamerican.com/article/co2-emissions-will-break-another-record-in-2019/), ergibt sich ein Nettoanstieg von etwa 16 Gigatonnen pro Jahr, was einer Erhöhung des Volumenanteils von Kohlenstoffdioxyd in der Atmosphäre um gut 2 Millionstel (ppmv) entspricht.

[12] Siehe www.ipcc-data.org/observ/ddc_co2.html.

[13] Die zusätzlich eingefangene Sonnenenergiezufuhr betrüge $5.35 \cdot \ln(800/277) =$

Die Oslo Prinzipien als faire Lösung der drohenden ökologischen Katastrophe

Dieser dauernde zusätzliche Wärmegewinn führt nicht zu einem unbegrenzten Temperaturanstieg der Erdoberfläche, denn je wärmer die Erde wird, desto mehr Wärmeenergie strahlt sie ins All ab. Eine auf Veränderung der Atmosphäre zurückgehende Erderwärmung findet also dort ihre Grenze, wo diese zusätzlich abgestrahlte Erdwärme der zusätzlich absorbierten Sonnenwärme gerade die Waage hält. Für die Gefahrenabschätzung maßgeblich ist diejenige durchschnittliche Oberflächentemperatur, auf die sich die Erde bei einer bestimmten Zusammensetzung ihrer Atmosphäre langfristig einpendeln würde. Für diese werde ich den Ausdruck *Tendenzialtemperatur* verwenden.

Wer sich auf den bislang eingetretenen Temperaturanstieg von 1,1 Grad Celsius konzentriert, unterschätzt also die drohende Gefahr in zweifacher Hinsicht. Erstens liegt der mit der gegenwärtigen Zusammensetzung der Erdatmosphäre assoziierte Tendenzialtemperaturanstieg erheblich höher. Und zweitens erhöhen wir weiterhin ständig den Treibhausgasanteil in der Atmosphäre, wodurch diese Tendenzialtemperatur selbst immer weiter nach oben getrieben wird.

Es wäre gut, wenn wir den Einfluss unserer Emissionen auf die Tendenzialtemperatur vorab ausrechnen könnten. Solche Berechnungen sind jedoch mit ganz erheblichen Ungewissheiten behaftet, die hauptsächlich auf verschiedene Feedbackeffekte zurückgehen. Die Natur reagiert auf die von uns verursachte Erwärmung und auch auf die von uns verursachte Veränderung in der Zusammensetzung der Atmosphäre; und diese Reaktionen können den von uns verursachten Temperaturanstieg verstärken oder abschwächen (positive und negative Feedbackeffekte).

Ein positiver Feedbackeffekt tritt beispielsweise dann auf, wenn die Erwärmung der Erdoberfläche deren Albedo verringert.[14] Das passiert etwa dadurch, dass die Erdoberfläche in den Polargebieten durch Abschmelzen von Schnee und Eis dunkler wird und deshalb mehr Sonnenstrahlung absorbiert, die andernfalls ins All zurückgespiegelt worden wäre. Eine verringerte Albedo verstärkt also die Erderwärmung und erhöht die Tendenzialtemperatur an der Erdoberfläche.

Die Erderwärmung beeinflusst auch die Wolkenbildung. Das

5,67 W/m². Multipliziert mit der Erdoberfläche von $510 \cdot 10^{12}$ Quadratmetern wären das 2894 Terawatt.
[14] Die Albedo ist die »Weißheit« der Erdoberfläche, die als Quotient gemessen wird. Die Albedo ist der Bruchteil der auf eine Oberfläche einfallenden Strahlung, der von dieser Oberfläche wieder reflektiert wird. Die Albedo der Erde liegt zurzeit bei 0,29.

kann ebenfalls zu einer Albedoveränderung führen – wahrscheinlich, bei erhöhter Wolkenbildung, zu einer Albedoerhöhung mit abkühlender Wirkung. Andererseits ist allerdings Wasserdampf selbst ein (und sogar das wichtigste) Treibhausgas, wodurch erhöhte Wolkenbildung die Erderwärmung noch verstärkt. Ein ähnlicher positiver Feedbackeffekt kommt dadurch zustande, dass die Erderwärmung zusätzliche Treibhausgase aus der Natur freisetzt, zum Beispiel durch Auftauen bzw. Zusammenschrumpfen der riesigen Permafrostregionen in Nordkanada, Alaska, Grönland und Ostsibirien, unter denen sich gigantische aber nicht genau quantifizierte Mengen von Methan (CH_4) verbergen.[15]

Ein wichtiger negativer Feedbackeffekt besteht darin, dass die Atmosphäre, wenn sie mehr Kohlenstoffdioxyd enthält, auch mehr Kohlenstoffdioxyd abgibt an Ozeane, Pflanzen und Böden. Diese Absorptionsprozesse nehmen der Atmosphäre zurzeit knapp die Hälfte des von uns emittierten Kohlenstoffdioxyds wieder ab. Das verlangsamt den Anstieg des Kohlenstoffdioxydanteils in der Atmosphäre.[16] Allerdings wird dieser negative Feedbackeffekt langsam dadurch abgeschwächt, dass Ozeane, je wärmer sie werden, desto weniger Kohlenstoffdioxyd aufnehmen. Bei zunehmender Erwärmung der Ozeane könnten diese letztlich sogar insgesamt mehr Kohlenstoffdioxyd an die Atmosphäre abgeben als sie von ihr aufnehmen,[17] wodurch sich dann der Kohlenstoffdioxydanteil in der Atmosphäre wieder erhöhen würde.

Obwohl das Klimasystem hochkomplex ist, sich beim gegenwärtigen wissenschaftlichen Erkenntnisstand drei wesentliche Punkte herausheben.

---

[15] Die erwärmende Wirkung von Methangas ist viel größer als die von Kohlenstoffdioxid. Über einen 20-jährigen Zeithorizont verursacht eine Tonne Methan etwa so viel Erwärmung wie 86 Tonnen Kohlenstoffdioxid. Über einen 100-jährigen Zeithorizont ist das Verhältnis 28:1 (Methan wird in der Atmosphäre schneller abgebaut als Kohlenstoffdioxyd).
[16] Siehe Fußnote 11. Dennoch ist dieses Phänomen nicht unbedingt begrüßenswert, denn es treibt ja auch den Kohlenstoffdioxydanteil am Meereswasser nach oben, mit Versauerung der Meere. Seit Anbruch der Industrialisierung ist der pH-Wert der Meere um rund 0.11 gefallen (https://de.wikipedia.org/wiki/Versauerung_der_ Meere), was einem Anstieg des Säuregehalts um 29 % entspricht. Dieses Versauern der Meere bedroht in erster Linie das Überleben von kalkskelettbildenden Lebewesen, was erhebliche Störungen der Nahrungsketten in den Ozeanen zur Folge haben kann.
[17] Siehe http://notrickszone.com/2013/10/08/carbon-dioxide-and-the-ocean-tempe rature-is-driving-co2-and-not-vice-versa.

Die Oslo Prinzipien als faire Lösung der drohenden ökologischen Katastrophe

Erstens. Es besteht die Gefahr einer verheerenden Klimakatastrophe. Diese Gefahr liegt am Ende einer komplexen Kausalkette: Hohe Treibhausgasemissionen und Änderungen der Flächennutzung führen zu einer erheblich erhöhten Konzentration dieser Gase in der Atmosphäre. Dadurch absorbiert die Erde mehr der auf sie abgestrahlten Sonnenenergie, was zu einer erheblichen und nachhaltigen Erwärmung unseres Planeten führt. Es ist durchaus möglich, dass der Anstieg der Durchschnittstemperatur an der Erdoberfläche am Ende dieses Jahrhunderts bereits 4,5 Grad Celsius betragen wird.[18]

Zweitens. Die von anthropogenen Treibhausgasen angerichteten Schäden werden leicht unterschätzt, weil sie mit großer Verzögerung auftreten. Ein heute ausgelöster Anstieg des Kohlenstoffdioxydanteils in der Atmosphäre wird ungefähr die Hälfte seiner erderwärmenden Wirkung innerhalb der nächsten 27 Jahre entfalten, die andere Hälfte in der noch ferneren Zukunft. Infolge dieser Verzögerung liegt die mit der heutigen Zusammensetzung der Erdatmosphäre assoziierte Tendenzialtemperatur weit höher als die heute gemessene Durchschnittstemperatur an der Erdoberfläche. Dasselbe wird auch am Ende des Jahrhunderts gelten: Der dann gemessene Temperaturanstieg seit Beginn der Industrialisierung wird erheblich geringer sein als der Tendenzialtemperaturanstieg, der in der Folgezeit noch auf die Menschheit zukommen wird. Und es dauert zusätzliche Jahrzehnte, bis ein an der Erdoberfläche realisierter Temperaturanstieg seine volle Wirkung entfaltet – zum Beispiel auf die Höhe des Meeresspiegels. Der Anstieg des Meeresspiegels hört erst dann auf wenn erstens die Temperatur des Meerwassers ihr neues Gleichgewicht erreicht hat[19] und zweitens die Masse des über dem Meeresspiegel liegenden Landeises auf einen neuen Gleichgewichtswert reduziert wurde.[20]

---

[18] Siehe https://www.co2.earth/2100-projections (»business as usual«).
[19] Es wird Jahrhunderte dauern, bis die Ozeane ihr neues Temperaturniveau erreichen. Dabei expandiert das Meerwasser, was den Meeresspiegel um ca. 4 Meter pro Grad Celsius anhebt (www.mpimet.mpg.de/en/communication/climate-faq/how-much-will-the-sea-level-rise). Zurzeit beträgt die thermale Expansion der Ozeane 470 Kubikkilometer pro Jahr, wodurch der Meeresspiegel um jährlich 1,3 Millimeter ansteigt (https://www.earth-syst-sci-data.net/10/1551/2018/).
[20] Auch das Abschmelzen von Eismassen dauert Jahrhunderte. Das über dem Meeresspiegel liegende Landeis, meistenteils in Grönland und der Antarktis, beläuft sich heute auf rund 24 Millionen Gigatonnen (26 Millionen Kubikkilometer). Für jedes Prozent dieses Eises, das wegschmilzt, steigt der Meeresspiegel um ungefähr 72 Zentimeter an. Selbst wenn der anthropogene Temperaturanstieg sich bald stabilisieren

Drittens. Das Klimasystem der Erde ist hochkomplex, so dass wir – trotz ausgezeichneter Arbeit der Klimawissenschaftler – die Folgen unserer Aktivitäten nur abschätzen, nicht vorausberechnen können. Diese Schätzungen arbeiten oft mit Wahrscheinlichkeiten, etwa in dieser Form: »Wenn die Menschheit den Kohlenstoffdioxydanteil der Erdatmosphäre unter 450 ppmv stabilisiert, dann besteht eine 40-prozentige Wahrscheinlichkeit, dass der Anstieg der Durchschnittstemperatur an der Erdoberfläche sich unter 2 Grad Celsius einpendeln wird.« Diese Aussage bedeutet, dass 40 Prozent unserer jetzigen Klimamodelle diese Voraussage implizieren. Was wirklich passieren wird oder würde, bleibt ungewiss, denn wir wissen ja nicht, welches unserer heutigen Modelle der Realität am besten entspricht. Die hieraus resultierende erhebliche Ungewissheit gemahnt zur Vorsicht, zur Beherzigung des Vorsorgeprinzips (precautionary principle). Wenn wir es vermeiden wollen, die Menschen künftiger Generationen erheblich zu schädigen, dann müssen wir konservativ planen – etwa indem wir uns auf die Möglichkeit vorbereiten, dass positive Feedbackeffekte recht stark, und negative Feedbackeffekte eher schwach ausfallen mögen.

Dieselbe Ungewissheit fließt auch in die Diskussion rechtlicher Klimapflichten ein, welcher ich mich jetzt zuwenden werde. Wir sind unbedingt rechtlich dazu verpflichtet, keine verheerende Klimakatastrophe auszulösen. Die sich aus dieser Pflicht ergebenden konkreten Verpflichtungen zu vorsichtigem Verhalten sind jedoch durch empirische Erkenntnisse vermittelt. Mit fortlaufender Veränderung unseres Erkenntnisstandes können sich hier also die von Staaten und Unternehmen geforderten Anstrengungen verstärken oder abschwächen.

---

sollte, würden noch etliche Prozent dieses Eises abschmelzen und den Meeresspiegel dementsprechend anheben. Ein neues Gleichgewicht würde aber erst in Jahrtausenden erreicht werden. Zurzeit schmelzen jährlich 413 Gigatonnen Landeis (https://climate.nasa.gov/vital-signs/land-ice/), wodurch der Meeresspiegel um 1,14 Millimeter steigt. Bei dieser Schmelzgeschwindigkeit würde es 581 Jahre dauern, bis das erste Prozent Landeis weggeschmolzen sein wird. – Allerdings: Durch fortdauernden Temperaturanstieg beschleunigt sich die Eisschmelze erheblich; und außerdem besteht die Gefahr, dass riesige Eismassen ins Meer rutschen, was einen sofortigen Anstieg des Meeresspiegels zur Folge hätte.

3. Der normative Gehalt der Oslo Prinzipien

Für die Oslo Prinzipien ist zentral die in ihnen und dem zugehörigen rechtlichen Kommentar begründete Rechtspflicht von Staaten, die drohende Klimakatastrophe mit hinreichend hoher Wahrscheinlichkeit abzuwenden. Die Begründung dieser Rechtspflicht beruht auf einer holistischen Interpretation verschiedener nationaler, regionaler und internationaler Rechtsquellen, insbesondere auf den international als rechtsverbindlich anerkannten Menschenrechten, wie etwa den Rechten auf Leben, Wasser, Nahrung und Gesundheit, sowie dem Recht auf eine saubere Umwelt.[21] Um diesen menschlichen Grundbedürfnissen langfristigen Rechtsschutz zu sichern, ist es notwendig, die zu lösende Aufgabe und dann auch die von den verschiedenen Akteuren zu leistenden Lösungsbeiträge genauer zu spezifizieren.

Bei der Formulierung der Aufgabe, die wir gemeinsam zu lösen rechtlich verpflichtet sind, können wir uns an die Vorgaben der Klimawissenschaftler halten. Ihnen zufolge wird die Menschheit mit hoher Wahrscheinlichkeit katastrophale Klimaschäden abwenden, wenn sie einen Anstieg der Durchschnittstemperatur an der Erdoberfläche um mehr als 2 Grad Celsius vermeidet. Um diese Obergrenze einzuhalten, müssen wir die Ansammlung von Treibhausgasen in der Atmosphäre erheblich verlangsamen und langfristig sogar zurückfahren. Dies wiederum erfordert, dass wir unsere Treibhausgasemissionen erheblich verringern und auch unsere Flächennutzung entsprechend anpassen.

Es ist klar, dass die erforderliche Entkarbonisierung nur in beschränktem Umfang durch private Verzichtleistungen erfolgen kann. Sie erfordert eine tiefgreifende Umstellung unserer Infrastruktur: Energieversorgung, Industrie, Landwirtschaft und Verkehr. So, wie die Welt heute organisiert ist, können nur Staaten eine solche strukturelle Umstellung planen und durchsetzen; und die Oslo Prinzipien sind deshalb auf die Klimapflichten von Staaten fokussiert.[22] Damit

---

[21] *Allgemeine Erklärung der Menschenrechte*, Artikel 3 und 25. *Internationaler Pakt über bürgerliche und politische Rechte*, Artikel 6. *Internationaler Pakt über wirtschaftliche, soziale und kulturelle Rechte*, Artikel 11 und 12.
[22] Insofern Staaten ihre Klimapflichten nicht erfüllen, sind allerdings auch Unternehmen in der Lage, die erforderliche Umstellung erheblich zu befördern, und wir haben deshalb unser zweites Arbeitsprojekt den rechtlichen Klimapflichten von Unternehmen gewidmet (siehe oben, Fußnote 3).

konkretisiert sich die Frage nach der Umlegung unserer Kollektivverpflichtung zur Frage, wie die einzelnen Staaten jetzt und in der Zukunft ihre Treibhausgasemissionen jeweils so einschränken müssen, dass unsere Kollektivverpflichtung (Einhaltung der Obergrenze von +2 Grad Celsius) erfüllt wird.

Diese Frage wirft ein zweidimensionales Verteilungsproblem auf, insofern die kollektive Emissionsbegrenzung sowohl räumlich, auf die verschiedenen Staaten, als auch zeitlich, auf zukünftige Jahre umzulegen ist. Die Oslo Prinzipien lösen dieses Problem auf der Basis zweier Grundsätze. Erstens beruhen die Ansprüche, die Staaten auf einen Teil der verbleibenden Absorptionskapazität der Erdatmosphäre haben, auf den Ansprüchen der in ihnen lebenden Menschen. Und zweitens haben alle diese Menschen gleiche Ansprüche.

Der Grundsatz gleicher Ansprüche mag plausibel klingen, aber es ist doch zunächst unklar, wie er konkretisiert werden soll. Die Oslo Prinzipien interpretieren faire Gleichbehandlung unter den Generationen so, dass jede mit der proportional gleichen Reduktionsaufgabe belastet wird. Dies ist erfüllt, wenn die der Erdatmosphäre hinzugefügten anthropogenen Treibhausgase jedes Jahr um denselben Prozentsatz abnehmen. Welcher Prozentsatz das mindestens sein muss, um die +2 Grad Grenze einzuhalten, muss von den Wissenschaftlern ermittelt werden. Bei dieser Abschätzung ist zu berücksichtigen, dass die verschiedenen Treibhausgase sich stark darin unterscheiden, wie schnell sie in der Atmosphäre abgebaut werden. Je länger der gewählte Zeithorizont, desto größeres Gewicht ist den langlebigeren Treibhausgasen beizumessen. Die konventionelle Lösung wählt einen Zeithorizont von 100 Jahren[23] und benutzt dann die von einer Tonne Kohlenstoffdioxyd über die folgenden 100 Jahre produzierte Erderwärmung als allgemeine Maßeinheit für alle Treibhausgase. Diese Maßeinheit wird als CO_2e oder CO_2eq ausgedrückt. Eine heute freigesetzte Tonne Methangas, (CH_4), zum Beispiel, wird über die nächsten 100 Jahre so viel Erderwärmung auslösen wie 28 Tonnen Kohlenstoffdioxyd und zählt deswegen als 28 Tonnen CO_2eq. Damit ist Methangas zurzeit das zweitwichtigste Treibhausgas: Wir fügen der Erdatmosphäre jährlich rund 600 Millionen Tonnen dieses Gases hinzu, was 16,8 Gigatonnen CO_2eq entspricht – im Vergleich zu den

---

[23] GWP_{100}. Aber manchmal werden die Äquivalenzen auch mit Zeithorizonten von 20 Jahren (GWP_{20}) oder 500 Jahren (GWP_{500}) berechnet. »GWP« steht für »global warming potential« (https://en.wikipedia.org/wiki/Global_warming_potential).

Die Oslo Prinzipien als faire Lösung der drohenden ökologischen Katastrophe

43 Gigatonnen freigesetzten Kohlenstoffdioxyds, welche natürlich, per definitionem, als 43 Gigatonnen CO_2eq gezählt werden.[24] Andere Treibhausgase sind noch weit schädlicher. So hat Tetrafluormethan (CF_4) die 6630-fache Erwärmungswirkung von CO_2 und Schwefelhexafluorid (SF_6) sogar die 23.500-fache.[25] Die Wissenschaftler gehen davon aus, dass eine gleichmäßige Absenkung der von uns laufend freigesetzten anthropogenen Treibhausgase um etwa 5 % jährlich nötig wäre, um die +2 Grad Grenze langfristig einzuhalten. In Gigatonnen CO_2eq ausgedrückt, fangen wir 2020 bei vielleicht 65 an, kommen dann auf 39 Gigatonnen im Jahr 2030, 20 Gigatonnen im Jahr 2043, 14 Gigatonnen CO_2eq im Jahr 2050 und so weiter. Um diesen kollektiven Gleitpfad einzuhalten, muss – solange die Weltbevölkerung weiter zunimmt – unsere jährliche Freisetzung von Treibhausgasen pro Kopf noch stärker als um 5 Prozent abfallen. Zurzeit wächst die Weltbevölkerung um rund 1 Prozent pro Jahr an, also müssen wir die pro-Kopf Freisetzung von Treibhausgasen um jährlich rund 6 % absenken, um die +2 Grad Obergrenze einzuhalten: von derzeit ca. 8,4 Tonnen CO_2eq auf etwa 2,5 Tonnen CO_2eq im Jahr 2040.[26] Sollte das Bevölkerungswachstum sich verlangsamen, dann wäre eine entsprechend verringerte Absenkung ausreichend.

Was sagt uns diese Berechnung über die Klimapflichten von Staaten? Sie sagt uns zunächst einmal, dass die Staaten eine kollektive Pflicht haben, ihre Treibhausgasemissionen so einzuschränken, dass diese Emissionen insgesamt den vorgeschriebenen Gleitpfad einhalten, also von 8,4 Tonnen CO_2eq pro Person um jährlich 6 % abfallen.

Sofern keine nationale Bevölkerung beanspruchen kann, anderen gegenüber bevorzugt zu werden, ist dieser globale Gleitpfad auch für jeden Staat verbindlich. Jeder Staat muss seine pro-Kopf Emissionen unter einer Obergrenze halten, die im Jahr 2020 bei etwa 8,4 Tonnen CO_2eq pro Person liegt und sich von dort jedes Jahr um rund 6 % verringert.

---

[24] Siehe Fußnote 11.
[25] Siehe https://www.ipcc.ch/site/assets/uploads/2018/02/SYR_AR5_FINAL_full.pdf, S. 87; und https://ourworldindata.org/co2-and-other-greenhouse-gas-emissions.
[26] Die 8,4 Tonnen CO_2eq pro Kopf errechnen sich aus 65 Gigatonnen geteilt durch eine Weltbevölkerung von derzeit 7,8 Milliarden.

Infolge der internationalen Arbeitsteilung treten bei der Berechnung nationaler Emissionen allerlei Komplikationen auf, wenn z. B. Stahl oder Zement in China produziert, mit einem liberianischen Schiff exportiert und dann in Kanada oder Australien verbraucht wird. Es ist in solchen Fällen sinnvoll, die bei der Produktion oder beim Transport entstehenden Emissionen dem Verbraucherland zuzuschreiben.[27] Die Nachfrage der Verbraucherländer ist schließlich Auslöser der Produktion. Und die Verbraucherländer haben durchschnittlich auch höhere Emissionen und deshalb, infolge ihrer Klimapflichten, auch stärkere Gründe, umweltfreundlichere Produktion und Produkte zu favorisieren oder ihren Konsum einzuschränken. Eine solche Berechnung der nationalen Emissionen würde die konventionellen Tabellen verändern, Chinas Emissionen um etwa 20 % (von circa 12 auf 9,5 Tonnen CO_2eq pro Kopf) verringern und die Emission der USA um etwa 15 % (von circa 22 auf 25 Tonnen CO_2eq pro Kopf) erhöhen.[28]

Bei der Abschätzung nationaler Emissionen ist weiterhin zu berücksichtigen, dass dabei die Nettoemissionen eines Staates maßgeblich sind, also nicht nur die durch Aktivitäten und Importe einer nationalen Bevölkerung der Erdatmosphäre hinzugefügten, sondern auch die ihr durch solche Aktivitäten entzogenen Treibhausgase. Ein Staat kann also einen übermäßigen Beitrag zu anthropogenen Treibhausgasen auch dadurch vermeiden, dass er (etwa durch Aufforstung oder technische Einrichtungen) der Atmosphäre Treibhausgase dauerhaft entzieht.

Während viele arme Entwicklungsländer kaum ein Fünftel der für 2020 global verbindlichen Obergrenze von 8,4 Tonnen CO_2eq pro Kopf emittieren, liegen andere Länder weit über dieser Obergrenze. Die Staaten Europas emittieren rund das Doppelte ihrer Quote, und die Vereinigten Staaten, Kanada, Australien und Saudi-Arabien liegen sogar beim Dreifachen. Es ist nicht realistisch, von diesen Staaten zu fordern, dass sie ihre Emissionen von einem Jahr zum nächsten unter die im Gleitpfad vorgesehene Obergrenze reduzieren. Um die vorgeschriebene globale Emissionsverringerung dennoch zu errei-

---

[27] In ihrer jetzigen Formulierung sind die Oslo Prinzipien nicht auf diese oder irgendeine Berechnungsmethode im Hinblick auf Importe und Exporte festgelegt.
[28] Siehe z. B. https://www.forbes.com/sites/anaswanson/2014/11/12/heres-one-thing-the-us-does-export-to-china-carbon-dioxide/#530fd8e86a1a und https://www.nytimes.com/2018/09/04/climate/outsourcing-carbon-emissions.html.

Die Oslo Prinzipien als faire Lösung der drohenden ökologischen Katastrophe

chen, erlegen die Oslo Prinzipien solchen Staaten eine Sekundärpflicht auf. Sofern sie die vorgeschriebenen Emissionsverringerungen im eigenen Land nicht umgehend erreichen können, müssen sie in anderen Ländern Emissionsverringerungen erwirken und finanzieren.

Hier ist ein realistisches Beispiel. Um ihre Klimapflichten unter den Oslo Prinzipien zu erfüllen, müsste Österreich seine Treibhausgasemissionen um etwa 30 % oder 30 Millionen Tonnen CO_2eq verringern.[29] Das ist kurzfristig nicht machbar. Aber Österreich könnte dennoch leicht einen äquivalenten Beitrag zur globalen Emissionsverringerung leisten, indem es sich z. B. mit Bangladesch zusammentäte. Bangladesch liegt heute weit unterhalb der von den Oslo Prinzipien vorgesehenen Obergrenze, plant aber in den nächsten Jahren knapp zwei Dutzend neue Kohlekraftwerke mit einer Gesamtkapazität von 19 Gigawatt in Betrieb zu nehmen.[30] Diese neuen Kraftwerke würden jährlich ungefähr 53 Millionen Tonnen Kohle verbrennen und dabei rund 150 Millionen Tonnen CO_2 freisetzen. Damit hätte Bangladesch zwar um knapp eine Tonne höhere pro-Kopf Emissionen, läge aber immer noch erheblich unter den von den Oslo Prinzipien für die nächsten Jahre vorgesehenen Obergrenzen.

Um seine Klimapflichten zu erfüllen, könnte Österreich Bangladesch anbieten, einen Teil der Mehrkosten für eine alternative Energiepolitik zu übernehmen, durch die Bangladeschs Energiebedarf mit geringeren Treibhausgasemissionen zu decken wäre.[31] Bangladesch und Österreich könnten eine Expertengruppe zusammenstellen, die die Nutzbarkeit alternativer Energien in Bangladesch eruieren würde, also Möglichkeiten für Gezeitenkraftwerke, Wellenkraftwerke, Solarkraftwerke, Windparks, Atomkraftwerke, Geothermalkraftwerke und Wasserkraftwerke (die ggf. in den bergigeren Nachbarstaaten Nepal,

---

[29] Diese Menge läge wahrscheinlich höher, wenn man, wie ich befürwortet habe, die auf Importe und Exporte entfallenden Emissionen hinzuzählt beziehungsweise abzieht. So berechnet, liegt Österreich vielleicht um 40 Millionen Tonnen CO_2eq oberhalb der für Österreich derzeit verbindlichen Obergrenze von 74 Millionen Tonnen CO_2eq (8,8 Millionen Einwohner multipliziert mit 8,4 Tonnen CO_2eq pro Einwohner).
[30] https://www.thedailystar.net/star-weekend/meet-the-coal-power-plants-1518427.
[31] Den Oslo Prinzipien gemäß würde sich der von Österreich zu übernehmende Kostenanteil nach der Größe des zwischenzeitlichen Überschusses richten, den Österreich auszugleichen hat. Durch Finanzierung eines Drittels der Umstellungskosten würde Österreich einen jährlichen Überschuss von ca. 50 Millionen Tonnen CO_2 ausgleichen.

Bhutan oder Indien zu bauen wären). Aufgrund dieser Expertenanalyse könnte Bangladesch dann seinen neuen Energieplan zusammenstellen und – mithilfe österreichischer Mehrkostenfinanzierung – dann auch in die Tat umsetzen.

Bangladesch bekäme die Elektrizität, die es für seine Entwicklung braucht, zum ursprünglich vorgesehen Preis – und dazu noch weitere erhebliche Gewinne. Durch eine frühzeitige Umstellung auf erneuerbare Energiequellen blieben Bangladeschs Bevölkerung die enormen Smogprobleme und die dadurch verursachten Krankheitslasten erspart, mit denen viele indische Großstädte derzeit zu kämpfen haben.[32] Außerdem würde Bangladesch sich die Umstellung auf erneuerbare Energiequellen zu einem späteren Zeitpunkt ersparen, wenn die immer weiter absinkende Obergrenze der Oslo Prinzipien die weitere Betreibung der jetzt geplanten Kohlenkraftwerke – vor Ablauf ihrer betriebsgewöhnlichen Nutzungsdauer von ca. 40 Jahren – verbieten würde. Österreich würde seinen vollen fairen Beitrag zur globalen Emissionsverringerung leisten ohne einen wirtschaftlich katastrophalen rapiden Abfall seiner eignen Emissionen auslösen zu müssen. Österreich bliebe weiterhin verpflichtet, auf den von den Oslo Prinzipien vorgeschrieben Gleitpfad einzuschwenken, könnte sich dabei aber mehr Zeit lassen und dadurch sehr viel überlegter und kostengünstiger vorgehen.

Die hier skizzierte Zusammenarbeit zwischen Bangladesch und Österreich würde somit einen erheblichen wirtschaftlichen Kollektivgewinn abwerfen, der durch Einsparung der Brennstoffkosten noch erheblich vergrößert würde (die Kohle für Bangladeschs geplante Kohlekraftwerke würde beim gegenwärtigen Kohlepreis rund 2.5 Milliarden Euro pro Jahr kosten).

Die beiden Länder würden sich in Verhandlungen darauf einigen, wie dieser Kollektivgewinn zwischen ihnen aufzuteilen ist. Dabei haben beide Seiten die Möglichkeit, auch andere potenzielle Partner in Erwägung zu ziehen: Bangladesch könnte mit anderen Ländern

---

[32] Eine kürzlich erschienene *Lancet* Studie schätzt, dass gegenwärtig jedes Jahr 4,2 Millionen Menschen frühzeitig durch Luftverschmutzung (mit $PM_{2,5}$ Partikeln) ums Leben kommen. Siehe https://www.thelancet.com/commissions/pollution-and-health. Eine andere, von Jos Lelieveld vom Max-Planck-Institut in Mainz geleitete Studie hat ermittelt, dass Luftverschmutzung die menschliche Lebenserwartung weltweit um 2,9 Jahre verringert und jedes Jahr für 8,8 Millionen Todesfälle (also rund 15 Prozent aller Todesfälle) verantwortlich ist. Siehe https://medicalxpress.com/news/2020-03-world-air-pollution-pandemic.html.

verhandeln, die oberhalb des gebotenen Gleitpfades liegen und diesen nicht sofort erreichen können; und Österreich könnte mit anderen Ländern verhandeln, die unterhalb des Gleitpfades liegen und bereit sind, sich beim vorzeitigen Umstieg auf erneuerbare Energiequellen von anderen Ländern helfen zu lassen.

Der entscheidende Punkt ist, dass die Oslo Prinzipien einen Weg aufzeigen, auf dem die Welt als ganze **sofort** auf den gebotenen Gleitpfad einschwenken kann, auch wenn viele einzelne Länder dies nicht realistisch tun können. Aus der klaren Möglichkeit dieses Weges, in Kombination mit der Rechtspflicht, eine globale Klimakatastrophe zu vermeiden, ergibt sich für alle Staaten die rechtliche Verpflichtung, ihr Verhalten mit den Oslo Prinzipien in Einklang zu bringen.

4. Die moralische Plausibilität der Oslo Prinzipien

Die Oslo Prinzipien haben einen klaren Bezug zur kantischen Moralphilosophie. Das ist insofern nicht überraschend, als sowohl die europäische Rechtstradition wie auch die kantische Moralphilosophie von der »gemeinen sittlichen Vernunfterkenntnis« ausgehen[33] und Kants Philosophie die nachfolgende Formulierung und Interpretation von Recht (z. B. von den Menschenrechten) erheblich beeinflusst hat.

In seiner ersten Formulierung fordert der kategorische Imperativ: »Handle jederzeit nach derjenigen Maxime, deren Allgemeinheit als Gesetz du zugleich wollen kannst.«[34] Um nach einer Maxime handeln zu dürfen, muss ich also zweierlei zugleich wollen können, nämlich einerseits die geplante Handlung nach meiner Maxime und andererseits, dass diese Maxime meiner Handlung auch allen anderen offensteht.

Nun gibt es, Kant zufolge, notwendige Zwecke, Zwecke, denen wir als vernünftige Wesen notwendig verpflichtet sind. Das Fortbestehen der Menschheit und ihr beständiges Fortschreiten ist ein solcher Zweck. Als vernünftiges Wesen will man notwendigerweise, so Kant, dass die Menschheit ihre Entwicklung in Richtung Zivilisa-

---

[33] Siehe Titel des ersten Abschnitts von Immanuel Kants *Grundlegung zur Metaphysik der Sitten*, Akademieausgabe, Band IV.
[34] Immanuel Kant: *Grundlegung zur Metaphysik der Sitten*, Akademieausgabe IV: 421.

tion, Rechtsstaatlichkeit, Gerechtigkeit und Ethik fortsetzt. Eine Klimakatastrophe würde diesen Zweck vereiteln. Und eine solche Klimakatastrophe würde sich unseres Wissens ereignen, wenn jedem Menschen die Maxime freien Emittierens offen stünde. In einer anderen Formulierung Kants: wir können die Maxime freien Emittierens nicht als allgemeines Gesetz wollen.

Daraus folgt, dass wir verpflichtet sind, unsere Emissionen einer Einschränkung zu unterwerfen, so dass wir wollen können, dass auch alle anderen im Rahmen dieser selben Einschränkung emittieren dürfen. Eine plausible Formulierung dieser Einschränkung ist: Jeder soll seine Treibhausgasemissionen einer mit der Zeit gleichmäßig abfallenden Begrenzung unterwerfen, die, wenn alle sich an sie hielten, sicherstellen würde, dass das weitere Fortschreiten der Menschheit nicht vom Klimawandel vereitelt wird. In Anbetracht von Infrastrukturabhängigkeit, Arbeitsteilung und hoher Interdependenz ist diese Einschränkung am besten durch staatliche Maßnahmen realisierbar.

Ist das Recht wirklich so kantisch-vernünftig? Im schriftlich niedergelegten Recht sind die Inhalte der Oslo Prinzipien in der Tat so nicht zu finden. Dass diese Prinzipien dennoch wohlfundiert sind, kann durch den folgenden Gedankengang plausibler werden. Es wird allgemein davon ausgegangen, dass Recht vollständig ist, die Antwort auf alle praktischen Fragen enthält. Richter*innen müssen jede die Handlungsfreiheit von Akteuren betreffende Frage entscheiden – sie haben nicht die Option eine solche ihnen vorgelegte Frage als aufgrund geltenden Rechts unentscheidbar zurückzuweisen. Welche Handlungen geboten, verboten oder erlaubt sind – zum Beispiel ob und wie nationale Bevölkerungen ihre Emissionen einschränken müssen – all solche die Handlungsfreiheit von Akteuren betreffenden Fragen gelten als auf Grundlage bestehenden Rechts beantwortbar. Wenn das Recht eine bestimmte Frage nicht direkt beantwortet, dann ist die Antwort durch Interpretation zu finden: durch Interpretation relevanter Rechtstexte unter Rückgriff auf Präzedenzfälle und opinio juris. Solche Interpretationen bedienen sich der Vernunft: sie sollen versuchen, das geltende Recht so zu interpretieren, dass es moralisch kohärent ist. Letzteres heißt nicht, dass Richter*innen das Recht im Licht ihrer eigenen Moral zu interpretieren haben, sondern dass sie es, soweit möglich, so interpretieren sollen, dass es eine kohärente, sinnvolle Moral zum Ausdruck bringt. Natürlich, das Recht darf dabei nicht gebeugt oder verbogen werden. Die beste Interpretation des Rechts macht dieses so vernünftig, wie die Rechtsquellen es erlauben.

Die Oslo Prinzipien als faire Lösung der drohenden ökologischen Katastrophe

Nicht mehr, aber auch nicht weniger. Genau das haben wir bei der Formulierung der Oslo Prinzipien versucht.

Nun wird bei der Diskussion des Klimaproblems oft eine ganz andere Moral ins Spiel gebracht: eine Hobbessche Moral, die das aufgeklärte Eigeninteresse zum Ausgangspunkt nimmt. Diesem Ansatz zufolge handelt es sich beim Klimaproblem um eine Tragödie der Allmende (tragedy of the commons), die dadurch zustande kommt, dass jeder Akteur über seine emissionsträchtigen Aktivitäten in dem Bewusstsein entscheidet, dass man selbst den gesamten Nutzen dieser Aktivitäten bekommt während der resultierende Schaden sich auf die gesamte Menschheit verteilt. Akteure haben in diesem Fall Grund, ihre Aktivitäten genau dann fortzusetzen, wenn deren Nutzen für sie selbst größer ist als der auf sie selbst entfallende Bruchteil des Schadens – auch dann, wenn der von allen Beteiligten erlittene Gesamtschaden den Privatnutzen weit übersteigt.

Diese wohlbekannte Allmendeproblematik hat eine einfache Lösung: Die Akteure verpflichten sich zu Verhaltensänderungen, die zusammengenommen zur Lösung des Problems hinreichen, und einigen sich außerdem auf ein System bindender Sanktionen zur Abschreckung von Trittbrettfahrern. Diese Lösung kann gut funktionieren, wenn die Akteure symmetrisch positioniert sind, also denselben Nutzenverzicht zugunsten derselben Schadensvermeidung zu erbringen haben. Solange der Gesamtschaden einer Aktivität größer ist als ihr Gesamtnutzen, hat jeder Akteur Grund, auf sie zu verzichten, solange auch alle anderen einen analogen Verzicht leisten. Die allgemeine Abschaffung von Plastiktüten ist ein Beispiel für eine solche Lösung. Der Verzicht auf Plastiktüten wird rational sofern er im Rahmen eines universalen Verzichts erfolgt – denn durch Universalität wird der mir ersparte Schaden enorm vergrößert, so dass er nun den mir entgangenen Nutzen übersteigt. Durch meinen Verzicht vermeide ich jetzt nicht nur den mir aus meinem eigenen Plastiktütenkonsum erwachsenden Schadensbruchteil, sondern auch die Schadensbruchteile, die mir aus dem Plastiktütenkonsum aller anderen erwachsen würden.

Aber diese Lösung ist oft problematisch, wenn die Akteure nicht symmetrisch positioniert sind. Denn Voraussetzung für die Einigung ist ja, dass für jeden der relevanten Akteure die Kosten seiner Verhaltensänderung geringer sind als der Privatschaden, der auf ihn zukäme, wenn das Problem ungelöst bliebe. Wer vom Eintreten des Problems nur wenig zu verlieren hat, wird auch nur zu einem kleinen

Beitrag zu den Lösungskosten bereit sein. Unter nicht-symmetrisch positionierten Parteien laufen Verhandlungen über die Verteilung der Lösungskosten demzufolge darauf hinaus, dass die beteiligten Akteure wechselseitig Kosten zur Lösung des Problems übernehmen, die in etwa proportional sind zu dem Privatschaden, den sie im Falle der Nicht-Lösung des Problems jeweils erleiden würden.

Im vorliegenden Fall liefe solch eine »rationale« Kostenverteilung darauf hinaus, dass die Bevölkerung von Bangladesch einen sehr großen, und die Bevölkerung Österreichs nur einen minimalen Beitrag zur Abwendung der drohenden Klimakatastrophe leisten müsste. Für die Österreicher bringt der Klimawandel wärmeres Wetter und kürzere Reisezeiten zum Mittelmeer – für Bangladesch bringt er Verlust des halben Landes, Versalzung des Grundwassers, Hunger, Infektionskrankheiten und unerträglich heiße Temperaturen im Frühjahr und Sommer.

Eine ähnliche Asymmetrie findet sich allgemein zwischen Arm und Reich. Arme Menschen haben kaum Möglichkeiten, sich gegen die schädlichen Auswirkungen des Klimawandels zu schützen. Sie können z. B. nicht einfach nach Österreich oder Kanada umziehen, wenn ihnen in Bangladesch, Mauretanien oder Haiti die Lebensgrundlage entzogen wird. Reiche Leute können sich eine neue Nationalität und eine neue Residenz in einer anderen Klimazone verschaffen und haben infolgedessen vom Klimawandel viel weniger zu verlieren.

Streng nach Klugheitsregeln geführte Verhandlungen über die Verteilung der zur Abwendung des Klimawandels anfallenden Kosten würden also zu dem moralisch absurden Ergebnis führen, dass die ärmere Mehrheit der Menschen, die überdurchschnittlich stark vom Klimawandel gefährdet sind (und unterdurchschnittlich wenig zu ihm beitragen!), die reichere Minderheit dafür bezahlen müsste, ihre excessiven Emissionen zu verringern.

Damit ist die konventionelle Klugheitslösung dieser Allmendeproblematik moralisch absurd und außerdem auch undurchführbar: die Armen der Welt haben einfach nicht die Mittel, den Löwenanteil der Kosten für die nötige Umstellung des globalen Energiekonsums zu tragen. Und jene Klugheitslösung ist auch noch in einer dritten Hinsicht problematisch: Die Kosten der jetzt erforderlichen globalen Energiewende fielen auf die gegenwärtige Generation, während der Schaden der andernfalls erfolgenden Klimakatastrophe vorwiegend künftige Generationen träfe, die natürlich keinerlei Möglichkeit

Die Oslo Prinzipien als faire Lösung der drohenden ökologischen Katastrophe

haben, sich an unseren Umstellungskosten zu beteiligen oder uns für unsere exzessiven Emissionen zu sanktionieren.

Mit einer Hobbesschen »Moral« kann das Klimaproblem in unserer Welt nicht gelöst werden und, weil eine solche Moral die internationalen Beziehungen dominiert, ist damit auch erklärt, warum die Menschheit dieses Problem bislang nicht gelöst hat.

Es bleibt uns also nur die in unserem Rechtsdenken und gemeinen Rechtsempfinden angelegte kantische Moral, deren Attraktivität sich allerdings in einer Hinsicht, durch einen konsequenzialistischen Gedanken, noch erheblich verstärken lässt. Stellen Sie sich vor, jemand zeigt ihnen, wie sie durch langfristige Spendung von zwei Prozent Ihres Nettoeinkommens zehn arme Menschen in Bangladesch für immer vor den aus dem Klimawandel resultierenden Schäden schützen können. Würden Sie sich zu einem solchen Opfer verpflichten wollen? Vielleicht. Aber es wäre wohl keine leichte Entscheidung. Lassen Sie uns nun den Fall abändern. Stellen Sie sich vor, jemand zeigt ihnen, wie sie durch langfristige Spendung von zwei Prozent Ihres Nettoeinkommens alle fünf Milliarden arme Menschen dieser Welt für immer gegen die aus dem Klimawandel resultierenden Schäden schützen können. Wären sie nun zu dem vorgeschlagenen Opfer bereit? Ja. Sofort. Ohne jeglichen Zweifel.

Aber wie kann ein Mensch unserer Einkommensschicht mit zwei Prozent unseres Nettoeinkommens fünf Milliarden arme Menschen ein für alle Mal vor dem Klimawandel schützen? Ganz einfach: Dadurch, dass sie oder er sich für eine politische Lösung einsetzt, die uns wohlhabendsten 500 Millionen Erdenbürger dazu verpflichtet, auf Kosten von zwei Prozent unseres Nettoeinkommens eine globale Energiewende zu finanzieren. Indem wir für diese Initiative agitieren und ihr zum politischen Sieg verhelfen, lösen wir das Klimaproblem durch Aufgabe von nur zwei Prozent unserer Nettogehälter.

Um eine solche Reform zu realisieren, müssen wir die relevanten Staaten dieser Welt dazu bringen, sich vertraglich auf eine solche Lösung zu einigen und sie dann auch durch nationale Gesetze durchzusetzen. Sobald das international passiert ist, werden (fast) alle Wohlhabenden die relevanten Gesetze unterstützen, weil sie ja wissen, dass mit dem kleinen auf sie selbst entfallenden Beitrag Milliarden von Menschen permanent geschützt werden. Es liegt an uns Wohlhabenden, die am meisten zum Klimaproblem beigetragen und auch am meisten von seinen Auslösern profitiert haben, unsere Regierungen dazu zu drängen, sich in gemeinsamer Gegenseitigkeit international dazu zu verpflichten, den Ausstoß anthropogener Treibhausgase soweit reduzieren, wie das für eine sichere Zukunft der Menschen in allen Erdteilen erforderlich ist. Vor allem die reicheren Länder, deren pro-Kopf Emissionen über dem globalen Durchschnitt liegen, müssen sich verbindlich darauf verpflichten, schnell auf und unter die im allgemeinen Gleitpfad niedergelegte und jährlich um etwa 6 Prozent abfallende Obergrenze (von so-und-so viel Tonnen CO_2eq pro Person) zu kommen. Staaten stehen vielerlei Wege offen, diese gebotene Reduktion zu erzielen. Vorrangig sollten sie die ökonomischen Anreize von Firmen und Konsumenten verändern und insbesondere die ungeheuerlichen Subventionen von fossilen Brennstoffen einstellen, die sich dem Internationalen Währungsfond zufolge allein im Jahr 2015 weltweit auf 5.300 Milliarden Dollar summierten.[35] Weiterhin können sie die Stromerzeugung umstellen, etwa keine mit fossilen Brennstoffen betriebenen Kraftwerke mehr zulassen. Sie können emissionsfreien Verkehr vorschreiben, was bei heutiger Technologie auf Autos mit Elektromotoren und mit Wasserstoff betankte Flugzeuge hinausliefe. Sie können den ökologischen Fußabdruck aller Staatsaktivitäten verringern, also z. B. staatliche Gebäude mit Solardächern ausstatten und (auch für das Militär) nur noch emissionsfreie Fahrzeuge einkaufen. Und sie können, besonders im Erziehungssystem, Aufklärungsarbeit leisten, um sicherzustellen, dass alle Bürger sich der Gefahren des Klimawandels und ihrer diesbezüglichen Verantwortung bewusst sind.

Wenn unser Drängen Erfolg hat und ein hinreichend strenger international verbindlicher Vertrag zustande kommt, dann wird jeder von uns Wohlhabenderen einen kleinen Teil unseres Wohlstands und Komforts einbüßen. Dieser Einbuße steht jedoch ein immenser Gewinn gegenüber, nämlich der Erhalt von Milliarden menschlicher Lebensjahre und tausender von Tier- und Pflanzenarten, sowie eine erheblich verbesserte Lebensqualität für unsere und zukünftige Generationen. Selbst ein sehr schwacher Altruismus würde ausreichen, die Inkaufnahme dieser Einbuße zu motivieren.

---

[35] Siehe www.imf.org/external/pubs/ft/survey/so/2015/NEW070215A.htm.Firm.

5. Aussichten

In der Geschichte der Menschheit sind viele eindrucksvolle Zivilisationen an selbstverursachten ökologischen Problemen zugrunde gegangen. Heute ist die Menschheit als ganze auf bestem Wege, sich ein ähnliches Schicksal einzubrocken. Allerdings tun wir dies heute sehenden Auges: Wir wissen ziemlich genau, welche Langzeitgefahren unsere gegenwärtige Praxis auslöst. Und wir wissen auch, dass das Problem technisch lösbar ist. Radikale technologische Umstellungen können einen hohen Lebensstandard für alle Menschen gewährleisten auch bei sehr viel geringerem Treibhausgasausstoß. Eine Welt ohne fossile Brennstoffe kann für uns alle weit gesünder und lebenswerter sein als es unsere Welt heute ist.

Wir wissen also, was wir kollektiv tun müssen, um die Klimakatastrophe abzuwenden. Trotzdem bringen unsere Regierungen keine globale Energiewende zustande, und der Treibhausgasanteil in der Atmosphäre nimmt weiterhin dramatisch zu. Ein wichtiger Grund für dieses Versagen ist ökonomisch. Die nachweislich noch unerschlossenen fossilen Brennstoffe haben einen Marktwert von rund 150.000 Milliarden Dollar (davon Rohöl 105.000, Kohle 24.000 und Erdgas 22.000 Milliarden), ungefähr das Doppelte des jährlichen Sozialprodukts der ganzen Welt. Diese riesigen Vermögenswerte haben Eigentümer und andere potenzielle Nutznießer – Firmen, Regierungen und Privatleute. Und diese Nutznießer wollen ihren Besitz nicht dadurch entwertet sehen, dass er für immer im Boden verbleibt. Deshalb versuchen viele von ihnen, politischen Einfluss gegen eine baldige Energiewende zu auszuüben. Sie sehen ein, dass die Energiewende notwendig ist, aber jeder möchte seine fossilen Werte vorher noch schnell realisieren. Diese Lobbyarbeit der fossilen Brennstoffeigner hat es bislang vermocht, eine wirksame globale Einigung immer wieder zu vereiteln. Das Pariser Abkommen von 2015 hat zwar ein klares und vernünftiges Ziel proklamiert – dass die +1,5 Grad Grenze nicht überschritten werden darf –, hat aber in der wirklichen Welt sehr wenig ausgerichtet.

Man kann den Widerstand der fossilen Brennstoffeigner dadurch überwinden, dass man sie abfindet – ganz ähnlich, wie man im 19. Jahrhundert die Sklavenhalter entschädigt hat, um die Sklaverei abzuschaffen.³⁶ Eine solche Abfindung wäre sehr teuer – noch viel teurer als die Umstellungskosten der globalen Energiewende selbst – und deshalb politisch schwer durchsetzbar. Eine andere Möglichkeit ist, wichtige Regierungen durch Rechtsklagen zum Handeln zu zwingen. Dieser Weg ist durch die Oslo Prinzipien gangbarer geworden. Diese Prinzipien sind in vielen juristischen Fora ausführlich diskutiert worden und auch in einigen wichtigen Rechtsfällen zitiert worden, etwa in dem wichtigen Fall *Urgenda Stiftung gegen den Staat der Niederlande* und auch im Fall *Ashgar Leghari gegen Pakistan*.³⁷ Wenn erfolgreiche Klagen dieser Art unseren Regierungen endlich das notwendige Handeln abringen, dann kann es uns vielleicht in letzter Minute doch noch gelingen, die Menschheit vor der drohenden Klimakatastrophe zu bewahren.

---

³⁶ Siehe https://www.theguardian.com/world/2015/jul/12/british-history-slavery-buried-scale-revealed.
³⁷ Siehe www.sueddeutsche.de/wissen/erderwaermung-im-namen-des-klimas-1.27 90873.

Constitutional Protection of Biodiversity in Brazil

A Critical Study of the Influence of Brazilian Environmental Rule of Law in Latin America

Felipe Calderon-Valencia

Despite its people's amicability, the richness and depth of its culture, and the infinite beauty of its landscape, Brazil is a country in which the federal government has abandoned both museums and entire ecosystems, it has left them to the fire. Today, thanks to president Bolsonaro, we are again talking about genocide through ecological distress – ecocide – nothing short of the fascist atrocities of the 20th century, causing destruction across species boundaries. Yet, this country is also a place with surprising political-institutional and biological diversity. After all, the once abundant Amazon region, the lung of the planet, is still beloved by mankind generally and environmentalists specifically (WWF, 2015).

Thus, it is worth asking about the peculiarities of Brazilian Environmental Law (henceforth BEL), specifically, the constitutional protection of biodiversity in Brazil, and its critics. Before any further analysis, it is worthwhile to sketch the discussion about environmental law globally. For instance, a simple search shows some trends related to biodiversity.[1] This search highlights Brazil as a topic closely related to climate change and destruction against nature – mostly ascribed to its government, led by the ›Tropical Trump‹ (Tollefson, 2018).

---

[1] For instance, a simple search shows some trends related to biodiversity. The first (1) corresponds to the terms such as conservation, sustainable development, international law, governance, cooperation and biodiversity. The second (2) refers to the justice, commission, directive, European Union and procedure. The third (3) includes terms related to case, pollution, agency, claim, damage and liability. The fourth (4) segment refers to terms such as climate change, negotiation, scheme, emission and trade. The fifth (5) segment corresponds to the terms such as act, court, land, United States, interpretation and planning. The sixth (6) refers to the convention, species, habitat, animal and wildlife. Finally, the seventh (7) segment includes terms such as meeting, international convention, ozone layer and Montreal protocol.

I take this result as an invitation to study, first, BEL and its intimate relationship with the constitutional law, and, second, to take the opportunity to denounce the severe negligence of the Planoalto, which has caused irreversible damage to the Amazon rainforest, and, with it, to all of humankind (Carvalho et al., 2020).

In this paper, the main question is the constitutional protection of biodiversity in Brazil. Scientific studies in biology, sociology, politics, and economy are currently moving towards questions of intellectual property rights (Tustin, 2005) rather than analyzing actual policy issues. That is why two points of view justify of this paper.

(1.) On the one hand, many studies on biodiversity (Tabarelli et al., 2005) have little interest in issues of constitutional law (Silva and Oliveira, 2018). As a South American country, Brazil belongs to an extremely diverse continent and a particular socio-environmental context (Arretche, 2019). In this context, governments are obliged to guarantee the protection of natural resources. In fact, in the Pan-Amazon Region (CIDH, 2019a),[2] the legitimacy of any government, and rule-based system, depends on three essential commitments: The first one is caring for nature, the is respecting human rights and, thus, also the right to nature (Corte IDH, 2017), and the third is endorsing democracy, and, along with it, the Access rights proposed by the Agreement of Escazu (CEPAL, 2018).[3] In Brazil, Statute Law n° 13.123 (Congreso Nacional, 2015) is the latest attempt to protect biodiversity in Brazil (Silva and Oliveira, 2018). This statute rules the ›Access and Benefits Sharing of Genetic Resources and Associated Traditional Knowledge‹ and supports the Constitutional Law protection entrenched by article 225 of the Federal Constitution of 1988 (FC1988 henceforth).

(2.) On the other hand, in this world, which is dominated by economic interests, other nations want to exploit Latin America's resources, and irresponsible governments sell rainforest lifeforms as commodities. They are destroying the Amazon Rainforest by act or omission. For instance, Bolsonaro's government directly promotes the exploitation of the Amazonian forest. Other governments, like the Colombian government, are failing in their state duties to protect,

---

[2] The English version of this report in: http://www.oas.org/en/iachr/reports/pdfs/Panamazonia2019-en.pdf.
[3] This instrument is the »Regional Agreement on Access to Information, Public Participation and Justice in Environmental Matters in Latin America and the Caribbean.«

respect, and prevent environmental degradation, wearing a mask of moral teflon. Moreover, such an unfortunate tendency involves developed countries. They damage the environment under a cloak of greenwashing policies and silence, pretending to care about countries rich in natural diversity, because they offer raw materials.

Consequently, Latin America's governments perceive natural resources as exploitable goods (Silva and Verdan Rangel, 2017) or, to the eyes of the pharmaceutical industry, a wonderland of new chemical processes (Ferreira et al., 2020).[4] This utilitarianism belongs in the past; it is useless, all forms of instrumentalization of the environment lead societies, governments, and industry to damaging entire ecosystems, and other far-reaching consequences such as the assassination of environmental activists (Calderon-Valencia and Escobar-Sierra, 2020; Global Wtiness, 2020), genocide of indigenous people, and mass extinction (WWF, 2020).

Today, more than ever, policymakers and governments are becoming aware of the »anthropogenic stresses on the Earth« (IUCN World Congress on Environmental Law, 2016, p. 1).[5] This awakening to the dangers of climate change pervades the international community. To preserve and protect biodiversity, it is trying to solve issues through environmental justice laws (IUCN World Congress on Environmental Law, 2016) and jurisprudential developments such as green constitutionalism (Bernaud and Calderon-Valencia, 2020). Environmental justice plays a vital role, because it helps apply the environmental rule of law (IUCN World Congress on Environmental Law, 2016).[6]

---

[4] The common example is the poison of some animals like frogs and vipers, or even fungi and plants.
[5] »The IUCN World Congress on Environmental Law, having met in Rio de Janeiro (Brazil) from 26 to 29 April 2016, [...] Deeply concerned by the anthropogenic stresses on the Earth now causing unprecedented transgression of planetary boundaries manifested by climate change, loss of biodiversity, depletion of natural resources, and other environmental degradation, all of which contribute to insecurity and conflict [...]«.
[6] The 13 principles of the IUCN Declaration are very clear. They propose a wide-ranging protection for nature as well as means for their implementation: »Effective implementation is fundamental to achieving the environmental rule of law. Mechanisms to add procedural strength and help build the procedural and substantive components of the environmental rule of law at national, sub-national, regional, and international levels include, inter alia, / a) Monitoring and reporting systems that enable accurate assessments of the state of the environment and the pressures on it, /

Regarding this subject, the Environmental Justice Atlas – EJ Atlas henceforth – shows a map with all the environmental conflicts in the world. Brazil's map shows100 environmental conflicts in 2018 (Environmental Justice Atlas, 2018). But in 2020 the number increases to 172 conflicts (Environmental Justice Atlas, 2020). In the broader Latin-American context, this situation is critical. For example, Brazil's neighbor, Colombia[7], shared the Environmental Justice Atlas' pedestal with the Philippines in 2018. The same year, Brazil and Colombia share another first prize: number one in killings of environmental activists (Watts, 2018). These human rights defenders lose their lives in the pursuit of forest and wildlife protection and biodiversity. Later on, in 2019 and 2020, the NGO Global Witness'

---

b) Anti-corruption measures, including those that address unethical conduct and oversight, / c) Legally supported environmental management systems that take due consideration of environmental risk and the vulnerability of social and economic systems in the face of ecological deterioration, / d) Environmental assessment, Incorporating multidimensional, polycentric perspectives and the complexity of social-ecological relationships, / e) Quantitative and qualitative modeling and visioning tools that enable planning based on best-available science and environmental ethics, enabling strategies and options that remain robust under multiple plausible futures, / f) Collaborative and adaptive management and governance that involves stakeholders from a range of socio-economic and cultural backgrounds, including local communities, indigenous peoples, women, the poor, and other traditionally marginalized and vulnerable groups, / g) Coordination mechanisms such as regional enforcement networks, intelligence sharing, and judicial cooperation, / h) Environmental legal education and capacity building for all people, and especially for women, girls, and traditional leaders of indigenous peoples, focusing on exchange of knowledge on best practices, taking into account the relevant legal, political, socio-economic, cultural, and religious aspects, as well as recognizing common features founded on international norms and standards, / i) Harnessing new technologies and media for promoting environmental law education and access to information, as well as complementary tools that draw on and respect customary laws and practice, / j) Communication systems enabling the production and dissemination of guidelines, tool kits, checklists, and associated technical and legal implementation assistance, / k) Strengthening civil society, environmental law associations, and other non-state actors that fill gaps in state-based environmental governance systems, / l) Addressing environmental crimes in the context of other types of crime such as money laundering, corruption, and organized crime, / m) Enabling public interest dispute resolution concerning environmental conservation and protection and upholding the rights of future generations, and / n) Strengthening the Independence and capacity of courts in the effective application and interpretation of environmental law, and in acting as guarantors of the environmental rule of law.«

[7] These two countries were both more similar in the XIX century, were Colombia was a federal States (Valderrama Bedoya et al., 2020).

last report says that environmental activists working in mega-diverse environments are in more great danger –Business, mining transnational corporations, and irregular armed groups consider them as obstacles because activist are up for ecological preservation (Global Wtiness, 2020, 2019). In such precarious situations, environmental conflicts and killings of activists come together. Consequently, without these activists, neither nature nor biodiversity can defend themselves against reckless governments and devouring markets. Those are the elements of the equation of biodiversity decline.

Reacting to this, constitutional law uses the concept of risk (Beck, 1998). This conception defines environmental law as all principles and regulations enacted and enforced by local, national, or international authorities to regulate the management of natural resources. Thus, it highlights a counter-hegemonic conception of human rights (Santos, 2013). An excellent example of this ›little help‹ from the Inter-American Court jurisprudence is promoting the constitutional entrenchment of environmental protection (Corte IDH, 2017). In addition to this, the precise nature of constitutional law in *its greening era* shows its potential to interfere with authoritarian regimes as irrational as the Bolsonaro regime.

This paper aims to study how Constitutional Law and BEL may help to protect biodiversity. Reasonable people may hate the Brazilian government. It is damaging the Amazon Rainforest with potentially catastrophic effects for centuries to come. However, reasonable people need to distinguish between the law as a structure and a government as a collection of people with often wrong ideas, like Bolsonaro. Therefore, legal aspects must be separated from politics to understand how Latin America can change to save animals, plants, ancestral knowledge, and biodiversity. *Post tenebras lux.*

This paper is structured in three parts; (**I.**) the first part is an approach to some fundamental aspects of Brazilian constitutional law; (**II.**) in the second part, we identify the legal protection of biodiversity; (**III.**) finally, in the third part, we analyze Brazilian Constitutional Law and BEL and its influence in the region.

I. Fundamental Aspects of the Brazilian Federal Constitution

Brazil is made up of federal states, which is why the structure of BEL is complex. It is based on the state statutes (i.e., from the federal states) developing the FC1988. The constitution has a unique part in guaranteeing the protection of the environment, which is why we call it the ›environmental constitution‹ (Calderon-Valencia et al., 2019). This part entrenches the protection of nature constitutionally (Amado, 2017, pp. 38–43).

The constitutional structure of environmental law needs a double analysis. First, (A) we have to study the fundamental principles and, second, (B) the dispositive for constitutional protection or remedies.[8]

A. The Structure of Environmental Law of the Brazilian Federal Constitution of 1988

From a general perspective, article 225 FC1988 is the cornerstone of the Brazilian constitutional environmental law (Sarlet, 2010a). This provision contains a general rule called the clause of socio-environmental rule of law (*Estado Socioambiental de Direito*) (Hupffer et al., 2013). By employing article 225 CF1988 the federal government manages the rule of law that applies to biodiversity protection:

Article 225. Everyone has the right to an ecologically balanced environment, which is a public good for the people's use and is essential for a healthy life. The government and the community have a duty to defend and to preserve the environment for present and future generations.
§1°. To assure the effectiveness of this right, it is the responsibility of the government to:
(…)
II. preserve the diversity and integrity of the country's genetic patrimony and to supervise entities dedicated to research and manipulation of genetic material;

That said, article 225 FC1988 embodies the sustainable development concept – it is its ›philosophical‹ foundations, that is, the root of the

---

[8] The dispositive is a Foucauldian concept. Giorgio Agamben explores it theoretically in his book *Che cos'è un dispositivo?*(Agamben, 2006). Since then, this terminology was adapted to constitutional law (Calderon-Valencia, 2016, p. 15).

Constitutional Protection of Biodiversity in Brazil

evolution of environmental law. The 2017 annual report of the Inter American Court of Human Rights confirms it (Corte IDH, 2018, pp. 139–144). Sustainable development enforces ›the right to an ecologically balanced environment,‹ responding to the Agenda 21 (Organización de las Naciones Unidas, 1992).[9] This international instrument links the international environmental law to the Brazilian constitution, because they lead to the Rio 92 Declaration. Here we have to remember that the Agenda 21 is the famous Earth Summit agreement of 1992 in Rio de Janeiro.

This ›green component‹ opens the door to the transition from social rule of law to the socio-environmental rule of law. This environmental protection clause is commonplace in the Latin American region. Such is the case in Peru since 1993 (Art. 3 and 43) or Colombia since 1991 (Art. 1), without mentioning the significantly evolved environmental constitutional provisions of Bolivia, Ecuador (Krämer, 2020), and, finally, Brazil[10].

Particularly, article 225 FC1988 enforces environmental protection.[11] This constitutional duty towards nature works in two directions. First, nature is a material good open to commercial exploitation but with a special status. Second, the state has a positive obligation: It must protect biodiversity, as highlighted in article number 225, Paragraph 1.-II.[12] This perspective, supported by the law and doctrine,

---

[9] Agenda 21 is an action plan of the United Nations to build sustainable development. For example, the first part of the preamble stands for sustainability as an essential concept in our world: »Humanity stands at a defining moment in history. We are confronted with a perpetuation of disparities between and within nations, a worsening of poverty, hunger, ill health and illiteracy, and the continuing deterioration of the ecosystems on which we depend for our well-being. However, integration of environment and development concerns and greater attention to them will lead to the fulfilment of basic needs, improved living standards for all, better protected and managed ecosystems and a safer, more prosperous future. No nation can achieve this on its own; but together we can – in a global partnership for sustainable development.«

[10] In this sense, some essential judicial decisions in Colombia aligned their environmental constitutional law (Art. 78) with Bolivia, Ecuador, and Brazil. Among these decisions, it is worth highlighting the one that recognized the Atrato River as a subject of rights (Corte Constitucional Colombiana, 2016). The same declaration was made about the Amazon region (Corte Suprema de Justicia, 2018b).

[11] We quote the article 225 FC1988: »All have the right to an ecologically balanced environment, which is an asset of common use and essential to a healthy quality of life, and both the Government and the community shall have the duty to defend and preserve it for present and future generations.«

[12] We quote the article 225 FC1988: »Paragraph 1. In order to ensure the effectiveness

177

characterizes the environment as a fundamental right (Silva, 2013, pp. 43–46).

Considering the date on which the CF1988 was issued, we may think of it as a significant influence. Brazilian BEL may have influenced regional human rights protection systems (Lopes Maia, 2017). On the one hand, the Inter American Court is a good example. The Advisory Opinion AC-23/17 (Corte IDH, 2017) increases the autonomy of the BEL against the common civil law principles, among other features that were added.[13] On the other hand, the Brazilian constitutional doctrines differentiate between nature and another kind of goods[14] (Sarlet, 2010b; Silva, 2013) in which nature is not a commodity but a ›good for public use‹ (Di Fernando Santana, 2011). Nature, in this law, is not a commodity – for two reasons.

First, it fuses with common civil law principles concepts (Xifaras, 2004) with Earth Summit outcomes (Castro Buitrago and Calderon-Valencia, 2018) and builds more robust standards for environmental protection. The second reason is that article 225 FC1988 imposes a duty to protect nature. This compels individuals, ›the community,‹ and the policymakers to guarantee the enjoyment of nature for future generations. As entrenched in article 225 FC1988, these particular features conceive of nature as distinct from another kind of goods open to commercial exploitation.

This is the legacy of the BEL and constitutional law. Today, they constitute a paradigm for countries like Colombia to follow (Corte Constitucional Colombiana, 2016), some other countries with constitutional law have already adopted relevant features in the last years, like Bolivia and Ecuador. In many countries, individuals can demand judicial review of legislation and enforce environmental protection by public policies (STF, 2014).

---

of this right, it is incumbent upon the Government to: (...) II –preserve the diversity and integrity of the genetic patrimony of the country and to control entities engaged in research and manipulation of genetic material.«

[13] We recommend taking a look at §1 to §6.

[14] Article 225 FC1988 enshrines the duty to defend and preserve the environment for future generations. Three consequences result from this constitutional provision: (i.) the environment limits the power of the state and requires authorities to refrain legislating actions that will damage nature; (ii.) individuals cannot damage nature or environment; and (iii.) nature should be preserved for those who live today and for those who expect to live in the future.

B. Constitutional Mechanisms for Environmental Protection

Article 225 of FC1988's provisions may not be sufficient to guarantee the safekeeping of the environment. However, the judiciary could reinforce it (Medeiros Rocha, 2013). To be more specific, the Supreme Federal Court (SFC henceforth) »has primary responsibility for safeguarding the constitution« (Medeiros Rocha, 2013, p. 56).[15] To this end, this tribunal »guarantees the authority of its decisions« according to article 102 FC1988 (Medeiros Rocha, 2013, p. 56) and chapter III of title IV of FC1988. This duty of safeguarding the supreme law of the land extends to the »Environmental Constitution« (Calderon-Valencia et al., 2019).

We can analyze the SFC supremacy from two points of view. First, article 92 FC1988 describes the structure of the judiciary, placing the SFC at the top. The headquarters are in Brasilia, the federal capital. Second, article 102 FC1988 assigns three significant types of powers to the FSC:
(i) Exclusive powers (see article 102.1);
(ii) Ordinary powers (see article 102.2); and
(iii) Those prerogatives derived from an extraordinary recourse (see article102.3).

The Direct Actions of Unconstitutionality (DAU henceforth) helps the judiciary to protect biodiversity. The exclusive powers of article 102.1.a. FC1988 gives competence to the SFC for guaranteeing protection of the environment.[16] This remedy is allowed by the constitution. Its legal development is due to law n° 9868 of 1999 and the SFC's internal regulations from articles 169 to 178. Besides, article 225 FC1988 imposes a positive duty on the judiciary (Medeiros Rocha, 2013).

To conclude this part of the paper, the Brazilian environmental constitutional law is well structured. The constitutional mechanism,

---

[15] The article 101 FC1988 describes the structure of the SFC: »The Supreme Federal Tribunal is composed of eleven ministers, chosen from citizens between the ages of thirty-five and sixty-five, with notable legal knowledge and unblemished reputations.«
[16] »The Supreme Federal Court is responsible, essentially, for safeguarding the constitution, and it is within its competence: / 1. to institute legal proceeding and trial, in the first instance, or: / 1. to direct actions of unconstitutionality of a federal or state law or normative act, and declaratory actions of constitutionality of a federal law or normative act [...]«

like the DAU, protects biodiversity. The judicial review of legislation allows the citizens to enshrine the environment as a fundamental right. Plus, for the FSC, this kind of protection is a positive obligation. In this perspective, this particular duty enforces the materialization of a healthy environment.

Considering the points mentioned above about the constitutional protection of biodiversity, we have to see, as follows, how it works in a case study about biodiversity law.

II. The Brazilian New Forest Code Ruling: The Federal Supreme Court and the Constitutional Protection of Biodiversity

The FSC protects the environment enhancing a legal and regulatory framework development inspired on article 225 FC1988's principles (Bello Filho et al., 2014). Indeed, for STF, animals' lives prevail over the entertainment industry, as shown in Decision DAU n° 1.856/RJ (STF, 2011). This decision forbids ›cockfighting,‹ but beyond this case of fauna protection (Friede, 2018), four more emblematic cases illustrated the successful development of the constitutional duty to protect biodiversity.

The law 12.651 of 2012 is the New Forest Code. The adoption of this code triggered a controversy (Sparovek et al., 2011). For many environmentalists, the law n° 12.651 does not go far enough in protecting biodiversity (Petry Schramm, 2017). Some even go so far as claiming that the New Forest Code is unconstitutional (Terra de Direitos, 2017a).

Hence, they challenge law n° 12.651. The environmentalists' main argument is that the New Code prioritizes economy, industry (Bandeira Castelo, 2015), and agro-industrial operations over the protection of nature (Petry Schramm, 2017).

They think Brazil's New Forest Code corrupts the constitutional clause that grants nature the right to superior protection (Packer Ambrosano, 2015). And this has negatively affected biodiversity's protection (Terra de Direitos, 2017b), it denies or even violates nature as a public asset for shared use of all society members.

Consequently, some provisions of the New Forest Code have been challenged. Four DAU lawsuits have been filed before the FSC since 2013. Three of them were filed by the attorney general's Office of the Republic and the fourth by a political party (PSOL, 2018). In the first place, in the DAU n° 4901 (STF, 2018a) they challenged the reduction of protected natural areas. The Forest Code reduced them drastically. Despite this, the FSC recognizes the constitutionality of article 7, § 3° of the Forest Code. Secondly, in DAU n° 4092 (STF, 2018b), the attorney general challenged the protection of deforestation. Even so, the FSC understood the attacked provision as constitutional. Thirdly, in DAU n° 4903 (STF, 2018c), the FSC agrees on protecting the areas of permanent preservation.

This court declared the unconstitutionality of specific provisions of article 3° of The Forest Code (VIII and following). Finally, in DAU decision n° 4937 (STF, 2018d) the FSC declared the constitutionality of article 44. This provision from the New Forestry Code was declared constitutional, even though it allows treating native vegetation as commonly exploitable areas.

III. A Final Comment on Brazilian Environmental Constitutional Law

Article 225 FC1988 is an achievement for the environmental constitutional law in Brazil (Di Fernando Santana, 2011). Authorities from the executive, the legislative, and the judiciary are against or do not act according to these institutional principles. Today, Bolsonaro, in his last presidential term, was able to destabilize the country further still. His misgovernment has altered the balance of power established in 1988, and his bad decisions affect the stability and integrity of the socio-environmental rule of law.

Even after the Agreement of Escazu had been signed, Bolsonaro and his minions managed to slow down the economy and enhance the extractive industry, careless about nature and constitutional boundaries and restrictions. However, this reckless government cannot erase the progress achieved with the Agreement of Escazu of March 4 (United Nations, 2018). It lays out the 10th Principle of the Rio 1992 Declaration (ONU, 1992) because the Agreement of Escazu is an international regulatory framework inspired by this human rights declaration. This principle determines access rights' standards and exercise. I note that access rights are: access to environmental participation, the access to environmental information, and the access to environmental justice.

Without Rio 1992 and the Brazilian constitution of 1988, adopted a little time before, the Agreement of Escazu would have been impossible to achieve. It also accounts for the progressive influence of the environmental constitutional law of all Latin American countries, because the socio-environmental rule of law is a tropism from the »Tristes tropiques,« as Claude Levi-Strauss would have said (Lévi-Strauss, 1998). This clause encouraged judges to adopt this idea in countries like Bolivia, Colombia, Costa Rica, and Ecuador, even before New Zealand's influence appeared (Crimmel and Goeckeritz, 2020). The Agreement of Escazu is meant to reinforce the protection of biodiversity in the region (ECLAL & CJC, 2018), because it applies to environmental justice matters. Latin American and the Caribbean environmentalists hope the Agreement of Escazu could join forces with the law of each country to halt or slow the extraction of natural resources and to protect biodiversity.

Notwithstanding the progressive degradation of politics in Brazil in the last decades after Temer, and now with an ecocide government, environmental constitutionalism prevails. We can, thus, only hope this achievement extends into the 21st-century environmental constitutional law in Latin America. This development has been fully integrated to Ecuadorian (República del Ecuador, 2008) and Bolivian constitutional law (República de Bolivia, 2009). The influence of the Declaration of Rio de Janeiro of 1992 and ›Agenda 21‹ is obvious because of the emergence of the rights of future generations. Plus, the concept of sustainable development was also conceived in this international declaration. Therefore, the FSC's position is regrettable. In the four cases referenced above (see II.), the tribunal showed it lacks judicial activism, endangering Brazil's biodiversity.

On the other hand, article 225 FC1988, and the principles within, seem to inspire the constitutionalization of environmental law, as happened in Colombia. Between 2016 and 2020, high courts began to protect nature, especially in the Amazon region (Corte Suprema de Justicia, 2018a). This case is very famous because of the impact of the world's concerns about climate change. In particular, since it displays the doctrine of the rights of nature. Along with paramos, rivers, and rainforest, the Colombian Constitutional Court turns the social rule of law – as it appears in the constitution – into an ecological version: the environmental rule of law. In conclusion, politics are corrupting institutions (CIDH, 2019b), but the constitution still preserves the principles that may help people to fight against ecological genocide in the name of nature and its biodiversity.

* * *

Unlike other countries, the Brazilian version of the rule of law is an entrenchment clause. Bound to environmental protection by article 225 FC1988, the Brazilian government has a double constitutional duty. This implies Bolsonaro has failed – on purpose – to protect nature as a material good and a dynamic system of lifeforms. It is shameful to commit criminal offenses against nature and it has not gone unnoticed by the international community. After all, nature and biodiversity are directly relevant to humankind and this concern has only become stronger through the constitutional duty to protect the ›genetic material‹ of the Amazon Rainforest, among other ecosystems. Paragraph 1.-II, from article 225, promotes state protection of nature as a complex lifeform and as a precious good of strategic importance:

Paragraph 1. In order to ensure the effectiveness of this right, it is incumbent upon the government to:
(...)
II –preserve the diversity and integrity of the genetic patrimony of the country and to control entities engaged in research and manipulation of genetic material.

I continue quoting article 225 FC1988:

All have the right to an ecologically balanced environment, which is an asset of common use and essential to a healthy quality of life, and both the Government and the community shall have the duty to defend and preserve it for present and future generations.

This issue has been discussed in Brazil since 1988 (Andrade Antoniazzi, 2018), and thanks to international instruments such as the Global Compact (UNGC, 2015), the environmental consciousness is growing more each day. This international instrument obliges states but also the market and individuals to sustainable development (Calderon-Valencia and Escobar-Sierra, 2019; Julio Estrada and Pérez, 2019). For this reason, Brazil's situation worries the countries of the pan-Amazon region and all the countries in the world.

183

Brazil with its anti-democratic regime under Bolsonaro and its reckless behavior toward nature is in a dire situation. Moreover, other countries in the region harm nature with the same intensity, however, they do so while pretending to have an eco-friendly agenda. Most dramatically this was the case in Colombia, under president Santos and, now, under Ivan Duque Marquez. Like Bolsonaro, they are destroying the Amazon Rainforest – but hide behind an image of ecological concern.

First, both Brazilian and Colombian governments refuse to sign the Agreement of Escazu, hampering sustainable development and basic rights like the Access rights (ECLAL and CCJ Academy of Law, 2018). Fake news and a lack of transparency in their governments are the more common consequences, and for this reason, the Interamerican Commission took some measures facing the Covid-19 world crisis (CIDH, 2020).

Second, Brazil and Colombia do not care about environmental activists' lives. Both refuse taking action to protect them, exemplified by, for instance, the lack of precise definition of environmental activists and their tasks in civil law countries like Colombian legislation. According to this logic, the implementation of the Agreement of Escazu in Colombian statute law may help adopt a definition to ensure the protection biodiversity activists, just like in the 9th article of that international instrument.[17]

Indeed, without accessibility to information, without public participation in the environmental decision-making process, and without access to justice in environmental matters for those who defend nature with their very life, biodiversity in the pan-Amazon region is in danger. Environmental constitutional law shows a positive develop-

---

[17] »EA's art. 9 has an interesting history. EA's 7th negotiation meeting had defined the term defender in a glossary provided in its 2nd art. (CEPAL, 2017, p. 15). But at the 8th meeting this changed and the definition was almost excluded from the agreement's final version; until the 9th Meeting (CEPAL, 2018), art. 9 was entitled: »Defender of human rights in environmental issues.« The defenders' weakness lies in their precarious access to justice, a temporary regulatory void becomes a political issue, and, for this reason, the little attention given by governments to defenders forces them to act based on philosophy. Such is the case of abduction (see above), which is very useful in legal matters, since it optimizes regulatory integration by establishing an objective linked to a robust and consistent definition that allows the situation of environmental defenders to be visible to all legal operators. In addition, this study responds to a desperate need of defenders, which demands hermeneutical methods or solutions.« See Calderon-Valencia and Escobar-Sierra (2020, p. 71).

ment in Latin American and Caribbean legal culture. Thanks to the Agreement of Escazu (United Nations, 2018), Brazil, Colombia, and many other countries may enforce the rights of access to justice (ECLAL and CCJ Academy of Law, 2018). From now on, citizens are more likely to protect biodiversity.

The Brazilian environmental constitutional law has mechanisms to protect biodiversity because of the right to an ecologically balanced environment. Additionally, it is enforced by the FSC, because nature's protection is a constitutional obligation. This duty could be achieved through the FSC, notwithstanding the difficulties of implementing this constitutional duty. However, even more importantly, Brazilian environmental constitutional law is an excellent example for other countries, as shown by the Advisory Opinion OC-23/17 of the Inter-American Court of Human Rights.

This shows the path to protect biodiversity for Latin American and Caribbean countries, even if FSC does not entirely embrace it. The Advisory Opinion OC-23/17 reaffirms the fundamental right to an ecologically balanced environment, guaranteeing the passage from the social rule of law to the socio-environmental rule of law. Environmental Constitutional Law may provide some tools to stop, finally, ecological genocide.

IV. References

Agamben, G., 2006. Che cos'è un dispositivo?, 1st ed. Nottetempo, Roma.
Amado, F., 2017. Direito Ambiental, 5th ed. Editora Jus Podivm, Salvador.
Andrade Antoniazzi, G., 2018. O agronegócio e os conflitos agrários: uma análise dos seus impactos na Amazônia Legal. Ambito-Jurídico (ed. Electrónica) XXI.
Arretche, M. (Ed.), 2019. Paths of Inequality in Brazil. A Half-Century of Changes, 1st ed. Springer, São Paulo. https://doi.org/https://doi.org/10.1007/978-3-319-78184-6
Asamblea Nacional Constituyente, 1991. Constitución Política de Colombia -Gaceta Constitucional No. 116 de 20 de julio de 1991. Alcaldía de Bogotá, Colombia.
Bandeira Castelo, T., 2015. Brazilian Forestry Legislation and to Combat Deforestation Government Policies in the Amazon (Brazilian Amazon). Ambient. Soc. XVIII, 215–234.
Beck, U., 1998. La sociedad del riesgo. Hacia una nueva modernidad. Paidós, Barcelona.

Bello Filho, N. de B., Pedrosa Fontoura, L.F., Costa Camarão, F., 2014. O princípio Constitucional da preservação ambiental: a Constituição Ambiental brasileira como sistema aberto de princípios e regras. Rev. Direito Ambient. 37, 15–36.

Bernaud, V., Calderon-Valencia, F., 2020. Un exemple de constitutionnalisme vert : la Colombie. Rev. française droit Const. 122, 321–343. https://doi.org/10.3917/rfdc.122.0321

Calderon-Valencia, F., 2016. Le contrôle a posteriori de la constitutionnalité des lois en droit français et colombien, éléments de compréhension d'une culture constitutionnelle. Panthéon-Assas (Paris 2).

Calderon-Valencia, F., Escobar-Sierra, M., 2020. Defensores Ambientales en Colombia y razonamiento abductivo en el acceso a la justicia. Veredas do Direito 17, 69–112. https://doi.org/https://doi.org/10.18623/rvd.v17i38.1678

Calderon-Valencia, F., Escobar-Sierra, M., 2020. Environnmantal defenders in colombia, and the abductive deduction in the struggle to access to justice. Veredas do Direito 17. https://doi.org/10.18623/RVD.V17I38.1678

Calderon-Valencia, F., Escobar-Sierra, M., 2019. Derecho Humanos y empresa: caso de derechos afectados por productos »detox,« in: Tole Martínez, J. (Ed.), Derechos Humanos y La Actividad Empresarial En Colombia: Implicaciones Para El Estado Social de Derecho. Universidad Externado de Colombia, Bogotá, pp. 349–399.

Calderon-Valencia, F., Escobar-Sierra, M., Bedoya-Taborda, L.F., 2019. Defensores Ambientales y Ecología Política en Colombia, in: Nascimento, V.R. do, Lopes Saldanha, J.M. (Eds.), Os Direitos Humanos e o Constitucionalismo Em Perspectiva: Espectros Da DUDH e Da Constituição Da República Federativa Do Brasil. Editora Lumen Juris, Rio de Janeiro, pp. 167–183.

Carvalho, S. de, Goyes, D.R., Vegh Weis, V., 2020. Politics and Indigenous Victimization: The Case of Brazil. Br. J. Criminol. https://doi.org/doi:10.1093/bjc/azaa060

Castro Buitrago, E., Calderon-Valencia, F., 2018. Un derecho ambiental democrático para Latinoamérica y el Caribe: los retos de la negociación del Acuerdo Regional sobre el Principio 10 de Río 92. ACDI 11, 159–186. https://doi.org/http://dx.doi.org/10.12804/revistas.urosario.edu.co/acdi/a.6541

CEPAL, 2018. Acuerdo Regional sobre el Acceso a la Información, la Participación Pública y el Acceso a la Justicia en Asuntos Ambientales en América Latina y el Caribe. Adoptado en Escazú (Costa Rica), el 4 de marzo de 2018 Apertura a la firma en la Sede de las Nacion. CEPAL, Costa Rica.

CIDH, 2020. Resolución no.1/2020 -Pandemia y Derechos Humanos en las Américas (adoptado por la CIDH el 10 de abril de 2020).

CIDH, 2019a. Situación de los derechos humanos de los pueblos indígenas y tribales de la Panamazonía. Washington D.C.

CIDH, 2019b. Corrupción y derechos humanos: Estándares interamericanos.

Congresso Nacional, 2015. Lei 13.123, de 20 de maio de 2015 - Sobre o acesso ao patrimônio genético, sobre a proteção e o acesso ao conhecimento tradicional associado e sobre a repartição de benefícios para conservação e uso sustentável da biodiversidade. Presidência da República Casa Civil Subchefia para Assuntos Jurídicos, Brazil.
Corte Constitucional Colombiana, 2016. Sentencia T-622 de 2016 (M.P.: Jorge Iván Palacio Palacio).
Corte IDH, 2018. Informe Anual de la Corte Interamericana de Derechos Humanos 2017. San José.
Corte IDH, 2017. OC-23/17 del 15 de noviembre de 2017, Solicitada por la República de Colombia.
Corte Suprema de Justicia, 2018a. Sentencia STC436-2018 Radicación n. 11001-22-03-000-2018-00319-01 (MP: Luis Armando Tolosa Villabona).
Corte Suprema de Justicia, 2018b. Sentencia STC 4360-2018 Radicación n.11001-22-03-000-2018-00319-01 (M.P.: Luis Armando Tolosa Villabona).
Crimmel, H., Goeckeritz, I., 2020. The Rights of Nature in New Zealand: Conversations with Kirsti Luke and Christopher Finlayson. ISLE Interdiscip. Stud. Lit. Environ. 1–16. https://doi.org/doi:10.1093/isle/isaa054
Di Fernando Santana, A., 2011. Uma análise da evolução histórica do Direito Ambiental e o artigo 225 da Constituição da República Federativa do Brasil de 1988. Ambito-Jurídico (ed. Electrónica) XIV.
ECLAL, CCJ Academy of Law, 2018. Ensuring environmental access rights in the Caribbean. Analysis of selected case law, 1st ed. United Nations, Santiago.
Environmental Justice Atlas, 2020. Brazil [WWW Document]. Environ. Conflicts Brazil2. URL https://ejatlas.org/country/brazil (accessed 10.26.20).
Environmental Justice Atlas, 2018. Brazil [WWW Document]. Environ. Conflicts Brazil. URL https://ejatlas.org/country/brazil (accessed 5.14.18).
Ferreira, A.S., Lima, A.P., Jehle, R., Ferrão, M., Stow, A., 2020. The Influence of Environmental Variation on the Genetic Structure of a Poison Frog Distributed Across Continuous Amazonian Rainforest. J. Hered. 111, 457–470. https://doi.org/https://doi.org/10.1093/jhered/esaa034
Friede, R., 2018. A tutela do meio ambiente no Supremo Tribunal Federal: estudo de casos concretos. Rev. Jus Navig. 23.
Global Wtiness, 2020. Defender el mañana. Crisis climática y amenazas contra las personas defensoras de la tierra y del medio ambiente. London. https://doi.org/978-1-911606-43-7
Global Wtiness, 2019. ¿Enemigos del Estado? De cómo los gobiernos y las empresas silencian a las personas defensoras de la tierra y del medio ambiente.
Hupffer, H.M., Waclawovsky, W.G., Cassel Greenfield, R., 2013. Os Principios do Estado Socioambiental de Dereito e a sua Leitura Jurisprudencial. Rev. do Dereito Publico 8, 155–176. https://doi.org/http://dx.doi.org/10.5433/1980-511X.2013v8n1p155

IUCN World Congress on Environmental Law, 2016. IUCN World Declaration on the Environmental Rule of Law. OAS, Brazil.

Julio Estrada, A., Pérez, E.J., 2019. Los deberes de la empesa en la protyección del derecho a un medio ambiente sano según la jurisprudencia de la Corte Interamericana de Derechos Humanos, in: Tole Martínez, J. (Ed.), Desafíos Para La Regulación de Los Derechos Humanos y Las Empresas: ¿cómo Lograr Proteger, Respetar y Remediar? Universidad Externado de Colombia, Bogotá.

Krämer, L., 2020. Rights of Nature and Their Implementation. J. Eur. Environ. Plan. Law 17, 47–75. https://doi.org/https://doi.org/10.1163/18760104-01701005

Lévi-Strauss, C., 1998. Tristes Tropiques. Pocket, Paris.

Lopes Maia, L.D., 2017. A ecologização do direito como alternativa para o enfrentamento dos riscos ambientais na sociedade de riscos: um diálogo entre Ulrich Beck e Canotilho. Ambito-Jurídico (ed. Electrónica) XX.

Medeiros Rocha, C., 2013. O STF e o meio ambiente: A tutela do Meio Ambiente em sede de Control Concentrado de Constitucionalidade. Universidad de San Pablo.

ONU, 1992. Declaración de Río sobre el Medio Ambiente y el Desarrollo -A/CONF.151/26/Rev.l (Vol. I). UN, New York.

Organización de las Naciones Unidas, 1992. Programa 21, in: Conferencia de Naciones Unidas Sobre El Medio Ambiente y El Desarrollo (UNCED). Río de Janeiro.

Packer Ambrosano, L., 2015. Lei Florestal 12.651/12 - Avanço do direito civil-proprietário sobre o espaço público e os bens comuns dos povos. Terra de Direitos, Curitiba.

Petry Schramm, F., 2017. Código Florestal não preserva integralmente a biodiversidade, apontam advogados durante julgamento no STF [WWW Document]. Terra de Direitos. URL http://terradedireitos.org.br/noticias/noticias/codigo-florestal-nao-preserva-integralmente-a-biodiversidade-apontam-advogados-durante-julgamento-no-stf/22615 (accessed 5.18.18).

Presidência da República, 2012. Lei n° 12.651, de 25 de maio de 2012. Brasil.

PSOL, 2018. Ações no STF podem impedir anistia a desmatadores [WWW Document]. PSOL Bras. URL http://www.psol50.org.br/acoes-no-stf-podem-impedir-anistia-a-desmatadores/ (accessed 5.18.18).

República de Bolivia, 2009. Constitución Política del Estado Boliviano. Bolivia.

República del Ecuador, 2008. Constitución Política de la República del Ecuador. Ecuador.

Santos, B. de S., 2013. Se Deus fosse um ativista de direitos humanos. Almedina, Coimbra.

Sarlet, I.W. (Ed.), 2010a. Estado socioambiental e direitos fundamentais, 1st ed. Livraria do Advogado Editora, Porto Alegre.

Sarlet, I.W. (Ed.), 2010b. Estado socioambiental e direitos fundamentais, 1st ed. Livraria Do Advogado, Porto Alegre.

Silva, D.M. da, Verdan Rangel, T.L., 2017. Biocentrismo no STF? O reconhecimento implícito de dignidade entre espécies a partir da análise dos precedentes jurisprudenciais. Rev. Âmbito Jurídico XX.
Silva, J.A. da, 2013. Direito Ambiental Constitucional, 10th ed. Malheiros, São Paulo.
Silva, M. da, Oliveira, D.R. de, 2018. The new Brazilian legislation on access to the biodiversity (Law 13,123/15 and Decree 8772/16). Braz. J. Microbiol 49. https://doi.org/http://dx.doi.org/10.1016/j.bjm.2017.12.001
Sparovek, G., Barretto, A., Klug, I., Papp, L., Lino, J., 2011. A revisão do Código Florestal brasileiro. Novos Estud. CEBRAP 89, 111–135. https://doi.org/https://dx.doi.org/10.1590/S0101-33002011000100007
STF, 2018a. ADI nº 4901 (Min. Luiz Fux).
STF, 2018b. ADI nº 4902 (Min. Rosa Weber).
STF, 2018c. ADI nº 4903 (Min. Gilmar Mendes).
STF, 2018d. ADI nº 4937 (Min. Luiz Fux).
STF, 2014. RE 658171 (Min. Dias Toffoli).
STF, 2011. ADI nº 1.856/RJ (Min. Celso de Melo).
Tabarelli, M., Pinto, L.P., Silva, J.M., Hirota, M., Bede, L., 2005. Challenges and opportunities for biodiversity conservation in the Brazilian Atlantic Forest. Conserv. Biol. 19, 695–700.
Terra de Direitos, 2017a. Como o Código Florestal fere a Constituição Federal Brasileira? [WWW Document]. Terra de Direitos. URL http://terradedireitos.org.br/noticias/noticias/como-o-codigo-florestal-fere-a-constituicao-federal-brasileira/22611 (accessed 5.18.18).
Terra de Direitos, 2017b. Lei Florestal 12.651/12: avanço do direito civil-proprietário sobre o espaço público e os bens comuns dos povos [WWW Document]. Terra de Direitos. URL http://terradedireitos.org.br/acervo/relatorios-e-pareceres/lei-florestal-1265112-avanco-do-direito-civilproprietario-sobre-o-espaco-publico-e-os-bens-comuns-dos-povos/22553 (accessed 5.18.18).
Tollefson, J., 2018. ›Tropical Trump‹ victory in Brazil stuns scientists. Nature. https://doi.org/https://doi.org/10.1038/d41586-018-07220-4
Tustin, J., 2005. Traditional knowledge and intellectual property in Brazilian biodiversity law. Tex. Intell. Prop. LJ 14.
UNGC, 2015. United Nations Global Compact: The Ten Principles.
United Nations, 2018. Regional Agreement on Access to Information, Public Participation and Justice in Environmental Matters in Latin America and the Caribbean. Costa Rica.
Valderrama Bedoya, F.J., Escobar-Sierra, M., Calderon-Valencia, F., Molina Betancur, C.M., Silva Arroyave, S.O., Malagón Pinzón, M.A., Dávila Suárez, C.M., 2020. Derecho público en los Estados Unidos de Colombia. Aproximaciones críticas, 1st ed. Sello editorial Universidad de Medellín, Medellín.
Watts, J., 2018. Almost four environmental defenders a week killed in 2017. Environ. Act. / defenders.

WWF, 2020. Living Planet Report 2020. Gland. https://doi.org/978-2-940 529-99-5

WWF, 2015. REDPARQUES makes good progress in getting protected areas recognized as natural solutions to climate change [WWW Document]. WWF Off. Assoc. URL http://wwf.panda.org/wwf_offices/brazil/?248 116/REDPARQUES–makes-good-progress-in-getting-protected-areas-recognized-as-natural-solutions-to-climate-change (accessed 5.18.18).

Xifaras, M., 2004. La Propriété. Étude de philosophie du droit. PUF, Paris.

Rechte der Natur in Südamerika – zwischen Biozentrismus und Anthropozentrismus

Maria Bertel

I. Einleitung

Angesichts der wachsenden Herausforderungen, die der Klimawandel mit sich bringt[1] nimmt das Anliegen, wie man die Natur als Lebensgrundlage des Menschen erhalten kann, eine zentrale Rolle in Zukunftsüberlegungen auch des Verfassungsgesetzgebers ein.[2] Dabei steht insbesondere die Frage danach im Raum, wie die Beziehung zwischen Mensch und Umwelt bzw. Natur rechtlich gestaltet werden soll.[3]. Die Dringlichkeit des Anliegens bringt eine zunehmende Verrechtlichung mit sich. Während sich die Debatte in Europa dahingehend entwickelt hat, wie die Umwelt am besten geschützt werden kann, sind in Lateinamerika mit der sogenannten pinken Welle[4] und den im Zuge derer neu ausgearbeiteten Verfassungen (Verfassungen des »*nuevo constitucionalismo*«)[5] auch andere Konzepte bemüht worden. Am weitesten geht dabei die Verfassung Ecuadors. Ihr zufolge ist die Natur selbst von Verfassung wegen Rechtsträgerin.

---

[1] Der Beitrag wurde am 1.11.2018 fertiggestellt. Spätere Änderungen konnten nur mehr vereinzelt eingearbeitet werden.
[1] Vgl. Elliot (2018).
[2] Vgl. z. B. für den europäischen Raum § 5 des (österreichischen) Bundesverfassungsgesetz über die Nachhaltigkeit, den Tierschutz, den umfassenden Umweltschutz, die Sicherstellung der Wasser- und Lebensmittelversorgung und die Forschung, BGBl I 111/2013, zuletzt geändert durch BGBl I 82/2019, wonach sich »[d]ie Republik Österreich (Bund, Länder und Gemeinden) ... zur Sicherung der Versorgung der Bevölkerung mit hochqualitativen Lebensmitteln tierischen und pflanzlichen Ursprungs auch aus heimischer Produktion sowie der nachhaltigen Gewinnung natürlicher Rohstoffe in Österreich zur Sicherstellung der Versorgungssicherheit« bekennt.
[3] Murphy (1971), 481 ff.
[4] Der Begriff der »pinken Welle« wird in der Literatur vielfach verwendet, vgl z. B. Grugel, Jean/Fontana, Lorenza B. (2018): *Human Rights and the Pink Tide in Latin America: Which Rights Matter?* In: Development and Change. doi:10.1111/dech. 12418.
[5] Vgl. Nolte/Schilling Vacaflor (2012).

Im Folgenden möchte ich ausgewählte Verfassungen des südamerikanischen Kontinents dahingehend untersuchen, ob diese die Natur als Rechtssubjekt anerkennen oder als Rechtsobjekt klassifizieren.[6] Dabei möchte ich die Verfassungen grob nach zwei Kategorien einteilen. Zum ersten, in anthropozentrische Konzepte (»Umweltschutz« als Menschenrecht) und zum zweiten in biozentrische Konzepte (Recht der Natur auf Erhalt und Fortbestand als »autonomes« Recht). Je nachdem, welcher Zugang gewählt wird, variieren auch sonstige Pflichten der Individuen. Der Fokus dieses Beitrages wird auf der verfassungsrechtlich festgelegten Rolle des Individuums in Bezug auf den Umweltschutz bzw. das Recht der Natur auf Erhalt und Fortbestand liegen.

Diese Untersuchung bildet die Basis für auf dieser Einteilung aufbauende Fragestellungen, wie z. B. jene nach der Durchsetzbarkeit des Umweltschutzes bzw. der Rechte der Natur. Im vorliegenden Beitrag bleiben die weiterführenden Fragen ausgeklammert.

Anschließend an die nationalen verfassungsrechtlichen Grundlagen, soll ein Ausblick auf die internationale Ebene erfolgen. In einem Gutachten aus November 2017, hat der Inter-Amerikanische Gerichtshof für Menschenrechte mit einer weiten Interpretation der AMRK aufhorchen lassen, mit der ein Recht auf eine gesunde Umwelt aus der AMRK abgeleitet werden kann. Der Beitrag soll die Verbindungen zwischen den nationalen Verfassungen und dem Gutachten aufzeigen.

Vorauszuschicken ist, dass dieser Beitrag eine verfassungsrechtsvergleichende Perspektive einnimmt. Ausgangspunkt sind die Texte der jeweiligen Verfassungen. Es soll ausdrücklich darauf hingewiesen werden, dass dies nur eine Schicht der Analyse sein kann. Insofern sind die folgenden Überlegungen auch als rechtliche Überlegungen zu verstehen und erheben keinerlei Anspruch darauf, eine über den verfassungsrechtlichen Gehalt hinausgehende Aussage zu treffen. Grundsätzliche Überlegungen, ob die neuen Verfassungen eine neue Herangehensweise ans Recht erfordern und inwiefern dadurch auch eine neue Sicht auf Grund- bzw. Menschenrechte notwendig sein könnte, werden nicht angestellt.[7]

---

[6] Vgl. Bertel, Maria (2016): Rechte der Natur in südamerikanischen Verfassungen. In: Juridikum 4, 451–460.
[7] Vgl. Sotillo Antezana (2015), 178.

Rechte der Natur in Südamerika – zwischen Biozentrismus und Anthropozen-

I. Recht auf gesunde Umwelt, Naturschutz als Zielbestimmung und Natur als Rechtsträgerin – Zwischen Anthropozentrismus und Biozentrismus[8]?

Einteilung

Umweltrechte sind nicht eindeutig einer bestimmten Klasse von Rechten zuordenbar.[9] Grob kann, wie einleitend ausgeführt, eine Zweiteilung vorgenommen werden. Demnach können biozentrische Modelle von anthropozentrischen Modellen unterschieden werden. Innerhalb der anthropozentrischen Modelle ist eine Vielzahl an weiteren Unterteilungen denkbar. Umweltrechte können z. B. »*empowerment*«-Funktion haben.[10] Darunter sind Beteiligungsrechte i. w. S. zu verstehen.[10] Solche Beteiligungsrechte, die sich zumeist als Rechte prozeduraler Natur zeigen, sind z. B. mittlerweile insbesondere über die Aarhus-Konvention[11] europaweit verbreitet. Eine weitere Möglichkeit der Zuordnung ist die nach sozialen Rechten, was Umweltrechte in der Regel zu programmatischen Bestimmungen machen und mit einer verhältnismäßig schwachen Durchsetzbarkeit ausstatten würde.[12] Schließlich kann der Umweltschutz als Zielbestimmung verankert werden, was tatsächlich in manchen europäischen Verfassungen der Fall ist.[13] Eine andere Variante ist das Konzept eines kollektiven Rechts, bei dem einer Gruppe, das Recht zukommt, mitzube-

---

[8] Biozentrismus und Ökozentrismus werden im Folgenden synonym verwendet.
[9] *Burns* verweist darauf, dass es nicht so sehr auf die Benennung von Umweltschutz als Recht, sondern auf die Durchsetzbarkeit ankommt, Kyle Burns, *Constitutions & the Environment: Comparative Approaches to Environmental Protection and the Struggle to Translate Rights into Enforcement*. In: Harvard Environmental Law Review [Blog]. http://harvardelr.com/2016/11/14/constitutions-the-environment-comparative-approaches-to-environmental-protection-and-the-struggle-to-translate-rights-into-enforcement/ (1.11.2018).
[10] Boyle (2006), 471; vgl. Peters, Birgit (2018): *Unpacking the Diversity of Procedural Environmental Rights: The European Convention on Human Rights and the Aarhus Convention*. In: Journal of Environmental Law 30:1, 1–27. doi: https://doi.org/10.1093/jel/eqx023.
[11] Convention on access to information, public participation in decision-making and access to justice in environmental matters, 25th June 1998.
[12] Boyle (2006), 471.
[13] Bundesverfassungsgesetz über die Nachhaltigkeit, den Tierschutz, den umfassenden Umweltschutz, die Sicherstellung der Wasser- und Lebensmittelversorgung und die Forschung für Österreich, Art. 20a GG für Deutschland, Art. 73 Schweizer Verfassung.

stimmen, was mit der Natur geschieht.[14] Solche Arten von Rechten sind insbesondere über das Recht auf Konsultation *(consulta previa)* verwirklicht und teilweise auch im nationalen Verfassungsrecht vorgesehen (s. u.).[15] Hinzuzufügen ist das individuelle Recht auf eine gesunde Umwelt. In diese Richtung geht z. B. die Judikatur des EGMR, der judiziert, dass Umweltverschmutzungen das Recht auf Leben[16] oder auf Privatsphäre[17] dermaßen beeinträchtigen können, dass eine Verletzung in Art 8 EMRK besteht.[18] Diesen verschiedenen Kategorisierungen ist gemeinsam, dass sie vom Menschen ausgehen.

Neben diesen anthropozentrisch geprägten Modellen steht das (schon seit geraumer Zeit diskutierte[19]) biozentrische Modell: das Recht der Natur als ein autonomes, vom Menschen unabhängiges Recht.[20]

Recht auf eine gesunde Umwelt

Beim Recht auf eine gesunde Umwelt geht es herkömmlich um ein Recht, das es Menschen ermöglichen soll, möglichst unbeeinträchtigt von Störungen der Umwelt (z. B. Verschmutzung von Wasser oder Luft, kein Lärm) zu leben.[21] Dieses Recht wird vielfach aus der Würde des Menschen abgeleitet.[22] Im Mittelpunkt steht der Mensch und deshalb ist das Recht auf eine gesunde Umwelt ein anthropozentrisches Konzept: »The right to live in a healthy environment meets the test for recognition as a fundamental human right (significant moral importance, universal, practicable)«.[23] Dies fügt sich in den generellen Befund ein, dass die meisten Verfassungen grundsätzlich anthropozentrisch ausgerichtet sind.[24]

Im europäischen Kontext drückt sich dies u. a. darin aus, dass das Recht auf eine gesunde Umwelt in der EMRK keine eigene Rechts-

---

[14] Boyle (2006), 472.
[15] Vgl. Abreu Blondet (2012).
[16] Art. 2 EMRK.
[17] Art. 8 EMRK.
[18] Vgl. z. B. EGMR, 9. 12. 1994, Nr. 16798/90, López Ostra v. Spain.
[19] Vgl. Boyle (2006), 473.
[20] Für Beispiele vgl. Boyle (2006): passim. Zur Entwicklung vgl. Borràs (2016), 127 ff.
[21] Vgl. Kotzé/Villavicencio Calzadilla (2017), 409.
[22] Borràs (2016), 115.
[23] Boyd (2012), 3.
[24] Kotzé/Villavicencio Calzadilla (2017), 404.

grundlage hat[25], sondern das Recht auf eine gesunde Umwelt sich nur mittelbar so auf eine Grundrechtsgarantie auswirken kann, dass dieser Grundrechtsgehalt als verletzt erachtet wird. Der EGMR knüpft dabei an Art. 2 EMRK, das Recht auf Leben, und Art. 8 EMRK, das Recht auf Privatsphäre, an. Art. 2 EMRK erachtete der EGMR z. B. dann als verletzt, wenn der Staat ihm bekannte (Umwelt-)Risiken nicht angemessen beseitigte, sodass das Leben von Anwohnern in Gefahr war.[26]

Art. 8 EMRK, das Recht auf Privatsphäre, verbürgt direkt kein Recht auf eine gesunde Umwelt. Wenn aber ein Individuum direkt und ernsthaft durch Lärm oder Verschmutzung beeinträchtigt ist, kann ein Eingriff und ggf. auch eine Verletzung von Art. 8 EMRK vorliegen.[27] Auch hier ist wiederum eine eindeutige Bezugnahme auf das Individuum zu erkennen.

Umweltschutz als Zielbestimmung

Wo, wie z. B. in Deutschland[28] oder Österreich[29], der Natur- und Umweltschutz als Zielbestimmung verankert ist, scheint dies zumindest auf ersten Blick weniger auf das Individuum zugeschnitten. Dies liegt an den Charakteristika der Zielbestimmungen. Wenn man diese im Sinne einer Staatszielbestimmung[30] und damit als Vorgabe für den Gesetzgeber, die Verwaltung und die Gerichtsbarkeit versteht, aber eben nicht als subjektives Recht, das dem Menschen ein Recht auf Natur- oder Umweltschutz (oder der Natur ein Recht auf ihren Fortbestand) gibt, dann ist der Natur- oder Umweltschutz primär Hand-

---

[25] Auch international gibt es bislang kein bindendes Dokument, welches ein Recht auf eine gesunde Umwelt verbürgen würde. Vielmehr hat sich ein Umweltkonstitutionalismus herausgebildet und ein Recht auf eine gesunde Umwelt wird teilweise aus Garantien unterschiedlicher Ebenen abgeleitet, Borràs (2016), 115.
[26] EGMR (GK), 30.11.2004, Nr. 48939/99, Öneryıldız v. Turkey.
[27] EGMR (GK), 8.7.2003, Nr. 36022/97, Hatton and others v. The United Kingdom, Rz. 96: »There is no explicit right in the Convention to a clean and quiet environment, but where an individual is directly and seriously affected by noise or other pollution, an issue may arise under Article 8.«
[28] Art 20a GG.
[29] Bundesverfassungsgesetz über die Nachhaltigkeit, den Tierschutz, den umfassenden Umweltschutz, die Sicherstellung der Wasser- und Lebensmittelversorgung und die Forschung, BGBl I 111/2013.
[30] Vgl. Sommermann, Karl-Peter (1997): *Staatsziele und Staatszielbestimmungen*, Tübingen, Mohr Siebeck.

lungsmaßstab für staatliches Handeln (insbesondere für das Handeln von Gesetzgebung und Verwaltung). Eine Durchsetzung durch Individuen ist – sofern sie dies nicht in Zusammenhang mit einer behaupteten Verletzung in einem subjektiven Recht tun – direkt nicht möglich.[31] Eine Rolle können Staatszielbestimmungen insbesondere bei Abwägungen spielen, wie sie Gerichte etwa dann durchführen, wenn sie die Verhältnismäßigkeit einer bestimmten Norm prüfen.[32] Staatszielbestimmungen können jedoch auch als Leitlinien für die Gestaltung von Politiken durch die Entscheidungsträger im Staat herangezogen werden. Aus ihrem Charakter als handlungsleitende Prinzipien kommt Staatszielbestimmungen zeitlich betrachtet eine die Zukunft gestaltende Rolle zu.[33] Staatszielbestimmungen können deshalb auch in Zusammenhang mit dem Schutz zukünftiger Generationen eine Rolle spielen.

Vor dem Hintergrund der Zuordnung zu anthropozentrischen und biozentrischen Konzepten, kann die Konzeption als Staatszielbestimmung Ausdruck dessen sein, dass es um ein generelles Interesse geht. Eine Zielbestimmung kann dabei nicht nur anthropozentrisch, sondern auch biozentrisch ausgerichtet sein. Es kommt auf den Bezugspunkt an (Umweltschutz in Bezug auf den Menschen als Ziel oder Erhalt der Natur als Ziel).

Natur als Rechtsträgerin

Um etwas grundlegend Anderes geht es, wenn der Natur insgesamt oder Teilen der Natur Rechtsträgerschaft zuerkannt wird. In diesem Fall kommen der Natur oder Teilen der Natur ein subjektives Recht[34] auf den Erhalt und Fortbestand zu. Während beim Umweltschutz nach der gängigen Auffassung der Mensch ein Recht auf den Schutz seiner *Um-Welt* hat, ist im Fall der Konzeption der Natur als Rechtsträgerin die Natur selbst Subjekt.[35] Daran knüpfen die eingangs er-

---

[31] Bertel (2015), 144 f.
[32] Bertel (2015), 145.
[33] Ebd.
[34] Zumindest dem Wortlaut der Verfassung Ecuadors nach, ist das Recht der Natur auf Erhalt bzw. Fortbestand als subjektives Recht formuliert.
[35] Anders formuliert ist die Einteilung eine die das der Verfassung zugrundeliegende Weltbild, nämlich einem anthropozentrischen oder öko- bzw biozentrischen Weltbild, widerspiegelt, Kotzé/Villavicencio Calzadilla 2017: 408 f. mit den Gründen dafür, weshalb die meisten Verfassungen einen anthropozentrischen Blickwinkel haben.

wähnten Fragestellungen an, die in der Literatur teils kritisch behandelt werden und letztlich um die Frage kreisen, ob das Recht als menschliches Konstrukt überhaupt geeignet ist, eine andere Ausrichtung wie die anthropozentrische Perspektive einzunehmen.[36]

Umweltschutz oder Natur als Rechtsträgerin?

Die Einteilung hat Auswirkungen auf die Beurteilung von Fällen, in denen Umweltschutz oder Naturschutz gewährleistet werden soll. Es macht nämlich einen Unterschied, ob der Umwelt- oder Naturschutz aus Sicht der Natur oder des Menschen beurteilt wird. Daran anknüpfend ergeben sich, insbesondere wenn die Natur als Rechtsträgerin fungiert, zahlreiche Folgefragen, etwa: Wer darf die Rechte der Natur geltend machen, sind dies staatliche Stellen, Individuen oder andere zivilgesellschaftliche Organisationen wie NGOs? Wie ist das Verhältnis der Rechte der Natur zu den Menschenrechten zu beurteilen? Und wie ist bei Kollisionen[37] vorzugehen.

III. Verfassungsvergleich

Der folgende Überblick über ausgewählte Verfassungen Lateinamerikas soll zum einen eine Zuordnung zu den genannten Kategorien ermöglichen; zum anderen wird untersucht, ob und welche verfassungsrechtlichen Pflichten sich für die Rechtsunterworfenen ergeben. Insbesondere soll geprüft werden, ob mit dem Konzept der Natur als Rechtsträgerin auch eine Ausdehnung der Pflichten der Rechtsunterworfenen einhergeht. Vorauszuschicken ist, dass sich die Untersuchung auf eine textliche Analyse beschränkt. Als Grundlage für die Analyse wurde constituteproject.org herangezogen (Stand: 1.1.2018).

---

[36] Elder (1984), 291.
[37] Zu den praktischen Fragen vgl. ausführlicher Borràs (2016), 137 f.

1. Recht auf eine gesunde Umwelt – anthropozentrischer Ansatz

Individuelles Recht – »sanfte« individuelle Pflicht

Art. 41 der argentinischen Verfassung formuliert, dass eine gesunde Umwelt ein Recht der Staatsbewohner ist. Dem korrespondiert die Pflicht aller Bewohner, die Umwelt zu schützen. Auch in Kolumbien sieht Art. 79 der Verfassung vor, dass jedes Individuum das Recht auf eine gesunde Umwelt hat. Im Gegenzug dazu sind nach Art. 8 der kolumbianischen Verfassung der Staat und die Individuen zum Schutz von Kultur und Natur der Nation verpflichtet. Hinzu kommt noch der Schutz von Kultur und Natur als Pflicht nicht nur der Staatsbürger, sondern auch der Individuen nach Art. 95 Z 8 der Verfassung (dies umfasst zumindest dem Verfassungstext nach alle Personen, die sich in Kolumbien aufhalten). Nach Art. 60 der Verfassung von Nicaragua steht den Nicaraguanern das Recht zu, in einer gesunden Umwelt zu leben. Im Gegenzug sind die Nicaraguaner zum Erhalt der Umwelt verpflichtet. Die Verfassung Nicaraguas erschöpft sich jedoch nicht im Recht auf eine gesunde Umwelt, sondern geht darüber hinaus, weshalb Nicaragua auch doppelt zuzuordnen ist; der Mutter Erde kommt nämlich eine besondere Stellung als Gemeingut zu.[38] Art. 127 der Verfassung von Venezuela konzipiert die Umwelt als etwas, auf das die Bevölkerung ein Recht hat. Damit gehen Pflichten des Staates einher. Gleichzeitig ist die Erhaltung der Natur ein Recht und eine Pflicht einer jeden Generation.

Auch nach Art. 255 der brasilianischen Verfassung genießt jedermann das Recht auf eine im ökologischen Gleichgewicht befindliche Umwelt. Die Verpflichtung diese zu wahren liegt beim Staat und der Gemeinschaft. Art. 19 der chilenischen Verfassung sieht vor, dass jedermann das Recht auf eine gesunde Umwelt hat. Die Pflicht, diese zu schützen liegt beim Staat.

Art. 33 der bolivianischen Verfassung konzipiert die gesunde Umwelt ebenso als Recht, sowohl des Individuums als auch des Kollektivs. Nach Art. 312 der bolivianischen Verfassung ist jede Form ökonomischer Organisation verpflichtet die Umwelt zu schützen. Darüber hinaus sind jedoch auch der Staat und die Bevölkerung zum Schutz natürlicher Ressourcen und der Biodiversität verpflichtet. Zusätzlich ist in der Präambel der bolivianischen Verfassung Mutter Er-

---

[38] S. u.

de besonders hervorgehoben, ohne jedoch, dass sich dies in einer besonderen Rechtsstellung manifestieren würde.

Auffällig ist, dass die meisten Verfassungen entweder dem Individuum oder dem Kollektiv eine Pflicht zum Umweltschutz im Gegenzug zur Einräumung des Rechts auf eine gesunde Umwelt auferlegen. Konkrete Angaben zur Durchsetzbarkeit enthalten die Verfassungen jedoch nicht, sodass zumindest rein textlich von »sanften« Pflichten auszugehen ist.

Gewährleistung oder Zielbestimmung?

Nicht alle Verfassungen enthalten ein individuelles Recht auf eine gesunde Umwelt. Manche Verfassungen formulieren die gesunde Umwelt als ein Ziel bzw als eine staatliche Gewährleistung (ohne, dass die gesunde Umwelt als »Recht auf« formuliert ist).

Nach Art. 118 der Verfassung von Panama hat Panama seiner Bevölkerung u.a. eine gesunde Umwelt zu gewährleisten. Art. 119 verpflichtet sowohl den Staat als auch die Bewohner dazu, eine ökonomische und soziale Entwicklung zu verfolgen, die Umweltverschmutzung vermeidet sowie das ökologische Gleichgewicht wahrt und die Zerstörung von Ökosystemen hintanhält.

Art. 27 der kubanischen Verfassung schließlich verpflichtet den Staat zum Schutz der Umwelt und der natürlichen Ressourcen. Dem korrespondiert die Pflicht der Bürger zum Schutz des Wassers und der Atmosphäre sowie zur Bewahrung der Erde, Flora, Fauna und all dem weiteren Potential der Natur beizutragen. Für Uruguay bestimmt Art. 47 der Verfassung, dass eine gesunde Umwelt ein allgemeines Interesse darstellt.

Kollektives Recht

Einige Verfassungen spiegeln das kollektive Interesse an einer gesunden Natur wider, indem sie diese als kollektives Recht konzipieren bzw. zumindest einen Bezug zum Kollektiv herstellen, so z.B. die bolivianische Verfassung in Art. 33 und 34 oder Art. 127 der Verfassung Venezuelas. In dieselbe Richtung geht auch Art. 79 der kolumbianischen Verfassung. Vielfach steht hier der Bezug zu indigenen Bevölkerungsgruppen im Vordergrund.

2. Natur als Rechtsträgerin – Biozentrischer Ansatz

Eine explizite Verankerung der Rechtsträgereigenschaft der Natur ist bislang nur in der Verfassung Ecuadors erfolgt.[39] Sie steht dort in Zusammenhang mit dem durch die Verfassung verrechtlichten Konzept des sumak kawsay oder buen vivir, wobei dieses Konzept in der Literatur nicht abschließend geklärt ist.[40] Biozentrische Elemente sind aber auch in der Verfassung Nicaraguas nachweisbar.

Recht der Natur in Nicaragua?

Nach Art. 60 der Verfassung Nicaraguas kommt der Mutter Erde eine übergeordnete Rolle als Gemeingut zu, das die Grundlage für alle weiteren Güter bildet. Mutter Erde ist zu lieben, für sie ist Sorge zu tragen und sie soll regeneriert werden. Mutter Erde muss als lebende Einheit und als Subjekt mit Würde verstanden werden. Sie gehört zur Gemeinschaft all derer, die sie bewohnen und zur Gesamtheit aller Ökosysteme. Art. 60 der Verfassung[41] lässt auf ein biozentrisches Weltbild schließen. Während Nicaragua die Mutter Erde zwar als Subjekt konzipiert, geht die Verfassung jedoch nicht soweit, explizit ein subjektives Recht auf Fortbestand der Natur anzuerkennen.

---

[39] Siehe dazu sogleich.
[40] Kritisch dazu Javier Cuesta Caza (2018), 51 ff.
[41] Art. 60 wurde erst mit der letzten Reform 2014 (Ley No 854, Ley de reforma parcial a la constitución política de la República de Nicaragua) novelliert. Art. 60 lautet: »Los nicaragüenses tienen derecho de habitar en un ambiente saludable, así como la obligación de su preservación y conservación. El bien común supremo y universal, condición para todos los demás bienes, es la madre tierra; ésta debe ser amada, cuidada y regenerada. El bien común de la Tierra y de la humanidad nos pide que entendamos la Tierra como viva y sujeta de dignidad. Pertenece comunitariamente a todos los que la habitan y al conjunto de los ecosistemas. La Tierra forma con la humanidad una única identidad compleja; es viva y se comporta como un único sistema autorregulado formado por componentes físicos, químicos, biológicos y humanos, que la hacen propicia a la producción y reproducción de la vida y que, por eso, es nuestra madre tierra y nuestro hogar común. Debemos proteger y restaurar la integridad de los ecosistemas, con especial preocupación por la diversidad biológica y por todos los procesos naturales que sustentan la vida. La nación nicaragüense debe adoptar patrones de producción y consumo que garanticen la vitalidad y la integridad de la madre tierra, la equidad social en la humanidad, el consumo responsable y solidario y el bien vivir comunitario. El Estado de Nicaragua asume y hace suyo en esta Constitución Política el texto íntegro de la Declaración Universal del Bien Común de la Tierra y de la Humanidad.«

Systematisch steht Art. 60 der Verfassung unter dem Titel der »Sozialen Rechte«. Dies unterscheidet die Verfassung Nicaraguas von der Verfassung Ecuadors. Dennoch inkorporiert die Verfassung Nicaraguas eindeutig auch biozentrische Elemente: So ist die Erde nach der Verfassung lebendig, hat Würde und bildet gemeinsam mit der Menschheit eine Einheit.

Recht der Natur in Ecuador

Die Verfassung von Ecuador sieht in Kapitel 7, aufgeteilt auf vier Artikel, explizit Rechte der Natur selbst vor und konzipiert damit die Natur – neben dem Menschen – als Rechtssubjekt und Rechtsträgerin. Kernartikel ist dabei Art. 71 der Verfassung Ecuadors:
Die Natur oder Pacha Mama, in der sich das Leben realisiert und reproduziert hat das Recht umfassend in ihrem Existenzrecht, ihrer Erhaltung und Regeneration ihrer Vitalzyklen, Strukturen, Funktionen und evolutiven Prozessen respektiert zu werden. Jede Person, Gemeinschaft, Volk oder Nationalität kann vor den öffentlichen Autoritäten die Rechte der Natur einfordern. Für die Anwendung und Interpretation dieser Rechte haben die Verfassungsprinzipien Beachtung zu finden. Der Staat fördert, dass natürliche und juristische Personen und Kollektive die Natur schützen und fördert den Respekt aller vor den Bestandteilen des Ökosystems[42].

Darüber hinaus sind die weiteren Artikel wichtig zum Verständnis der Rechte der Natur. So kommt der Natur gemäß Art. 72 der Verfassung das Recht auf Wiederherstellung zu. Dieses Recht ist unabhängig von der Verpflichtung des Staates und der natürlichen und juristischen Personen zu sehen, die Individuen und Kollektive, die von betroffenen Natursystemen abhängen zu entschädigen. Für die Fälle von schweren oder permanenten Auswirkungen auf die Um-

---

[42] Art. 71. La naturaleza o Pacha Mama, donde se reproduce y realiza la vida, tiene derecho a que se respete integralmente su existencia y el mantenimiento y regeneración de sus ciclos vitales, estructura, funciones y procesos evolutivos.
Toda persona, comunidad, pueblo o nacionalidad podrá exigir a la autoridad pública el cumplimiento de los derechos de la naturaleza. Para aplicar e interpretar estos derechos se observarán los principios establecidos en la Constitución, en lo que proceda. El Estado incentivará a las personas naturales y jurídicas, y a los colectivos, para que protejan la naturaleza, y promoverá el respeto a todos los elementos que forman un ecosistema.

welt, inklusive solcher Fälle, die durch die Ausbeutung natürlicher Ressourcen geschieht, hat der Staat wirksame Mechanismen einzurichten um die Wiederherstellung der Natur zu erreichen und geeignete Mittel zu beschließen um die schädlichen Umweltauswirkungen zu eliminieren oder abzumildern.[43]

In Art. 73 schließlich geht es um Vorsichtsmaßnahmen und einschränkende Maßnahmen, die der Staat in Bezug auf Aktivitäten setzen kann, die zu einer Ausrottung einer Spezies, der Zerstörung von Ökosystemen oder zur permanenten Änderung von natürlichen Lebenszyklen führen kann. Auch verbietet Art. 73 die Einführung von Organismen und organischem und unorganischem Material, welches das nationale genetische Material dauerhaft verändert.[44]

Schließlich haben Personen, Gemeinschaften, Völker und Nationalitäten das Recht, die Umwelt und die Reichtümer der Natur, die das *buen vivir* ermöglichen, zu genießen.[45] Art. 74 nimmt zusätzlich auf »servicios ambientales« Bezug. Diese »servicios ambientales« können als Dienstleistungen seitens der Natur beschrieben werden, die das (menschliche) Leben ermöglichen.[46]

---

[43] Art. 72. La naturaleza tiene derecho a la restauración. Esta restauración será independiente de la obligación que tienen el Estado y las personas naturales o jurídicas de indemnizar a los individuos y colectivos que dependan de los sistemas naturales afectados.
En los casos de impacto ambiental grave o permanente, incluidos los ocasionados por la explotación de los recursos naturales no renovables, el Estado establecerá los mecanismos más eficaces para alcanzar la restauración, y adoptará las medidas adecuadas para eliminar o mitigar las consecuencias ambientales nocivas.
[44] Art. 73. El Estado aplicará medidas de precaución y restricción para las actividades que puedan conducir a la extinción de especies, la destrucción de ecosistemas o la alteración permanente de los ciclos naturales.
Se prohíbe la introducción de organismos y material orgánico e inorgánico que puedan alterar de manera definitiva el patrimonio genético nacional.
[45] Zum Konzept Cuestas-Caza (2018), Altmann (2016), Acosta (2015), Gudynas (2011).
[46] *Ibanes de Novion* zufolge ist darunter »die Fähigkeit der Natur, die Lebensqualität und den notwendigen Nutzen bereit zu halten, das heißt das Leben, wie wir es kennen für alle und mit Qualität (reine Luft, sauberes und zugängliches Wasser, fruchtbare Böden, Urwälder reich an Biodiversität, nahrhafte und reichhaltige Lebensmittel, etc zu garantieren, das heißt, die Natur arbeitet (leistet Dienste) zum Erhalt des Lebens und seiner Abläufe und diese Abläufe sind als Leistungen der Natur« (https://pib.socioambiental.org/es/Servicios_ambientales; eigene Übersetzung: »la capacidad que tiene la naturaleza de proporcionar la calidad de vida y las comodidades necesarias, o sea garantizar que la vida, como la conocemos, exista para todos y con calidad (aire puro, agua limpia y accesible, suelos fértiles, selvas ricas en biodiversidad, alimentos

Solche Leistungen sind nach Art. 74 keinem Eigentumserwerb zugänglich; ihre Produktion, ihre Leistung, ihr Gebrauch und ihr Genuss sind vom Staat zu regeln.[47] Die Verfassung Ecuadors erschöpft sich jedoch nicht in diesen Bestimmungen. Die Bezugnahmen auf die Natur sind viel weitergehender. Sie umfassen u.a. den Bereich der Entwicklung[48], das Wirtschaftssystem[49], die Staatsschulden[50] oder Produktionsformen[51]. Darüber hinaus widmet die Verfassung neben den Rechten der Natur auch der Biodiversität ein ganzes Kapitel.[52] Dabei geht es insbesondere um die staatliche Pflicht, die Biodiversität zu erhalten und entsprechende Politiken zu gestalten und Maßnahmen zu setzen.

Dabei ist der Kontext der Verfassung Ecuadors, so wie übrigens auch der Verfassung Boliviens mit einzubeziehen. Beiden Verfassungen ist es ein Anliegen die Dekolonisierung voranzutreiben und die Natur zu »entkapitalisieren«.[53]

3. Grundpflichten[54] als Kennzeichen des biozentrischen Ansatzes?

Wie oben gezeigt, sehen die Verfassungen vielmals nicht nur den Umweltschutz als generelle Aufgabe des Staates, sondern auch die Pflicht des Individuums die Umwelt zu schützen vor. Die meisten Verfassungstexte bleiben dabei eher abstrakt. Auch hier erweist sich die Verfassung Ecuadors als anders. Diese sieht nämlich konkrete Pflichten der Individuen vor:

---

nutritivos y abundantes, etc.) o sea, la naturaleza trabaja (presta servicios) para el mantenimiento de la vida y de sus procesos y esto servicios realizados por la naturaleza son conocidos como servicios ambientales«) zu verstehen.

[47] Art. 74. Las personas, comunidades, pueblos y nacionalidades tendrán derecho a beneficiarse del ambiente y de las riquezas naturales que les permitan el buen vivir. Los servicios ambientales no serán susceptibles de apropiación; su producción, prestación, uso y aprovechamiento serán regulados por el Estado.

[48] Entwicklungsplan, Art. 276.
[49] Art. 283.
[50] Art. 290.
[51] Art. 319.
[52] Art. 359 ff.
[53] Gutmann/Valle (2019), 60 ff.
[54] Grundpflichten kennt auch schon die American Declaration of the Rights and Duties of Man (adopted by the Ninth International Conference of American States, Bogotá, Colombia, 1948); eine Pflicht zum Schutz der Umwelt oder der Natur war damals freilich nicht vorgesehen.

Kapitel 9 der Verfassung enthält einen »Pflichtenkatalog«. Während die Kapitelüberschrift mit »Verantwortung« überschrieben ist, spricht Art. 83 explizit von Pflichten.[55] Art. 83 enthält verschiedene Pflichten, von denen einige Ziffern mit Bezug auf die Rechte der Natur eine Rolle spielen können. Für den vorliegenden Kontext, steht die Ziffer 6 im Mittelpunkt. Diese gebietet, dass die Rechte der Natur zu respektieren sind, die gesunde Umwelt erhalten werden muss und natürliche Ressourcen auf eine rationale und nachhaltige Weise gebraucht werden müssen.

Zur Konzeption der Pflichten ist zu sagen, dass diese zum einen Rechtsgebote enthalten (z. B. gem. Z 1 die Einhaltung der Verfassung), zum anderen aber auch moralische Vorgaben enthalten (z. B. Z 2 »Ama killa, ama llulla, ama shwa. No ser ocioso, no mentir, no robar«[56]). Die Pflicht, die Rechte der Natur zu respektieren kann dabei sowohl als moralisches als auch als rechtliches Gebot erachtet werden.

Bemerkenswert ist, dass die Verfassung Ecuadors auch außerhalb dieses Pflichtenkatalogs den respektvollen Umgang mit der Natur einfordert, eingebettet in das Konzept des buen vivir. Art. 278 der Verfassung sieht für die Verfolgung des »buen vivir« durch die Personen und Kollektive und ihre diversen Organisationsformen vor, dass diese u. a. in Beachtung ihrer sozialen Verantwortung und der Verantwortung für die Umwelt Produkte und Dienstleistungen produzieren bzw. anbieten, austauschen und konsumieren müssen.[57] Damit statuiert die Verfassung letztlich ein sich an jede und jeden wendendes Gebot eines verantwortlichen Konsums. Fraglich ist die Durchsetzbarkeit dieser Bestimmung. Die Verfassung sieht weder Sanktionen bei der Missachtung der Bestimmung vor, noch gibt sie Aufschluss darüber, wie diese Pflicht ggf. durchgesetzt werden könnte.

---

[55] Art. 83. Son deberes y responsabilidades de las ecuatorianas y los ecuatorianos, sin perjuicio de otros previstos en la Constitución y la ley... .
[56] Nicht untätig (faul) sein, nicht lügen, nicht stehlen (eigene Übersetzung).
[57] Art. 278. Para la consecución del buen vivir, a las personas y a las colectividades, y sus diversas formas organizativas, les corresponde: 1. Participar en todas las fases y espacios de la gestión pública y de la planificación del desarrollo nacional y local, y en la ejecución y control del cumplimiento de los planes de desarrollo en todos sus niveles. 2. Producir, intercambiar y consumir bienes y servicios con responsabilidad social y ambiental.

Auffällig ist darüber hinaus, dass die Verfassung Nicaraguas in Art. 60, ähnlich wie die Verfassung Ecuadors, darauf verweist, dass es (u. a.) die Pflicht der Nation ist, verantwortungsvoll im Hinblick auf die Vitalität und Integrität von Mutter Erde und im Hinblick auf die soziale Gleichheit zwischen den Menschen zu konsumieren. Damit gehen beide Verfassungen über die üblichen Formulierungen, dass die Umwelt zu schützen und dafür auch Individuen verantwortlich sind, hinaus, weil sie (u. a.) direkt auf den verantwortungsvollen Konsum verweisen.

4. Zwischenergebnis

Die Verfassung Ecuadors ist eindeutig jene, die der Natur die umfangreichsten Rechte einräumt.

Davon auszugehen, dass der Naturschutz einfach durch Rechte der Natur ausgetauscht werden, würde aber m. E. dem Konzept der Verfassung Ecuadors (und generell einer biozentrisch ausgerichteten Verfassung) nicht gerecht werden. Wie gezeigt, ist z. B. der Pflichtenkatalog der Verfassung Ecuadors Ausdruck dessen, dass dem Individuum bzw. dem einzelnen Menschen eine andere Stellung im Verhältnis zur Natur zukommt wie in den herkömmlichen Verfassungen. Insofern scheint für weiter gehende Überlegungen zur biozentrischen Ausrichtung von Verfassungen wichtig, nicht die Natur isoliert zu betrachten, sondern diese Garantie als Teil eines Gesamtkonzepts einer Verfassung zu betrachten.

IV. Das Gutachten des Inter-Amerikanischen Gerichtshofs für Menschenrechte – *Opinión consultiva OC-23/17, de 15 de noviembre 2017, solicitada por la República de Colombia*[58]

Anlassfall für die Beschäftigung des Inter-Amerikanischen Gerichtshofs für Menschenrechte mit dem Recht auf eine gesunde Umwelt war ein kolumbianischer Rechtsfall. Kolumbien rief den Gerichtshof mit Fragen zu Großprojekten an, die mit erheblichen Umweltbeein-

---

[58] IACR, The Environment and Human Rights (State obligations in relation to the environment in the context of the protection and guarantee of the rights to life and to personal integrity – interpretation and scope of Articles 4(1) and 5(1) of the American

trächtigungen einhergingen⁵⁹ und erbat ein Gutachten zu verschiedenen Fragen in Bezug auf den Umweltschutz.⁶⁰ Der Inter-Amerikanische Gerichtshof für Menschenrechte antwortete im November 2017. Im Zuge des Gutachtens führte der Gerichtshof u. a. aus, dass das Recht auf eine gesunde Umwelt nicht mehr nur als Individualgrundrecht, sondern als kollektives Grundrecht einzustufen ist, welches nicht nur in Bezug auf die Gegenwart wichtig, sondern insbesondere auch auf zukünftige Generationen ausgerichtet ist.⁶¹

Konkret gelangt der Gerichtshof zu dem Ergebnis, dass es ein aus Art. 26 AMRK ableitbares Recht auf Umweltschutz gibt.⁶² Dafür setzt der Gerichtshof den Umweltschutz wiederum in Verbindung mit den Menschenrechten: Die Beziehung zwischen Menschenrechten und der gesunden Umwelt sieht der Gerichtshof dabei durch die Abhängigkeit des Menschen von der Natur gegeben. Durch Beeinträchtigungen der Natur (und damit der natürlichen Lebensgrundlagen) sieht der Gerichtshof den Genuss der Menschenrechte bedroht.⁶³

Interessant ist, dass der Gerichtshof in seiner Argumentation so weit geht, unter Bezugnahme auf nationale gerichtliche Entscheidungen und nationale Verfassungen (bislang einziger Bezugspunkt scheint Ecuador zu sein), zumindest zu erwähnen, dass es ein Recht auf eine gesunde Umwelt losgelöst von menschenrechtlichen Fragestellungen gebe.

Zum Recht auf eine gesunde Umwelt führt der Gerichtshof aus (Hervorhebungen durch die Verfasserin):

Convention on Human Rights). Advisory Opinion OC-23/17 of November 15, 2017. Series A No. 23 (im Folgenden: Gutachten).
⁵⁹ Für eine Zusammenfassung der Vorgeschichte, vgl. z. B. https://www.elpais.cr/2018/02/10/ambiente-y-derechos-humanos-breve-analisis-de-la-opinion-consultiva-oc-23-de-la-corte-interamericana-de-derechos-humanos-corte-idh/ (1.11.2018).
⁶⁰ An dieser Stelle sei auf den politischen Hintergrund des Gutachtens verwiesen, Gascón Marcén, Ana (2017): Tribunales internacionales y estados latinoamericanos: últimos avances en la protección del medio ambiente. In: Actualidad Jurídica Ambiental, 82, Sección »Artículos doctrinales«. 1–22: 12. Manuskript abrufbar unter: http://www.actualidadjuridicaambiental.com/wp-content/uploads/2018/09/2018_09_17_Gascon_Trib-Internac-Estados-Latinoam.pdf (1.11.2018).
⁶¹ Gutachten Rz 62.
⁶² Estupiñan Silva (2018), 66 f.
⁶³ Gutachten Rz 47 f.

62. Esta Corte considera importante resaltar que el derecho al medio ambiente sano como derecho autónomo, a diferencia de otros derechos, protege los componentes del medio ambiente, tales como bosques, ríos, mares y otros, *como intereses jurídicos en sí mismos*, aún en ausencia de certeza o evidencia sobre el riesgo a las personas individuales. Se trata de proteger la naturaleza y el medio ambiente no solamente por su conexidad con una utilidad para el ser humano o por los efectos que su degradación podría causar en otros derechos de las personas, como la salud, la vida o la integridad personal, sino por su importancia para los demás organismos vivos con quienes se comparte el planeta, también merecedores de protección en sí mismos. *En este sentido, la Corte advierte una tendencia a reconocer personería jurídica y, por ende, derechos a la naturaleza no solo en sentencias judiciales sino incluso en ordenamientos constitucionales.*[64]

Auch wenn der Gerichtshof das Konzept Ecuadors nicht in der Weise übernimmt, dass die Natur selbst Rechtsträgerin ist, so kann die Bedeutung des Ergebnisses des Gutachtens nicht unterschätzt werden. Insbesondere deshalb, weil der Gerichtshof auch anerkannt hat, dass eine extraterritoriale Anwendung der Konvention unter bestimmten Bedingungen möglich ist. Auch über die – nicht unumstrittene[65] – Doktrin der Konventionalitätskontrolle erreicht der Gerichtshof letztlich eine dezentralisierte Normenkontrolle mit dem Resultat einer sehr umfassenden Anwendung nicht nur der Konven-

---

[64] Eigene Übersetzung: Der Gerichtshof hält es für wichtig auszuführen, dass das Recht auf eine gesunde Umwelt als ein autonomes Recht die Teile der Umwelt, wie Wälder, Flüsse, Meere und andere, als juristische Interessen, für sich schützt; im Unterschied zu anderen Rechten ohne, dass damit die Sicherheit oder Wahrscheinlichkeit besteht, ein Risiko für Individuen abzuwenden. Es geht darum die Natur und die Umwelt nicht nur in Verbindung mit der Nützlichkeit für das menschliche Wesen oder in Bezug auf die Effekte, die der Rückbau der Natur in Bezug auf andere Rechte von Personen, wie Gesundheit, Leben oder körperliche Unversehrtheit, zu schützen, sondern auch wegen ihrer Bedeutung für andere lebende Organismen mit denen sich die Natur den Planeten teilt, die ebenso schützenswert aus sich selbst heraus sind. In diesem Sinne bemerkt der Gerichtshof eine Tendenz der Natur juristische Persönlichkeit und damit Rechte der Natur zuzuerkennen – nicht nur in Gerichtsentscheidungen, sondern bis in die verfassungsrechtlichen Ordnungen.
[65] Kritisch Contesse, Jorge (2018): The international authority of the Inter-American Court of human rights: A critique of the conventionality control doctrine. In: International Journal of Human Rights 22:9, 1168–1191. Doi: 10.1080/13642987.2017.1411640.

tion,⁶⁶ sondern auch der oft sehr weitreichenden Rechtsprechung des Gerichtshofs.⁶⁷

Das Gutachten ordnet sich dabei in eine neue Judikaturlinie des Inter-Amerikanischen Gerichtshofs für Menschenrechte ein, die beginnend mit der Entscheidung Lagos del Campo v. Peru⁶⁸, wirtschaftliche, soziale und kulturelle Rechte über Art. 26 AMRK direkt durchsetzbar macht.⁶⁹

Das Resultat dieser Entwicklung ist, dass für die Rechtsunterworfenen der Vertragsstaaten der AMRK nunmehr wohl ein (durchsetzbares) Recht auf eine gesunde Umwelt besteht. Dieses ist nicht als autonomes Recht der Natur auf Fortbestand bzw. Wiederherstellung zu verstehen, sondern steht im Konnex zu den Menschenrechten (weil eine Beeinträchtigung der Natur letztlich zur Beeinträchtigung der Lebensgrundlagen des Menschen und in Folge zu einer erhöhten Wahrscheinlichkeit der Missachtung von Menschenrechten führt). Der Bedeutung des Gutachtens tut dies jedoch keinen Abbruch.

V. Zusammenfassung und Ausblick

Der Verfassungsvergleich zeigt, dass die meisten Staaten Südamerikas einen anthropozentrischen Ansatz verfolgen, wenn es um den Schutz der Umwelt bzw. der Natur geht. Dies betrifft auch jene Verfassungen, die dem *nuevo constitucionalismo* zuzuordnen sind. Auf-

---

[66] Mac-Gregor 2015: 98 erklärt die Konventionalitätskontrolle folgendermaßen: »National authorities must ... apply the jurisprudence from the Convention (provided that this is more favorable in the terms set out in article 29 of the ACHR), including from cases in which the state in question has not been involved. This is because the jurisprudence of the Inter-American Court is determined by the interpretations that this body makes of the Inter-American corpus juris with the aim of creating regional standards regarding its applicability and effectiveness. This aspect is considered to be of the utmost importance to gaining an accurate understanding of conventionality control. Seeking to reduce the obligatory nature of the Convention's jurisprudence to just those cases in which the state has been a »direct party« would equate to a negation of the very essence of the ACHR; the obligations of which are accepted by national states when signing, ratifying or acceding to the Convention, and from which international liabilities arise where states fail to comply.«
[67] Mac-Gregor (2015), 98.
[68] Grundlegend IACR, Case of Lagos del Campo v. Peru. Preliminary Objections, Merits, Reparations and Costs. Judgment of August 31, 2017. Series C No. 340.
[69] Sánchez (2018), vgl. Fabricius/Ebert (2018), Villareal (2018).

fällig ist, dass ein biozentrischer Ansatz nicht lediglich darin zu bestehen scheint, dass der Natur ein »autonomes« Recht auf Erhalt zugesprochen wird. Das Beispiel Ecuadors zeigt, dass ein biozentrischer Ansatz neue Pflichten für Individuen mit sich bringen kann. Zweifelsfrei kann aus allen Verfassungen das Bewusstsein um den Stellenwert des Natur- bzw. Umweltschutzes herausgelesen werden. Die Wichtigkeit des Schutzes ergibt sich jedoch nicht nur aus den Verfassungen, sondern zeigt sich auch am zitierten Gutachten des Inter-Amerikanischen Gerichtshofs für Menschenrechte. Dieser hat mit Bezug auf die nationalen Entwicklungen ein Recht auf gesunde Umwelt aus der AMRK abgeleitet. Dadurch ist zukünftig eine dynamische Entwicklung, auch auf der nationalen Ebene, zu erwarten. Nicht zuletzt können sich daraus auch international Folgen ergeben, nimmt doch der EGMR immer wieder internationale Standards als Bezugspunkt für seine eigene Judikaturentwicklung.[70]

Vor dem Hintergrund nicht nur des Klimawandels, sondern auch durch den Extraktivismus erfolgenden Verlust an Naturraum in Südamerika ein Ergebnis, welches für die Zukunft verhalten optimistisch stimmt.

Literaturverzeichnis

Abreu Blondet, Rhadys (2012), Medio ambiente, derechos colectivos, consulta previa y ejercicio de derechos humanos por personas jurídicas. In: *Anuario de derecho constitucional latinoamericano*, 187–200.
Acosta, Alberto (2015), El Buen Vivir como alternativa al desarrollo: Algunas reflexiones económicas y no tan económicas. In: *Política y Sociedad 52*:2, 299–330. https://doi.org/10.5209/rev_POSO.2015.v52.n2.45203.
Altmann, Philipps (2016), Buen Vivir como propuesta política integral: Dimensiones del Sumak Kawsay. In: *Mundos Plurales – Revista Latinoamericana de Políticas y Acción Pública 3*:1, 55–74. https://doi.org/10.17141/mundosplurales.1.2016.2318.
Bertel, Maria (2015), Staatszielbestimmungen. In: Breitenlechner, Josefa et al (Hg.), *Sicherung von Stabilität und Nachhaltigkeit durch Recht*, Wien, Sramek, 139–158.
Bertel, Maria (2016), Rechte der Natur in südamerikanischen Verfassungen. In: *Juridikum* 4, 451–460.

---

[70] vgl. Bertel (2018), 53 ff.

Bertel, Maria (2019), EMRK und demokratische Legitimation: Eine unendliche Geschichte? In: Boor, Felix et al (Hg.), *Zeit und Internationales Recht*, Tübingen, Mohr Siebeck, 39–58.
Borràs, Susana (2016), New Transitions from Human Rights to the Environment to the Rights of Nature. In: *Transnational Environmental Law* 5:1, 113–143.
Boyd, David R. (2012), *The Right to a Healthy Environment*, Vancouver, UBC.
Boyle, Alan (2006), Human Rights or Environmental Rights? A Reassessment. In: *Fordham Environmental Law Review* 18:3, 471–511.
Cuestas-Caza, Javier (2018), Sumak Kawsay is not Buen Vivir. In: *Alternautas* 5:1, 51–65.
Elder, P. S. (1984), Legal Rights for Nature-the Wrong Answer to the Right(s) Question. In: *Osgoode Hall L. J.* 22, 285–295.
Elliot, Larry (2018), Climate change will make the next global crash the worst. In: Guardian 11.10.2018, [online] https://www.theguardian.com/commentisfree/2018/oct/11/climate-change-next-global-crash-world-economies-1929.
Estupiñan Silva, Rosmerlin (2018), Primera opinión interamericana sobre medio ambiente: ¿derecho exigible o decisión ultra vires? In: *Criterio Jurídico Garantista* 11:18, 61–80.
Fabricius, Charlotte/Ebert, Franz Christian (2018), Die neue WSK-Rechtsprechung des IAGMR. Impulse für Arbeitnehmerrechte in Lateinamerika, 2.11.2018 [online] https://voelkerrechtsblog.org/die-neue-wsk-rechtsprechung-des-iagmr/.
Gudynas, Eduardo (2011), El nuevo extractivismo progresista en América del Sur. In: Acosta, Alberto et al (eds.), *Colonialismo del Siglo XXI. Negocios extractivos y defensa del territorio en América Latina*, Barcelona, Icaria, 75–92.
Gutmann, Andreas/Valle, Alex (2019), Extraktivismus und das Gute Leben. Buen vivir/vivr bien und der Umgang des Rechts mit nichterneuerbaren natürlichen Ressourcen in Ecuador und Bolivien. In: *KJ* 1, 58–69.
Kotzé, Louis/Villavicencio Calzadilla, Paola (2017), Somewhere between Rhetoric and Reality: Environmental Constitutionalism and the Rights of Nature in Ecuador. Transnational Environmental Law 6:3, 401–433. doi:10.1017/S2047102517000061.
Mac-Gregor, Eduardo (2015), Conventionality Control the New Doctrine of the Inter-American Court of Human Rights. In: *AJIL Unbound* 109, 93–99. doi:10.1017/S2398772300001240
Murphy, Earl Finbar (1971), Has Nature Any Right to Life. In: *Hastings L. J.* 22, 467–484.
Nolte, Dieter/Schilling Vacaflor, Almut (Hg.) (2012), *New constitutionalism in Latin America: promises and practices*, London and New York.
Sánchez, Lucas (2018), Der IAGMR und WSK-Rechte. Eine wegweisende Rechtsprechungsänderung, 20.8.2018 [online] https://voelkerrechtsblog.org/der-iagmr-und-wsk-rechte/.

Sotillo Antezana, Aquiles Ricardo (2015), La nueva clasificación de los derechos fundamentales en el nuevo constitucionalismo latinoamericano. In: *Revista Ciencia y Cultura* 35, 163–183.

Villareal, Pedro (2018): The Direct Justiciability of the Right to Health at the IACtHR, What is the Added Value?, 22.10.2018 [online] http://voelkerrechtsblog.org/the-direct-justiciability-of-the-right-to-health-at-the-iacthr/.

Der Mensch und die Rechte der Natur

Stascha Rohmer

I. Einleitung

In zahlreichen Ländern der Welt wurden in den letzten 10–15 Jahren die Rechte der Natur in die Rechtssysteme eingeführt. Der kolumbianische Oberste Gerichtshof hat in dieser Hinsicht einen Schritt von enormer Bedeutung unternommen und ein Urteil erlassen, das den Amazonas als ökologische Region zum Rechtssubjekt erklärt. Der am 5. April 2018 verabschiedete Beschluss besagt, dass das Amazonasgebiet ein »lebenswichtiges Ökosystem für die globale Entwicklung« ist und dass es im Interesse seines Schutzes als »Rechtssubjekt« ist, als Träger von Rechten wie der Schutzes, der Erhaltung, der Pflege und der Wiederherstellung durch den Staat anerkannt zu werden. Auf dieser Grundlage verpflichtet das Urteil die Regierung konkret dazu, verschiedene Maßnahmen mit einem sehr ehrgeizigen Ziel einzuleiten: keine Entwaldung mehr. Kolumbien hatte bereits 2016 einen Schritt in die gleiche Richtung unternommen, als es den der 650 km langen Fluss Atrato zum Rechtssubjekt erklärte.[1] Das vom Gericht erlassene Urteil T-622 von 2016 besteht aus einer Reihe von komplexen Anordnungen, die darauf abzielen, tiefgreifende Veränderungen in der Politik und konkrete Transformationen in den besagten Territorien in Gang zu setzen, basierend auf einem neuartigen Verständnis, welches den Fluss als Lebensachse und als Dreh- und Angelpunkt der Beziehungen, Geschichten und Erinnerungen der schwarzen, indigenen und Mestizen-Völker interpretiert. Auf der Grundlage dieses Konzepts, dem die Annahme zugrunde liegt, dass die Natur einen Eigenwert besitzt, hat Kolumbien bereits 2016 mit dem Gesetz 1774 große Fortschritte in dem Bereich des Tier- und Umweltschutzes

---

[1] Siehe: https://www.minambiente.gov.co/index.php/component/content/article/3573-sentencia-t-622-de-2016-rio-atrato-como-sujeto-de-derechos (zuletzt besucht: 13.06.2020).

gemacht, insofern dieses in seinem ersten Artikel (§ 1) festlegt, dass »Tiere als fühlende Wesen keine als Dinge sind; und daher besonderen Schutz erfahren sollen gegen Leiden und Schmerzen, insbesondere gegen solche, die direkt oder indirekt von Menschen verursacht werden, weshalb dieses Gesetz Verhaltensweisen, die im Zusammenhang mit der Misshandlung von Tieren stehen, als Straftatbestände einstuft und ein Sanktionsmechanismen polizeilicher und gerichtlicher Art einführt.«[2] Die oben genannten Vorschriften erkennen Tiere als fühlende Wesen an, die allen Schutz des Staates verdienen, so dass sie als integraler Bestandteil des Lebenszusammenhangs betrachtet werden, und daher Respekt, Solidarität, Mitgefühl, Ethik, Gerechtigkeit, Fürsorge verdienen.

Einen anderen, juristisch bedeutsamen Fall finden wir in Neuseeland: Im März 2017 erkannte auf der Grundlage eines Antrages, der von dem einheimischen Volk der Maori gestellt worden war, auch das neuseeländische Parlament dem Whanganui-Fluss als Rechtsubjekt an. Dieser Wasserlauf, der drittlängste im Land, hätte gesetzliche Rechte und Pflichten und könne daher vor Gericht durch einen Delegierten des Staates und einen Delegierten des indigenen Volkes der Maori vertreten werden. »Ich weiß, dass einige Leute anfangs geneigt sein werden zu sagen, dass es äußerst merkwürdig ist, einer natürlichen Ressource eine Rechtspersönlichkeit zu verleihen«, sagte Chris Finlayson, der für die Verhandlungen zuständige Minister, gegenüber dem New Zealand Herald. »Aber es ist nicht merkwürdiger als ein Familientrust oder ein Unternehmen oder eine eingetragene Gesellschaft anzuerkennen«[3], fügte er hinzu.

Einen weiteren Fall von größter Bedeutung finden wir in der Verfassung Ecuadors. In der neuen Verfassung Ecuadors, die im September 2008 verabschiedet wurde und als eine der »grünsten« der Welt gilt, wurden zum ersten Mal in Lateinamerika die Rechte der Natur vorgestellt. So heißt es im Kap. 71 der Verfassung, der im Kapitel Rechte der Natur enthalten ist:

---

[2] »Los animales, como seres sintientes, no son cosas; recibirán especial protección contra el sufrimiento y el dolor, en especial, el causado directa o indirectamente por los humanos, por lo cual en la presente ley se tipifican como punibles algunas conductas relacionadas con el maltrato a los animales, y se establece un procedimiento sancionatorio de carácter policivo y judicial«.
[3] https://www.bbc.com/mundo/noticias-39291759 (zuletzt besucht 13.06.2020).

Stascha Rohmer

»Die Natur oder Pacha Mama, in der sich das Leben realisiert und reproduziert, hat das Recht, umfassend in ihrem Existenzrecht, ihrer Erhaltung und Regeneration ihrer Vitalzyklen, Strukturen, Funktionen und evolutiven Prozessen respektiert zu werden. Jede Person, Gemeinschaft, Volk oder Nationalität kann vor den öffentlichen Autoritäten die Rechte der Natur einfordern. Für die Anwendung und Interpretation dieser Rechte haben die Verfassungsprinzipien Beachtung zu finden. Der Staat fördert, dass natürliche und juristische Personen und Kollektive die Natur schützen und fördert den Respekt aller vor den Bestandteilen des Ökosystems.«[4]

Aus Sicht der rechtlichen Anwendbarkeit ist aber vielleicht sogar der Abschnitt 72 noch wichtiger, da er das Problem der Umwelthaftung unter dem Gesichtspunkt des Rechts auf Wiederherstellung der Natur behandelt:

»Die Natur hat das Recht auf Wiederherstellung. Diese Wiederherstellung ist unabhängig von der Verpflichtung des Staates und der natürlichen oder juristischen Personen, Einzelpersonen und Gruppen, die von den betroffenen natürlichen Systemen abhängig sind, zu leisten. In Fällen schwerwiegender oder dauerhafter Umweltauswirkungen, einschließlich solcher, die durch die Ausbeutung nicht erneuerbarer natürlicher Ressourcen verursacht werden, hat der Staat die wirksamsten Mechanismen zur Wiederherstellung zu schaffen und die erforderlichen Maßnahmen zur Beseitigung oder Minderung der schädlichen Umweltfolgen zu ergreifen.«[5]

Artikel 73 legt seinerseits das Vorsorgeprinzip zum Schutz von Arten und Ökosystemen fest: »Der Staat wendet vorsorgliche und einschränkende Maßnahmen auf Tätigkeiten an, die zur Ausrottung von Arten, zur Zerstörung von Ökosystemen oder zur dauerhaften Veränderung natürlicher Kreisläufe führen können. Die Einführung von Organismen und organischem und anorganischem Material, die das nationale genetische Erbe dauerhaft verändern können, ist verboten.«[6] Wie Eduardo Gudynas hervorhebt, »ist die Einbeziehung

---

[4] »La naturaleza o *Pacha Mama*, donde se reproduce y realiza la vida, tiene derecho a que se respete integralmente su existencia y el mantenimiento y regeneración de sus ciclos vitales, estructura, funciones y procesos evolutivos«.

[5] »La naturaleza tiene derecho a la restauración. Esta restauración será independiente de la obligación que tienen el Estado y las personas naturales o jurídicas de indemnizar a los individuos y colectivos que dependan de los sistemas naturales afectados. En los casos de impacto ambiental grave o permanente, incluidos los ocasionados por la explotación de los recursos naturales no renovables, el Estado establecerá los mecanismos más eficaces para alcanzar la restauración, y adoptará las medidas necesarias para eliminar o mitigar las consecuencias ambientales nocivas«.

[6] ... »[l]as personas, comunidades, pueblos y nacionalidades tendrán derecho a bene-

des Konzepts der Pacha Mama [...] ein wesentlicher Schritt, um der Präsenz anderer Kosmovisionen und Quellen des Wissens in der Gestaltung der Umweltpolitik zu gewährleisten. Indem damit aber zugleich über die Beschränkungen des westlichen Konzepts der Umwelt hinausgegangen wird, wird dadurch zugleich ein Potential generiert, um mit dem Programm der Moderne zu brechen, das der aktuellen Umweltkrise zugrunde liegt«.[7]

II. Das Programm der Moderne

Es besteht kein Zweifel, dass die neuen Rechte der Natur einen radikalen Bruch mit der gesamten modernen Tradition der politischen Philosophie und Rechtsphilosophie darstellen, für die als Träger von Rechte nur natürliche oder juristische Personen in Frage kommen. Seit der Französischen Revolution ist die Grundlage des modernen Rechts die individuelle Freiheit in Verbindung mit der Idee der Autonomie der Person. Das Recht auf Privateigentum gilt seit Kant und Hegel als ein wesentliches Element des Konzepts dieser individuellen Freiheit in der sogenannten bürgerlichen Gesellschaft. Ausgehend von diesem Konzept der individuellen Freiheit argumentiert Hegel in dem berühmten § 44. der »Grundlinien der Philosophie des Rechts- oder Naturrechts und Staatswissenschaft im Grundrisse« (aus Sicht Dieter Hendrichs das einflussreichste Buch Hegels), dass der Mensch ein »absolutes Zueignungsrecht über alle Dinge« hat: »Die Person hat das Recht, in jede Sache ihren Willen zu legen, welche dadurch die *meinige* ist, zu ihrem substantiellen Zwecke, da sie einen solchen nicht in sich selbst hat, ihrer Bestimmung und Seele meinen Willen erhält, – absolutes *Zueignungsrecht* des Menschen auf alle Sachen.« In einem Zusatz betont Hegel, dass auch die Lebenden, in diesem Fall die Tiere, als »Ding« zu betrachten sind: »Jeder hat daher das Recht, mit dem Ding seinen Willen zu tun, oder das Ding nach seinem Willen, das heißt, das Ding zu überwinden und in seinen eigenen Willen zu verwandeln. Denn die Sache als Äußerlichkeit hat keinen Selbstzweck, sie ist nicht der unendliche Bezug ihrer selbst zu sich selbst,

---

ficiarse del ambiente y de las riquezas naturales que les permitan el buen vivir. Los servicios ambientales no serán susceptibles de apropiación; su producción, prestación, uso y aprovechamiento serán regulados por el Estado«.
[7] Gudynas (2009), 37.

sondern sich selbst ein Äußerliches. Ein solches Äußeres ist auch das Lebendige (das Tier) und insofern selber eine Sache.«[8] Die hegelsche Auffassung, dass nicht nur die Natur als solche, sondern sogar lebendige Wesen wie Tiere als »Sachen« zu betrachten sind und daher immer nur *Objekt*, aber nie *Subjekt* des Rechts sein können, ist paradigmatisch für die Haltung der nahezu gesamten westlichen Welt gegenüber der Natur im Zeitalter der Aufklärung und zu Beginn der Moderne. Es besteht kein Zweifel, dass die Reduktion der Natur auf eine bloße Sache, die der Mensch als Individuum sich aneignen und in sein privates Eigentum überführen kann, aus historischer Sicht einer der Ursprünge der gegenwärtigen ökologischen Krise ist. Denn die damit einhergehende Verdinglichung der Natur und ihre Transformation in Eigentum beraubt die Natur ihres eigenen, inneren Wertes; sie reduziert sie auf buchstäblich rohen Stoff, d. h. auf einen »Rohstoff«, der als Material für die industrielle und geistige Produktion verwendet werden kann. Aber die Versachlichung und Vergegenständlichung der Natur und ihre Transformation in Eigentum mit Tausch- und Nutzwert für den Menschen hat ihren Ursprung natürlich nicht in der Rechtsphilosophie, die in den philosophischen Systemen der großen Denker von Platon über Leibniz bis hin zu Kant und Hegel nur einen eher abgeleiteten Bereich darstellt, sondern im modernen Denken als solchem: aus der Perspektive, welche für die Moderne kennzeichnend ist, ist die Entzauberung und Versachlichung der Natur vielmehr Resultat eines Reduktionismus, der für das moderne Denken in methodologischer Hinsicht überhaupt wegeleitend ist, und dem – wie ich im Kommenden zeigen möchte – die Trennung von Körper und Geist zugrunde liegt. Schon Horkheimer und Adorno vertreten in ihrem wohl berühmtesten Buch »Die Dialektik der Aufklärung« (1944) die These, dass die Natur im Zeitalter der Aufklärung »in bloße Objektivität« verwandelt wurde. Den Gründungvätern der Kritischen Theorie zufolge wird das Wesen der Natur in der Aufklärung in ein bloßes »Substrat der Herrschaft«[9] verwandelt:

---

[8] Und im Grunde genommen wiederholt Hegel hier nur eine Auffassung, die wir schon bei Kant finden »Die Wesen, deren Dasein zwar nicht auf unserem Willen, sondern der Natur beruht, haben dennoch, wenn sie vernunftlose Wesen sind, nur einen relativen Wert, als Mittel, und heißen daher Sachen, dagegen vernünftige Wesen Personen genannt werden, weil ihre Natur sie schon als Zwecke an sich selbst, d. i. als etwas, das nicht bloß als Mittel gebraucht werden darf, auszeichnet, mithin sofern alle Willkür einschränkt (und ein Gegenstand der Achtung ist).« (AAIV, 428)
[9] Adorno/Horkheimer (2000), 22.

»Die Menschen bezahlen den Zuwachs ihrer Macht mit der Entfremdung von dem, worüber sie ihre Macht ausüben. Die Aufklärung verhält sich zu den Dingen, wie der Diktator zu den Menschen. Er kennt sie insofern er sie manipulieren kann. Der Mann der Wissenschaft kennt die Dinge, insofern er sie machen kann. Dadurch wird ihr an sich für ihn. In der Verwandlung enthüllt sich das Wesen der Dinge immer als je dasselbe, als Substrat von Herrschaft. Diese Identität bildet die Einheit der Natur.«[10]

Die Entfremdung von Mensch und Natur resultiert aus Sicht der beiden Autoren konkret daraus, dass die Aufklärung all das aus der Natur herausabstrahiert, was sie dem Menschen ähnlich macht: Spontaneität, Subjektivität, Lebendigkeit und Leidensfähigkeit. Indem die Aufklärung diese Erscheinungs- bzw. Anschauungsweisen der Natur als Ausdruck einer ihrem Kern nach fehlgeleiteten und von der Moderne überwundenen Auffassungsweise der Natur – nämlich einer mythologischen – brandmarkt, begründet sie die neuzeitliche Ratio als solche. Diese tritt an die Stelle des Mythos, indem sie die lebendige Natur auf einen bloßen Mechanismus reduziert und damit die methodologischen Grundlagen der neuzeitlichen Naturwissenschaft schafft Mit einem Wort – so Horkheimer und Adorno: »Die Entzauberung der Welt ist die Ausrottung des Animismus.«[11] Denn bei dem Glauben an eine lebendige, beseelte Natur handelt es sich beiden zufolge aus Sicht der Aufklärung um einen Anthropomorphismus. Und eben den Anthropomorphismus als solchen hat die Aufklärung von je her als ihren eigentlichen Feind, nämlich als »Grund des Mythos« aufgefasst. Grund des Mythos ist demnach aus aufklärerischer Perspektive die naive »Projektion von Subjektivem auf die Natur«:

»Das Übernatürliche, Geister und Dämonen, seien Spiegelbilder der Menschen, die von Natürlichem sich schrecken lassen. Die vielen mythischen Gestalten lassen sich der Aufklärung zufolge alle auf den gleichen Nenner bringen, sie reduzieren sich auf das Subjekt. Die Antwort des Ödipus auf das Rätsel der Sphinx: »Es ist der Mensch« wird als stereotype Auskunft der Aufklärung unterschiedslos wiederholt, gleichgültig ob dieser ein Stück objektiven Sinnes, die Umrisse einer Ordnung, die Angst vor bösen Mächten oder die Hoffnung auf Erlösung vor Augen steht.«[12]

Erstaunlicherweise scheinen wir nun auf eben diese Antwort: »Es ist der Mensch« in gewisser Weise im 21. Jahrhundert aufs Neue zu sto-

---

[10] Adorno/Horkheimer (2000), 21 ff.
[11] Adorno/Horkheimer (2000), 17.
[12] Horkheimer/Adorno (2000), 19.

ßen. Denn im Jahr 2000 schlugen der Atmossphärenchemiker Paul Crutzen und der Biologe Eugene F. Stoermer die Verwendung des Begriffes »Anthropozän« als Bezeichnung für die aktuelle geochronologische Epoche vor. Mit dem Begriff sollte hier aber nicht eine Antwort auf das Rätsel der Sphinx gegeben werden, sondern vielmehr dem an sich keineswegs geheimnisvollen Sachverhalt Rechnung getragen werden, dass die Menschheit selbst zu einem der wichtigsten, geologischen Einflussfaktoren auf dieser Erde geworden ist. Im August 2016 wurde dieser Vorschlag aufgegriffen und der Begriff der »Anthropozäns« offiziell von der »Internationalen Geologischen Gesellschaft« angenommen. Die globale Situation, für die der Begriff »Anthropozän« als Bezeichnung für unsere geochronologische Epoche einsteht, könnte als Höhepunkt oder vielleicht besser der als »zweite« Dialektik der Aufklärung betrachtet werden, wie sie von Horkheimer und Adorno konzipiert wurde. Die Pointe – oder wenn man soll will das Tragische – dieser »zweiten« Dialektik der Aufklärung ist, dass der Mensch nun in gewisser Weise »selbst« an die Stelle der Natur getreten ist, jener Natur, die er aus der Sicht von Adorno und Horkheimer zuvor auf bloße Objektivität reduziert hat: Während im Zeitalter der Aufklärung die Natur ihrer Lebendigkeit und inneren Wesens beraubt und »entzaubert« wurde, scheint in der Zeit des Anthropozäns nun die Natur in ihrer Ursprünglichkeit als Ganze vom Verschwinden bedroht und allenfalls noch in irgendwelchen, speziell ausgewiesenen Schutzgebieten anzutreffen zu sein, da alles vom Menschen beherrscht und durchdrungen wird. »Wir sind in allem«, sagt der renommierte deutsche Schriftsteller Andreas Maier in einem Artikel mit dem aussagekräftigen Titel »Natur war gestern« und betont: »Ohne uns gibt es nichts mehr«.[13]

Im Anthropozän ist der Mensch allgegenwärtig, sowohl bei den Extremwetter-Katastrophen, die durch den Klimawandel verursacht werden als auch in den Bergen von Plastikmüll, die schon in den entlegensten Gebieten der Erde wie der Antarktis und der Arktis zu finden sind. Selbst im Mariengraben im Pazifischen Ozean hat man im Magen einer neuentdeckten Flohkrebs-Art, die in 6.500 km Tiefe lebt, den Kunststoff PET gefunden und das Tier daraufhin »Eurythenes plasticus« getauft. Auch das Auftreten von Pandemien, wie etwa die gegenwärtige vom Coronavirus Sars-CoV-2 verursachte, ist vermutlich in hohem Masse vom Menschen mit-initiiert und hat in die-

---

[13] Maier (2011), 49.

sem Sinne einen anthropogenen Ursprung. Wie die Virologin Sandra Junglen, Leiterin des BMBF-Projektes »Ökologie neuartiger Arboviren«[14], an der Berliner Charité herausstellt, besteht zwischen dem Eindringen und der Zerstörung natürlicher Lebensräume durch den Menschen und dem Auftreten von sogenannten »Zoonosen«, d. h. dem Entstehen neuartiger Infektionskrankheiten durch das Überspringen von Viren auf den Menschen, ein enger Zusammenhang. »Wandel zur starken Landnutzung, die Verbreitung von Monokulturen oder Rodungen von Wäldern« – das sind neben dem Klimawandel einige der wesentliche Faktoren, die aus Junglens Sicht zu einem »Verlust der Artenvielfalt« und einer Veränderung der »Zusammensetzung der Säugetierpopulationen« führen. Denn die Abnahme der Artenvielfalt und damit der Komplexität und Spezialisierung begünstigt aus ihrer Sicht die Entstehung von sogenannten »Universalisten«, d. h. von Tieren – wie etwa spezifische Stechmückenarten –, die sich schneller an veränderte Umweltbedingungen anpassen. Diese Universalisten sind ihrerseits wiederum Träger von hochanpassungsfähigen Viren, denen der Sprung vom Tier auf den Menschen einfacher als anderen gelingt. Ähnlich äußerst sich die US-Biologin Felicia Keesing am Bard College in New York: Um das Risiko von Pandemien zu vermeiden, müssten die Ökosysteme und deren Diversität gestärkt werden, denn diese führten zu einem »Verdünnungseffekt«, der die Gefahr der Entstehung neuer Infektionskrankheiten verringere.[15] Auch Simone Sommer, Biologin an der Universität Ulm kommt zu dem Schluss: »Was wir aus unserer Arbeit lernen, ist, dass Umweltschutz, Naturschutz, Vermeidung der Abholzung von Regenwäldern der beste Schutz vor Zoonosen ist.«[16]

Wie bereits bemerkt, warnte der »Global Assessment Report on Biodiversity and Ecosystem Services« des Weltbiodiversitätsrates der Vereinten Nationen (IPBES) schon 2019 davor, dass rund eine Million Tierarten in den kommenden Jahren und Jahrzenten vom Aussterben bedroht sein werden – mehr als zu irgendeinem anderen Zeitpunkt in der Geschichte der Menschheit. Der Artenschwund verläuft damit in der Gegenwart bis zu hundertmal schneller als im Durchschnitt während der letzten zehn Millionen Jahre. Sollten Biologinnen wie Jung-

---

[14] https://www.gesundheitsforschung-bmbf.de/de/nachwuchsgruppe-okologie-neuartiger-arboviren-6822.php.
[15] Vgl. Bethge (2020).
[16] Kotyga/Hugo/Ewels (2020).

len, Keesing oder Sommer damit Recht haben, dass ein Zusammenhang zwischen dem Verlust von Biodiversität und dem Auftreten von Pandemien besteht, dann ist wohl zu befürchten, dass diese zu einem bleibenden Charakteristikum des Anthropozäns werden könnten – es sei denn, die internationale Politik leitet den längst überfälligen Katalog von rigiden Maßnahmen ein, die einen effektiven Schutz der globalen Biodiversität gewährleisten und vielleicht noch das Schlimmste verhindern könnten.

Aber wie ist es nun philosophisch zu erklären, dass der Mensch im Anthropozän sich *selbst* als feindliche Naturgewalt gegenübertritt, und zwar insofern als die Folgen seines Handelns in der Natur nun plötzlich buchstäblich von allen Seiten – in Wirbelstürmen und Virusattacken – auf ihn zurückschlagen? Diese Frage geht ganz offensichtlich über die Frage hinaus, inwiefern etwa der CO_2-Ausstoss des Flugverkehrs für den Treibhauseffekt verantwortlich ist. Die Frage, was der CO_2-Ausstoss eines Flugzeugs konkret zum anthropogenen Treibhauseffekt beiträgt, kann der Klimaforscher, bzw. der Atmosphären-Chemiker beantworten. Festzuhalten ist aber, dass das Flugzeug weder das Subjekt ist, dass das Klimagas ausstößt, noch dessen Konsequenzen (im Sinne des Treibhauseffektes) erleidet. Im Anthropozän hingegen ist der Mensch durch den Gesamtzusammenhang des Lebens der Natur *hindurch* mit sich selbst als *Täter* und *Opfer* identifiziert: er selbst wird – indem er die ihm scheinbar bloß »äußerlich« gegenüberstehende Natur misshandelt – in vielerlei Hinsicht unmittelbar in Mitleidenschaft gezogen. So scheint sich auf der einen Seite der Gang der Zivilisation als fortwährende Transformation von Natur und Kultur darzustellen, konkret als eine permanente Transformation von Naturlandschaft in Kulturlandschaft, die ihrerseits in der Urbanisierung und Industrialisierung Reste einer ursprünglichen, d. i. sich selbst überlassenen Natur in immer entlegenere Gebiete zurückdrängt. Belässt man es aber bei dieser einen Perspektive, die zweifelsohne ihre Berechtigung hat, dann übersieht man, dass der Mensch auch eine eigene Natur hat, und zwar eine solche, mit der er in die Lebenskreisläufe der Natur eingebunden bleibt. Eben dieses Eingebunden-Sein in die Natur veranschaulicht die andere, entscheidende Seite der ökologischen Krise, die sich im Begriff des Anthropozäns geltend macht. Denn die ökologische Krise widerlegt eine Auffassung, wie sie in paradigmatischer Weise selbst noch von Martin Heidegger noch in seinem frühen Hauptwerk *Sein und Zeit* vertreten wurde, nämlich dass die Natur »selbst ein Seiendes ist, das innerhalb der Welt begegnet und auf verschiedenen Weise und Stufen entdeckbar wird.«[17] Die ökologische Krise offenbart vielmehr, dass die Trennung zwischen menschlicher und äußerer Natur, d.i. die naive Entgegensetzung von Mensch und Natur nicht aufrechterhalten werden kann. Sie verdeutlicht – wenn auch in spiegelbildlicher, d.h. verzerrter und pervertierter Art und Weise –, dass Mensch und Natur *an sich* auch eine Einheit bilden. Für die Integration des Menschen in die Natur gilt daher das Gleiche wie für die Integration des menschlichen Individuums in die Gemeinschaft: Sie ist eine Selbstintegration. Denn in seinen Handlungen in Bezug auf eine ihm scheinbar nur äußerlich gegenüberstehende Natur steht der Mensch letztlich sich selbst gegenüber; und nur weil er im Gesamtzusammenhang der Natur auch auf sich *selbst* bezogen ist, kann er im Anthropozän sich selbst als feindliche Naturgewalt gegenübertreten und gleichzeitig als Täter und Opfer identifiziert werden. Der ἄνθρωπος des Anthropozäns ist demnach der Mensch, der sich nicht nur von der äußeren Natur, in der er beheimatet ist, entfremdet hat, sondern zugleich auch durch die Art und Weise seines Umgangs mit der Natur von seiner eigenen Natur entfremdet hat. Für diese Selbstentfremdung des Menschen von seiner eigenen Natur steht der Begriff des Anthropozäns wie eine geheimnisvolle Variable in der Algebra ein. Die Dechiffrierung dieses Begriffs dürfte zu einer der großen Herausforderungen der Philosophie des 21. Jahrhunderts werden. Ich möchte hier nur kurz auf jene zentralen Aspekte des Anthropozäns eingehen, die für die Frage der rechtlichen Stellung der Natur bzw. der rechtsphilosophischen Fundierung von Rechten der Natur relevant sind.

III. Die falsche Entgegensetzung von Mensch und Natur

Ganz offensichtlich wird das Denken durch den Begriff des »Anthropozäns« genötigt, die außermenschliche Natur als eine zu begreifen, in der der Mensch zugleich sich selbst gegenübersteht. Dies zu denken ist für das westliche Denken jedoch offenbar eine Zumutung. Indigene Völker dagegen sehen in der Natur immer schon sich selbst widergespiegelt. Das drückt sich etwa in der Weisheit der in Neuseeland am Whanganui-Fluss lebenden Maori-Indianer aus, die besagt: »Ich bin der Fluss, der Fluss ist Ich«. In diesen von Generation zu

---

[17] Heidegger (SuZ), 63.

Generation weitergegebenen Worten spricht sich eine ganze Kosmovision aus, die in vergleichbarer Form bei zahlreichen indigenen Völker anzutreffen ist. In einigen Gebieten des Amazonas z. B. finden wir Geburtsurkunden, in denen als offizieller Vater des Kindes »Boto Cor de Rosa«, d. h. der rote Delphin, auch Amazonasdelphin *(Inia geoffrensis)* genannt, eingetragen ist. Die rechtskräftige Eintragung beruht auf dem Glauben, dass die roten Delphine des Amazonas nachts an Land kommen und sich in gut aussehende junge Männer im weißen Anzug mit Hut verwandeln, um Ausschau nach schönen, jungen Mädchen zu halten, die sie dann verführen. Danach kehren sie wieder zum Fluss zurück und nehmen dort wieder ihre Gestalt als Delphin an. Das klingt nach einem Märchen; entscheidend aber ist, dass im indigenen Denken das Verhältnis von Mensch und Natur über eine gewisse *Reziprozität* und Dialektik verfügt, die an das Verhältnis von Ich und Du erinnert, wie es im westlichen Denken von Philosophen wie Hegel oder Husserl auf den Begriff gebracht wurde. Hegels Diktum aus der Phänomenologie des Geistes »Das Ich, das ein Du, und dass Du, das ein Ich ist« könnte man aus Sicht der Maori vielleicht auch so ausdrücken: »Der Fluss, der ein Ich ist, und mein Ich, das ein Fluss ist.«

Aber auch unter dem Gesichtspunkt ihrer Ursprünglichkeit und Geschichtlichkeit erscheinen Natur und Mensch im indigenen Denken als ineinander reflektiert. So betrachten die Maori den Whanganui-Fluss als lebenden Vorfahren, und zahlreiche indigene Völker Lateinamerikas bezeichnen in vergleichbarer Weise Naturerscheinungen in ihrer Unvordenklichkeit wie Sonne und Mond als »abuelo sol« und »abuela luna« – »Großvater »Sonne« und »Großmutter Mond«. Ein solches Denken transzendiert den Gegensatz von Mensch und Natur, insofern hier nicht – wie im wesentlichen Denken – davon ausgegangen wird, dass der Mensch ein zufälliges Endprodukt einer unendlichen langen Kette von evolutionären Prozessen ist, sondern dass Mensch und Natur *gleichursprünglich* und damit von jeher aufeinander bezogen sind und zusammengehören. Unter dem Gesichtspunkt dieser Reziprozität und Gleichursprünglichkeit, die – wie wir sahen – so weit geht, den Fluß als ein »Ich« und die Sonne als Großvater zu betrachten, ist es natürlich weniger problematisch, die Natur als Ganze – die »Pachamama« – bzw. einzelne Naturerscheinungen wie Flüsse zu Rechtssubjekten zu erklären, da man sie mit Persönlichkeitsrechten ausstatten kann – wie in Kolumbien im Fall des Amazons und des Rio Arato.

Der Mensch und die Rechte der Natur

Im Rahmen des westlichen Denkens, dem eine so weitreichende Identifikation des Subjektes als Person mit der Natur, in der es beheimatet ist, fremd ist – ist es hingegen wesentlich schwieriger, Perspektiven zu entwickeln, in denen die Natur adäquat als Rechtssubjekt aufgefasst werden könnte. Wie Maria Bertel vorliegenden Band betont, ist das gegenwärtig weltweit geltende Umweltrecht in der Regel »anthroprozentrisch« verfasst. Im aktuellen Umweltrecht ist ein anthropozentrischer Standpunkt in paradigmatischer Form auf zweierlei Weise zum Ausdruck gebracht: mal wird die Bedeutung der Erhaltung der Natur für die *gegenwärtig* lebenden Menschen betont; mal wird betont, dass die Natur erhalten werden müsse, um den Fortbestand der zukünftigen Generationen zu sichern. So heißt es z. B. in Paragraph 1 der bedeutenden »Erklärung über Umwelt und Entwicklung« von Rio de Janeiro 1992: »Die Menschen stehen im Mittelpunkt der Bemühungen um eine nachhaltige Entwicklung. Sie haben das Recht auf ein gesundes und produktives Leben im Einklang mit der Natur.« In vergleichbarer Weise heißt es im Artikel 79 der kolumbianischen Verfassung, dass »alle Menschen das Recht haben, in einer gesunden Umwelt zu leben.« Von einem anderen – ebenfalls anthropozentrischen – Standpunkt aus gesehen besteht eine ethische Verpflichtung zum Schutz der Natur, da damit das Überleben der künftigen Generationen gesichert wird. Diese Grundlage und die Rechtfertigung der Verpflichtung zum Schutz der Umwelt steht (u. a.) im Mittelpunkt des berühmten Buches »Das Prinzip Verantwortung« von Hans Jonas. Nach Jonas gibt es eine »Pflicht zur Zukunft«[18] und diese besteht konkret in der »Pflicht gegenüber den Nachkommen«.[19] Jonas knüpft hier an die Kant'sche Ethik an: Da der kategorische Imperativ in der berühmten Selbstzweckformel – »Handle so, dass du die Menschheit sowohl in deiner Person, als in der Person eines jeden andern jederzeit zugleich als Zweck, niemals bloß als Mittel brauchest«[20] – sich auf die Menschheit im allgemeinen, d. h. auf die Idee der Menschheit bezieht, schließt er aus Jonas Sicht die Verantwortung der gegenwärtigen Generation für die kommende Generation notwendig mit ein. Der erste kategorische Imperativ sollte daher lauten: »dass eine Menschheit sei«.[21] Aus einer solchen Perspektive soll

---

[18] Jonas (1984), 84.
[19] Jonas (1984), 85.
[20] Kant (1781), AA IV, 429.
[21] Jonas (1984), 91.

die Natur geschützt werden, und zwar nicht insofern sie *an sich* schützenswert bzw. wertvoll ist, sondern weil dies ein Gebot der Gerechtigkeit im Angesicht der kommenden Generationen ist. In Absatz 3 der Erklärung von Rio finden wir eine ähnliche Idee: »Das Recht auf Entwicklung muss so verwirklicht werden, dass den Entwicklungs- und Umweltbedürfnissen der heutigen und der kommenden Generationen in gerechter Weise entsprochen wird.«

Die Anerkennung der Natur als Rechtssubjekt hingegen geht, wie Bertel betont, über die beiden klassischen Formen des Anthropozentrismus hinaus und stellt somit einen Paradigmenwechsel dar: »Die Anerkennung der Natur selbst als Rechtsträgerin kann demgegenüber als Paradigmenwechsel bezeichnet werden. Während nach den beiden ersten Kategorien der Natur Wert nur in Bezug auf ihre Nützlichkeit für den Menschen zukommt, bedeutet die Anerkennung der Natur als Rechtsträgerin, dass der Natur intrinsischer Wert zukommt. Die Natur wird dadurch vom Schutzobjekt zum Rechtssubjekt.«[22] Aus philosophischer Perspektive kann die Natur aber nur dann widerspruchsfrei zum Rechtssubjekt erklärt werden, wenn man den Naturbegriff der Moderne erneut einer Revision unterzieht und der Natur jene Subjektivität, Lebendigkeit, Leidensfähigkeit und innere Werthaftigkeit wieder zuspricht, die ihr in der Aufklärung abgesprochen wurde. Mit anderen Worten: Die Natur kann nur dann widerspruchsfrei als Rechtssubjekt gedacht werde, wenn ihr wieder ein eigenes Sein-Für-Sich zugesprochen wird, aus dem heraus verständlich wird, dass sie auch Werte realisiert, die *an sich* und nicht nur für den Menschen als »Lebens-*mittel*« bedeutsam sind.

IV. Die cartesische Spaltung und die Verwandlung der Natur in bloße Tatsachen

Aus Whiteheads wie aus Hegels Sicht beginnt die Ära der modernen Philosophie mit Descartes. »René Descartes«, sagt Hegel im dritten Teil seiner *Vorlesungen zur Geschichte der Philosophie*, welche die »Neuere Philosophie« zum Gegenstand haben, »ist der wahrhafte Anfang der modernen Philosophie, insofern sie das Denken zum Prinzip macht. Das Denken für sich ist hier von der philosophierenden Theologie verschieden, die es auf die andere Seite stellt; es ist ein

---

[22] Bertel (2016), 453.

Der Mensch und die Rechte der Natur

neuer Boden. Die Wirkung dieses Menschen auf sein Zeitalter und die neue Zeit kann nicht ausgebreitet genug vorgestellt werden.[23] Doch das cartesianische Denken hat nicht nur eine Grundlage für eine neue, von Theologie emanzipierte, unabhängige Philosophie geschaffen. Wie Alfred North Whitehead betont, finden wir im cartesischen Denken auch »eine Zusammenfassung der Voraussetzungen des wissenschaftlichen Denkens in den letzten Jahrhunderten«.[24] Hegel und Whitehead stellen gleichermaßen heraus, dass die große Leistung Descartes in der Entdeckung der subjektiven Erfahrung als Ausgangspunkt der philosophischen Analyse besteht. Das Prinzip der Subjektivität – das *cogito ergo sum* – stellt die Grundlage sowohl des cartesianischen Rationalismus als auch der kantischen Transzendentalphilosophie oder der hegelschen Lehre vom absoluten Geist dar. Aber gleichzeitig erkannten insbesondere Hegel und Whitehead, dass die Art und Weise, in der das Prinzip der Subjektivität in Descartes' Denken in Erscheinung tritt, einerseits die Einheit der Wissenschaften zerstört und andererseits in einer solipsistischen Konzeption des Subjekts gipfelt.

Nach Descartes zeichnet sich das Subjekt durch seine Fähigkeit des Denkens aus – es ist »res cogitans«, denkende Substanz. Ausgehend von der Selbstevidenz der Existenz des *cogito* (»*cogito ergo sum*«) identifiziert Descartes die Denkfähigkeit des Subjekts bzw. das reine Selbstbewusstsein mit der Seele des Menschen schlechthin. Der Mensch verfügt demnach als einziges Wesen auf der Welt über eine »rationale Seele« *(anima rationalis)*. Hinsichtlich dieser Annahme unterscheidet sich Descartes nicht von der thomistischen Philosophie des Mittelalters. Aber das cartesianische Konzept der Seele ist dennoch grundlegend anderes als die thomistische Seelenlehre. So wurde während des gesamten, europäischen Mittelalters ein Seelenmodell aristotelischen Ursprungs verteidigt. Aus aristotelischer Sicht haben alle Körper, die über das Vermögen der Lebendigkeit verfügen, auch eine Seele. Die Seele ist dabei als das Lebensprinzip des Körpers aufgefasst, dass diesen Körper erst zu *einem* belebten macht und ihn zugleich von den toten Dingen, unterscheidet, die keine vollkommenen Ganzheiten darstellen. Die Seele wurde von Aristoteles dabei als die Entelechie und die Entelechie als Form des Lebewesens inter-

---

[23] Hegel (1986), 123.
[24] Whitehead (1990), 81.

pretiert. Die Entelechie ist als formgebendes Prinzip die Existenzweise der Wesen, die das Ziel (= telos) ihrer eigenen Entwicklung »in sich selbst tragen«. Sie ist damit im Falle des Lebendigen dafür verantwortlich, dass jedwede Entwicklung eines Lebewesens teleologischen Charakter hat, d. h. eine Form der Selbstverwirklichung ihres inneren Prinzips darstellt. Als solch ein aktives, formendes Prinzip bezieht nun die Seele auf die Materie als ihr passives Substrat.

Der Gedanke, dass Lebewesen als Komposita aus Form und Materie zu betrachten sind, ist kennzeichnend für die Lehre des Hylemorphismus (aus dem Griechischen ὕλη, »Materie«, μορφή, »Form«, e -ismus), die im Zentrum der aristotelischen Psychologie steht, welche auch die thomistische Auffassung des Lebendigen entscheidend prägte. Dabei folgten die Scholastiker – allen voran Thomas von Aquin – nicht nur der aristotelischen Auffassung, dass alle lebendigen Körper über eine Seele als Form- und Lebensprinzip verfügen. Sondern die aristotelisch-thomistische Psychologie ging ebenso – wie schon Aristoteles – davon aus, dass sich die Seele auf verschiedenen Ebenen der Vollkommenheit manifestiert. So ließe sie sich in drei prinzipiell unterschiedene »Seelenteile« einteilen: *anima vegetativa*, *anima sensitiva*, und *anima rationalis*. Diese drei Seelenteile werden in der neueren, deutschsprachigen Literatur meist als *vegetative* oder Vitalseele, als *sensitive* oder Wahrnehmungsseele und als *rationale* oder Vernunftseele bezeichnet. Die Dreiteilung der Seele sollte dabei vor allem ein explanatorisches Prinzip für die unterschiedlichen Charakteristika des Lebendigen liefern. So ging man davon aus, dass Pflanzen über eine vegetative Seele, Tiere über eine vegetative *und* sensitive, und Menschen über eine vegetative, sensitive *und* darüber hinaus auch über eine Vernunftseele verfügen. Die Seele als Form ist damit als Möglichkeitsgrund der spezifischen Aktivitäten des Lebendigen auf jeder Stufe des Organischen und im Menschen aufgefasst: So ist in der thomistischen Psychologie die vegetative Seele, die sich bereits in Pflanzen findet, für Ernährung, Wachstum und Fortpflanzung verantwortlich; die sensitive Seele in Tieren ist für die Empfindungen, Fortbewegung und niedere Antriebe wie Hunger und Sexualität verantwortlich; und die rationale Seele, die dem Menschen vorbehalten ist, ist die Grundlage aller intellektuellen Fähigkeiten des Menschen, insbesondere des Verstandes und freien Willens.

Obwohl sich aber nun die Seele in drei Erscheinungsformen einteilen lässt, die sich nicht definitorisch voneinander ableiten lassen, vertrat schon Aristoteles die Auffassung, dass man jene Lebewesen, die über zwei (Tiere) bzw. drei Seelenteile (Menschen) verfügen, nicht so auffassen dürfe, als ob sie gleichsam ein Konglomerat von völlig verschiedenartigen Seelenteilen darstellen würden. Vielmehr enthalten aus seiner Sicht die höheren Seelenteile die niedrigen und stellen demnach nur verschiedene Aspekte ein- und desselben Lebensprinzips dar. Aristoteles vergleicht daher die Aufeinanderfolge der Seelenteile mit der Abfolge der natürlichen Zahlen, wo jede nachfolgende Zahl ihren Vorgänger enthält; oder er zieht zur Versinnbildlichung der Beziehung das Verhältnis eines Vierecks zu einem Dreieck heran: Obwohl Dreieck und Viereck definitorisch voneinander verschieden sind, enthält doch das Viereck auch das Dreieck als einen konstitutiven Bestandteil. Im gleichen Sinne bilden auch die komplexen Seelen der Tiere und Menschen eine natürliche Einheit, in deren Rahmen die niedrigeren Seelenteile in den höheren aufgehen. Auch Thomas von Aquin ist der Ansicht, dass die rationale Seele (»anima rationalis«), obwohl sie an sich rein geistiger Natur ist, die vegetative und empfindende Seele in sich einschließt. Denn allein deshalb befähigt sie den Menschen dazu, alle körperlichen Aktivitäten willentlich auszuführen. Hieraus resultiert allerdings die Schwierigkeit, wie die Lehre von der Dreiteilung der Seele mit der christlichen Lehre von der Unsterblichkeit der individuellen Seele – genauer gesagt, mit dem Gedanken der Auferstehung – zu vereinbaren ist. Denn die Funktionen der vegetativen und der sensitiven Seele, wie etwa die Ernährung, die Sexualität und die Fortbewegung, können ja nicht in Abtrennung von ihrer somatischen Basis gedacht werden. Da Körper und Seele nun nach der thomistischen Lehre nicht nur eng miteinander verbunden sind, sondern eine komplementäre Einheit bilden, ist es nicht verwunderlich, dass Thomas von Aquin so weit ging, die Idee zu verteidigen, nach dem Tode stehe der Mensch zusammen *mit seinem diesseitigen* Körper wieder auf. Aus Thomas von Aquins Sicht gibt uns der Begriff der rationalen Seele, die im Falle des Menschen die vegetative und sensible Seele einschließt, zudem ein Kriterium an die Hand, um Menschen nicht nur von Tieren und Pflanzen, sondern auch von denjenigen Wesen zu unterscheiden, die reine körperlose Form sind: die Engel.

Descartes kritisiert diese Lehre von der dreigliedrigen Seele scharf, da er sie nicht nur für »unlogisch«, sondern sogar für »ketzerisch« hält. Gegen Thomas von Aquin und gegen jede Spielart der aristotelisch-thomistischen Psychologie verteidigt er die These, derzufolge der Mensch nur eine Seele habe: »Im Menschen gibt es nur eine Seele, nämlich eine rationale Seele«.²⁵ Diese rationale und unsterbliche Seele des Menschen existiert aus Descartes' Sicht unabhängig von ihrem sterblichen Körper. Um diese, seine grundlegende These zu verteidigen, braucht Descartes aber nun ein neues Erklärungsmodell dafür, wie die rationale Seele jene Funktionen des Körpers steuert, deren Funktionieren im Rahmen der aristotelisch-thomistischen Psychologie durch die Lehre der Einheit von Körper und Geist und das Modell des Enthaltensein der niederen in den höheren Seelenteilen gewährleistet war. Damit tritt zum ersten Mal in der Philosophiegeschichte das Leib-Seele-Problem in aller Schärfe und ganz ausdrücklich auf den Plan: Wie soll ein körperloser Geist die Handlungen eines Körpers aus Fleisch und Blut steuern? Um seine extreme Lehre von der Unsterblichkeit der Seele als unvergängliche und unabhängige Substanz zu stärken, plädiert Descartes für ein mechanistisches Erklärungsmodell der Funktionen der vegetativen und sensitiven Seele. Dieses Modell soll damit an die Stelle des Begriffs der jeweiligen »Seelenteile« treten. Hieraus resultiert Descartes' Auffassung, der zufolge Pflanzen und Tiere, aber auch menschliche Körper nichts anderes als komplexe Maschinen bzw. Automaten sind. So spricht Descartes in seinem letzten Werk *Les passiones de l'ame* vom menschlichen Körper als der »Maschine unseres Körpers«²⁶ (»la machine de notre corps«), die aus verschiedenen Organen besteht.

Der Körper ist als ein Automat zu verstehen, dessen Werkzeuge die verschiedenen Organe sind. Ursache des Todes ist daher nicht – wie man zu Descartes' Zeiten glaubte –, dass die Seele den Körper verlassen hat, sondern dass in diesem Automaten etwas »zerbrochen« und dieser damit funktionsuntüchtig geworden ist: »Damit wir also diesen Irrtum vermeiden, betrachten wir es so, dass der Tod niemals durch einen Fehler der Seele geschieht, sondern allein, weil sich ein Hauptkörperteil zersetzt. Wir urteilen, dass der Körper eines lebenden Menschen sich ebenso sehr von dem eines toten Menschen unterscheidet wie eine Uhr oder ein anderer Automat (d.h. eine andere sich selbst bewegende Maschine), wenn sie aufgezogen ist und das körperliche Prinzip der Bewegungen, für die sie eingerichtet ist, mit-

---

²⁵ »Primum itaque, quod ibi minus probo, est quod Animan homini ese triplicem; hoc enim verbum, in mea religione, est haeresis, & reversa, seposita religione, contra Logicam etiam est, animam concipere tanquam genus, cuius species sint mens, vis vegetativa, & vis motrix aninalium. [...] Anima in homine unica est, nempe rationalis [...]« (Descartes, Brief an Hubertus Regius, Mai 1641).
²⁶ Descartes (2014), 6.

samt allem, was für seine Aktion erforderlich ist in sich hat, von derselben Uhr oder einer anderen Maschine, wenn sie zerbrochen ist und das Prinzip ihrer Bewegung zu wirken aufhört.«[27] Obwohl der Körper also als eine im Raum ausgedehnte Substanz (»res extensa«) teilbar und zerbrechlich ist, wird doch aus Descartes' Sicht die Seele von dieser Verletzlichkeit nicht affiziert, da die bloße Tatsache der Funktionstüchtigkeit des Körpers bzw. des möglichen Versagens von Körperfunktionen – im Falle von Krankheit und Tod – nicht seelisch bedingt ist oder irgendwelche anderen metaphysischen Ursachen hat. Die Bewegungen und der Verschleiß des Körpers (der sich bei ordnungsgemäßer Wartung aus Descartes Sicht vielleicht sogar verhindern ließe) sollen vielmehr rein mechanisch und kausal erklärbar sein – ohne Rückgriff auf telelogische Prinzipien. Descartes' Ablehnung der aristotelisch-thomistischen Psychologie besteht also gerade darin, dass aus seiner Sicht die Funktionsweisen des Körpers völlig unabhängig von denen der Seele aufgefasst werden müssen. Damit wird Descartes nicht nur zu einem Wegbereiter der modernen Medizin, sondern letztendlich der modernen Naturwissenschaft überhaupt: Indem Descartes glaubt, selbst den komplexesten, bekannten Körper im Universum – den Leib des Menschen – in seinen basalen Funktionsweisen rein mechanisch deuten zu können, verbannt er die metaphysischen Zweckursachen als Erklärungsmodell aus dem naturwissenschaftlichen Weltbild. Damit wird er zum Begründer einer neuzeitlich, *empirisch* ausgerichteten Naturwissenschaft. Da Descartes aber gleichzeitig an die Existenz des freien Willens glaubte, kommt er nicht umhin anzunehmen, dass die Seele – obwohl sie aus seiner Sicht über keinerlei räumliche Ausdehnung verfügt – im Körper einen Hauptsitz, d.h. ein Zentrum hat, von dem aus sie ihre Funktion ausübt, indem sie die Bewegungsrichtung des Körpers d.h. unsere Handlungen steuert. Aus Descartes' Sicht ist der Sitz dieser rationalen Seele bekanntlich die Zirbeldrüse, welche die Bewegungen der »Gliedermaschine« lenkt und kontrolliert. Descartes geht dabei davon aus, dass der Geist (mit der Zwirbeldrüse als Scharnier) nur die reine Bewegungs*richtung* des Körpers steuert; und zwar so, dass hierzu keine eigene Energie zugeführt werden muss. Diese Annahme ist mit der Cartesischen Physik durchaus verträglich.[28] Trotzdem bleibt die Frage, wie der körperlose Geist *konkret* auf den Körper

---

[27] Descartes (2014), 5 ff.
[28] Vgl. Poser (2003), 144.

durch die Zirbeldrüse Einfluss nimmt, im Cartesischen Denken völlig ungelöst. Aus Descartes Sicht steht der menschliche Geist als *res cogitans* der Natur als *res extensa* – als ausgedehnte Substanz – völlig unabhängig gegenüber. Indem Descartes nun den Begriff der vegetativen und der sensitiven Seele für obsolet erklärt und ein mechanistisches Modell der biologischen Körperfunktionen entwickelt, reduziert er die gesamte Natur auf reine Äußerlichkeit – ohne jedwede Innerlichkeit, Subjektivität oder Lebendigkeit.

In seinem berühmten Buch *Science and the Modern World* zeigt Whitehead die verheerenden Folgen auf, welche die Reduktion der Natur auf eine reine Äußerlichkeit, in der allein mechanische Funktionen vorherrschen, für das moderne Naturverständnis hat. Die Natur wird in der Moderne »zu eine[r] öde[n] Angelegenheit, geräuschlos, geruchlos, farblos; nichts als das endlose und bedeutungslose Vorbeischuhen von Material.«[29] In ästhetischer Hinsicht verhängnisvoll ist hier aus Whiteheads Sicht nicht der Ausschluss der Zweckursachen, insbesondere auch die Einführung der Unterscheidung zwischen primären und sekundären Qualitäten durch Denker wie Descartes, Galileo oder Locke. Indem Descartes in paradigmatischer Art und Weise Aristoteles' Hylemorphismus leugnet und die materielle Substanz auf die bloße Ausdehnung reduziert, kann er Eigenschaften wie Hitze, Farbe oder Geruch nicht als echte körperliche Eigenschaften betrachten. Nur die primären Qualitäten (Ausdehnung, Härte, Figur, Bewegung, Ruhe, Schwerkraft, Anziehung usw.) sind objektiv und tatsächlich in den Körpern zu finden (»in rebus ipsis«); die sekundären Qualitäten sind dagegen subjektiv (»in nostra tantum cogitione«) und hängen vom Beobachter ab.[30] Whitehead kommentiert diese Situation in einem Text über romantische Dichtung wie folgt:

»Daher werden die Körper wahrgenommen, als haben sie Qualitäten, die ihnen in Wirklichkeit gar nicht zukommen; Qualitäten, die tatsächlich rein dem Geist entspringen. Daher dichten wir der Natur etwas an, was in Wahrheit uns selbst vorbehalten sein sollte: der Rose den Duft, der Nachtigall den Gesang und der Sonne die Strahlen. Die Dichter sind völlig im Unrecht. Sie sollten ihre Lyrik an sich selber richten und sie in Oden der Selbstverherrlichung aller Vortrefflichkeit des menschlichen Geistes umwandeln.«[31]

---

[29] Whitehead (1984), 70.
[30] Descartes (1644), 57.
[31] Whitehead (1984), 70.

Eine weitere Folge dieser reduktionistischen Auffassung der Natur findet sich in dem, was Whitehead als »einfache Lokalisierung« bezeichnet.[32] Nach dieser Idee kann alles in der Natur an einem bestimmten Punkt in Raum und Zeit in der Abstraktion seiner Beziehungen zu anderen Dingen verortet werden. Die Idee der einfachen Lokalisierung, die Whitehead in seinem Spätwerk *Modes of Thought* auch »den Mythos der Isolation«[33] nennt, löst den Gesamtzusammenhang des Lebendigen auf und verwandelt die gesamte Natur in eine Summe isolierter Einzelfakten («mere facts«). Die entzauberte Natur, von der Adorno und Horkheimer sprechen, ist aus Whiteheads Sicht eine Natur, die sich aus solch fragmentierten Fakten – aus den sprichwörtlichen »nackten Tatsachen« – zusammensetzt. Diese »nackten Tatsachen« – die ebenso wie das Konzept des »Rohstoffs« aus Whiteheads Sicht ein bloßes Abstraktionsprodukt des menschlichen Verstandes sind – stellen die Grundlage der empirischen Wissenschaft und des Begriffes einer Natur dar, die nur als »Rohstoff« für die wissenschaftliche Produktion dient. Bereits 1925 stellte Whitehead als Vordenker der ökologischen Krise fest, dass »hinsichtlich der ästhetischen Bedürfnisse einer zivilisierten Gesellschaft sich die Reaktionen der Wissenschaft unheilvoll ausgewirkt haben. Ihre materialistische Grundlage hat die Aufmerksamkeit auf die *Dinge* im Gegensatz zu den *Werten* gerichtet«.[34] Die materialistische Doktrin, der zufolge die Natur keine Innerlichkeit und damit keinen Eigenwert hat, hat aus Whiteheads Sicht die beiden schlimmsten Übel seiner Zeit verursacht: »Die beiden Übel sind: erstens die Unkenntnis der wahren Beziehung jedes Organismus zu seiner Umwelt; und zweitens die Gewohnheit, den Eigenwert der Umwelt zu ignorieren, dem bei jeder Betrachtung der Endziele ihr Gewicht zugestanden werden muss.«[35] Um die Idee einer Natur wiederzuerlangen, die mehr als die Summe isolierter Einzelfakten ist, d.h. einer Natur mit Leben und immanentem Wert, muss man daher aus Whiteheads Sicht die falsche Trennung zwischen Tatsachen und Werten, zwischen Sein und Sollen überwinden, die dem modernen Denken zugrunde liegt. Da eine solche Trennung auf dem Ausschluss der Zweck- und Endursachen in der Natur beruht, der das naturwissenschaftliche Welt-

---

[32] Whitehead (1984), 64 ff.
[33] Whitehead (2001), 53.
[34] Whitehead (1984), 235.
[35] Whitehead (1984), 227.

bild seit Descartes prägt, muss zunächst die Beziehung zwischen Leben und Zweckverursachung rekonstruiert werden, die für Aristoteles grundlegend für das Sein des Organischen war. Schon Hans Jonas betont in seinem bereits erwähntem Buch *Das Prinzip Verantwortung* nicht nur die Bedeutung der Überwindung der falschen Trennung von Sein und Sollen für ein adäquates Verständnis der Natur, sondern die ebenso die Wichtigkeit der Anerkennung der objektiven Gültigkeit teleologischer Prinzipien innerhalb der Natur: »Indem die Natur Zwecke enthält, oder Ziele hat, wie wir jetzt annehmen wollen, setzt sie auch Werte; denn bei wie immer gegebenen, de facto erstrebten Zweck wird die jeweilige Erreichung ein Gut und die Vereitlung ein Übel, und mit diesem Unterschied beginnt die Zusprechbarkeit von Wert.«[36] Im Anschluss an die Frage nach der inneren Werthaftigkeit der Natur kann dann folgende Frage gestellt werden: Wie kann die Teleologie der belebten Natur bzw. der Eigenwert der Natur mit der Struktur des bestehenden Rechts in Beziehung gesetzt werden? Und erst auf der Grundlage dieser Frage wäre schließlich zu hinterfragen: Wie können die Rechte der Natur gerechtfertigt und begründet werden?

V. Leben und Teleologie der Natur bei Kant

Die bedeutendste Untersuchung des Verhältnisses von Leben und Zweckmäßigkeit, die es in der Geschichte der westlichen Philosophie nach Aristoteles' *De Anima* gegeben hat und die einen gewichtigen Einfluss auf die Weise hatte, in der Philosophen wie Hegel, Whitehead oder Plessner das Phänomen des Leben aufgefasst haben, findet sich im zweiten Teil von Kants *Kritik der Urteilskraft*: in der Kritik der teleologischen Urteilskraft. Während der erste Teil des Werkes der Funktionsweise des Urteils in der ästhetischen Erfahrung von Natur und Kunst gewidmet ist, analysiert der zweite Teil »organisierten Wesenheiten«. Nach Kant können wir uns ein Wesen nur dann als Organismus, d. h. als Lebewesen vorstellen, wenn wir davon ausgehen, dass dieses Wesen einen »inneren Zweck« (eine »innere Zweckmäßigkeit«) hat. Der innere Zweck des Organismus ist nichts anderes als die »Idee« oder »innere Form« des Organismus. Mit seinem Konzept der inneren Form greift Kant auf das aristotelische

---

[36] Jonas (1984), 153.

Konzept der ἐντελέχεια als *causa formalis* des Organismus zurück. Die innere Form ist demnach Grundlage der Selbstverwirklichung des Organismus und ermöglicht als Endursache alle Stadien seiner Entwicklung. In seiner berühmten Unterscheidung eines Organismus von einem Kunstwerk konkretisiert und verdeutlicht Kant sein Konzept der inneren Bestimmung des ersteren. Was ein Organismus mit einem Kunstwerk gemeinsam hat, ist eine »innere Vollkommenheit«, in der kein Teil überflüssig ist. Alle Teile bilden ein »Ganzes«, und gleichzeitig ist jeder einzelne Teil eine Darstellung des »Ganzen«. In diesem Sinne kann ein Organismus als ein »Analogon der Kunst« verstanden werden. Aber das ist nur ein Teil der Wahrheit, wie aus dem folgenden Zitat folgt: »Man sagt von der Natur und ihrem Vermögen in organisierten Produkten bei weitem zu wenig, wenn man dieses ein *Analogon der Kunst* nennt; denn da denkt man sich den Künstler (ein vernünftiges Wesen) außer ihr. Sie organisiert sich vielmehr selbst, und in jeder Spezies ihrer organisierten Produkte, zwar nach einerlei Exemplar im Ganzen, aber doch auch mit schicklichen Abweichungen, die die Selbsterhaltung nach den Umständen erfordert. Näher tritt man vielleicht dieser unerforschlichen Eigenschaft, wenn man sie ein *Analogon des Lebens* nennt [...].«[37] In Wirklichkeit findet man in der Organisation der Natur nichts, was den Eigenschaften, so wie wir sie kennen, entspräche. Nach Kant kann die »Schönheit der Natur, weil sie den Gegenständen nur in Beziehung auf die Reflexion über die *äußere* Anschauung derselben, mithin nur der Form der Oberfläche wegen beigelegt wird, [...] mit Recht ein Analogon der Kunst genannt werden. Aber *innere Naturvollkommenheit*, wie sie diejenigen Dinge besitzen, welche nur als *Naturzwecke* möglich sind und darum organisierte Wesen heißen, ist nach keiner Analogie irgend eines uns bekannten physischen, d.i. Naturvermögens, ja, da wir selbst zur Natur im weitesten Verstande gehören, selbst nicht einmal durch eine genau angemessene Analogie mit menschlicher Kunst denkbar und erklärlich.«[38] Denn während ein Gebilde der Kunst von einem Künstler entworfen wird, der dem ersteren äußerlich ist, sind lebendige Organismen Kant zufolge selbst das Subjekt ihrer schöpferischen Tätigkeit und verfügen damit über eine selbst-bildnerische Kraft. Schon Kant gebraucht zur Erklärung dieser selbstschöpferischen und selbst-bildnerischen Kraft der Orga-

---

[37] Kant (1790), B 293/A 289.
[38] Kant (1790), B 295/A 290.

nismen den heute so gängigen Begriff der Selbstorganisation: ein Naturzweck muss als ein »organisiertes und sich selbst organisierendes Wesen«[39] aufgefasst werden können. Kant wird damit zum Vordenker als jener Theorien, die das Phänomen des gelebten Lebens mit dem der ästhetischen Erfahrung verbinden – wie etwa der Philosophie John Deweys und Alfred North Whiteheads – und ebenso zum Vordenker der Theorien der Selbstreferenzialität des Seins, für die auch ein Name wie der Whiteheads und in seinem Gefolge aber natürlich auch der Luhmanns, der sich ausdrücklich auf Whitehead beruft, einstehen.

Die kantische revolutionäre Auffassung von Organismen als »Naturzwecken«, die eine frühe Theorie der »Selbstorganisation« der Natur beinhaltet, hat jedoch aus heutiger Sicht mehrere Schwachpunkte: Nach Kant kann die Auffassung, derzufolge die Natur Zwecke besitzt, nur eine subjektive Wahrheit darstellen, d. h. wir müssen Organismen so denken, *als ob* sie einen immanenten Zweck hätten. Damit ist aber nicht gesagt, dass es sich in Wahrheit so verhält. Demgegenüber gesteht Kant der Physik seiner Zeit (d. h. vor allem der Newton'schen Mechanik) die Möglichkeit zu, zu objektiven Wahrheiten zu gelangen. Diese etwas willkürliche Unterscheidung zwischen subjektiver Wahrheit im Sinne des »als-ob« und objektiver Wahrheit wurde schon von Hegel scharf kritisiert.[40] Schwerwiegender als dieser methodologische Makel bzw. diese epistemologische Inkonsequenz, die Kants Theorie anhaftet, ist aber, dass Kants Konzeption der organisierten Wesenheiten solipsistisch ist. Denn der Unterschied zwischen einem Artefakt – wie es ein Kunstwerk darstellt – und einem Organismus betrifft nicht nur Zweckmäßigkeit, die im ersteren Fall eine äußere und im letzteren eine innere ist. In seiner Konzeption des Organismus vergisst Kant, dass Lebewesen sich in Interaktion mit ihrer Welt – seit Uexküll »Umwelt« genannt – und außerdem in Interaktion und Kommunikation mit anderen Organismen verwirklichen. Kant entwickelt aber ein Modell eines völlig autarken Organismus, der unabhängig von seiner Umwelt existiert. Sowohl seine Konzeption des Organismus als auch die des »transzendentalen Ich« weisen einen deutlichen cartesianischen Einfluss auf. Sie enthalten die Vorstellung Descartes' von der Substanz als etwas, das zu seiner Existenz keines anderen bedarf. Dieser Cartesianismus

---

[39] Kant (1790), B293/A289.
[40] Hegel (1986), 443.

in seiner Auffassung des Organischen bewirkt, dass Kant nicht über die Funktionen und Prozesse nachdenkt, die den einzelnen Organismus über sich selbst hinausgehen lassen und ihn mit seiner Umwelt und anderen Organismen in Kontakt bringen, wie es etwa in der Ernährung, dem Stoffwechsel, der Befruchtung und insbesondere in der sexuellen Fortpflanzung geschieht. Kant erwähnt, dass ein Baum einen anderen Baum hervorbringen kann; doch in erster Linie reproduziert er sich selbst als Individuum. Der Geschlechtsunterschied, der sexuelle Akt und seine grundlegende Funktion in der Natur wird hier nicht erwähnt.

Whitehead bezieht sich daher ironisch auf Kants Vergleich von einem Organismus mit einem Kunstwerk mit der Bemerkung: »In einem Museum werden die Kristalle unter Glasvitrinen aufbewahrt; in einem zoologischen Garten werden die Tiere gefüttert.«[41] Aber lange vor Whitehead ist Hegel der erste Denker, der diesen kantischen Solipsismus kritisiert und eine zumindest im Ansatz ökologische Perspektive in seine Konzeption des Lebens einführt. In der Tat betrachtet Hegel einerseits die Auffassung der inneren Zweckmäßigkeit des Lebenden in der *Kritik der Urteilskraft* als großes Verdienst. In diesem Sinne stellt er fest: »Einer der großen Verdienste Kants in der Philosophie besteht in der Unterscheidung, die er zwischen relativer oder äußerer und innerer Zweckmäßigkeit aufgestellt hat; in letzterer hat er den Begriff des Lebens, die Idee, aufgeschlossen und damit die Philosophie, was die Kritik der Vernunft nur unvollkommen, in einer sehr schiefen Wendung und nur negativ tut, positiv über die Reflexionsbestimmungen und die relative Welt der Metaphysik erhoben.«[42] Andererseits unterscheidet sich das hegelsche Konzept des Prozesses, indem ein Organismus seine »innere Zweckmäßigkeit« verwirklicht, grundlegend von der kantischen Vorstellung. Zwar hat auch aus Hegels Sicht ein organisiertes Wesen ein mehr oder weniger entwickeltes *An-und-Für-sich-Sein* und weist insofern im Sinne Kants auch eine »innere Zweckmäßigkeit« auf. Aber alles *Für-Sich-Seiende* trägt aus Hegels Sicht seine Negation und damit letztlich sogar seinen Tod in sich selbst, denn es existiert zugleich als »Sein-für-Andere«. Aber das »Sein-für-Andere« ist wiederum nicht die reine Negation des Für-sich-Seins eines Lebewesens. Lebewesen konstituieren sich in einer Negation der Negation, d. h. kon-

---

[41] Whitehead (1987), 204.
[42] Hegel (1986), 440 ff.

kret: aus der vermittelten Rückkehr aus ihrem Sein-für-Andere. In diesem Sinne argumentiert Hegel: »*Ansich* ist Etwas« – dieser Gedanke ist für Hegels ganzes Gedankengebäude zentral – »insofern es aus dem Sein-für-Anderes heraus, in sich zurückgekehrt ist«.[43] Alles subjektive Dasein, das organisch strukturiert ist – und dies gilt aus Hegels Sicht selbst schon für das pflanzliche Dasein –, verwirklicht sich somit in einer derartig vermittelten Rückkehr aus der Andersheit. Der Stufung der lebendigen Natur entsprechen daher verschiedene Formen der »Rückkehr aus der Andersheit«, d. h. verschiedene Verhaltensmuster, in denen der Organismus mit seiner Umwelt bzw. anderen Organismen interagiert und sich darin als solcher konstituiert.

Auch der hegelsche Organismus organisiert also sich selbst; aber so, dass er in seiner Selbstorganisation seine Umwelt mit einbezieht. Als sich selbst organisierende Totalitäten, die den Gegensatz von Subjektivität und »Objektivität« (»Welt«) fortfahrend überwinden, verfügen aber auch die hegelschen Organismen – ebenso wie die Kants – über eine teleologische Struktur und verkörpern eine Idee, die Hegel in der Regel ihren »Begriff« nennt. Aus Hegels Sicht können daher in der Tat Pflanzen und Tiere als »existierende Begriffe« betrachtet werden.[44] Begrifflich strukturiert sind selbst Pflanzen und Tiere, da ihnen allen die Beziehung auf Idealität und Allgemeinheit immanent ist – auch wenn dem Tier diese Beziehung aus Hegels Sicht nicht bewusst ist: Während der Mensch um sich als Mensch weiß, empfindet das Tier nur sich als seiner Gattung zugehörig.

Das hegelsche Konzept des Organischen, das eine wechselseitige Bezogenheit aller lebendigen Subjekte impliziert, enthält verschiedene Aspekte, die für eine Theorie des Eigenwertes der Natur (und ihrer Rechte) von besonderem Interesse sind, obwohl Hegel selbst in seiner Rechtsphilosophie – wie schon bemerkt – ebenso wie Kant einen inneren Wert der Natur negiert. Erstens betont Hegel, dass Lebewesen Naturzwecke bzw. Zweck-an-sich-selbst sind. Zweitens stellt er aber zudem heraus, dass jedes Individuum in seinem Sein-für-Andere ein notwendiger Faktor in der Selbstverwirklichung anderer Individuen ist. *Alle* Individuen in der Natur haben daher erstens einen Wert für sich selbst und zweitens einen Wert für andere. Da nun drittens beide Aspekte – die des Füreinander-Seins aller Lebewesen und die des Für-

---

[43] Hegel (1986), 129.
[44] Vgl. Hegel (1986), 481.

sich-Seins jedes Einzelnen – wie zwei Seiten einer Medaille dialektisch aufeinander bezogen und daher nicht von voneinander zu trennen sind, wird man auch davon sprechen können, dass jedes Lebewesen in der Natur einen Wert für »das Ganze« hat, von dem es zugleich einen konstitutiven Bestandteil bildet.

Genau dieser Standpunkt findet sich explizit in der organischen Philosophie Alfred North Whiteheads, aus deren Perspektive alle Lebewesen des Universums die »Solidarität des Universums« begründen, in der alles erstens einen Wert für sich, zweitens einen Wert für andere und drittens einen Wert für das Ganze hat. Diese »Solidarität des Universums«[45] ist aus Whiteheads Sicht die Grundlage aller Werte, wobei das Wertempfinden die Grundlage unsere Existenz überhaupt darstellt: »Im Grund unserer Existenz ist ein Sinn von Wert verankert. [...] Es ist der Sinn der Existenz um ihrer selbst willen, der Existenz mit ihrer eigenen Rechtfertigung und ihrem eigenen Charakter.«[46] In dem Faktum, dass alle Einzelwesen an der Solidarität des Universums teilhaben und damit ein Ganzes konstituieren, das zugleich der tragende Grund ihrer Existenz ist, liegt aus Whiteheads Sicht zugleich der Schlüssel für ein Verständnis der Ursprünge der Demokratie: »Die Basis der Demokratie liegt in der gemeinsamen Tatsache der Werterfahrung, so wie sie die wesentliche Beschaffenheit jeder einzelnen, pulsierenden Wirklichkeit konstituiert. Ein jedes hat irgendeinen Wert für sich selbst, für andere und für das Ganze. Dies charakterisiert die Bedeutung von Wirklichkeit.«[47]

Unter dieser Perspektive geht schon das Leben als solches – sowohl das menschliche Leben als auch das jedes anderen Wesen in der Natur – über das Wesen jedes einzelnen und besonderen Geschöpfes hinaus. Auch der Mensch transzendiert schon in seinen grundlegendsten, vitalen Funktionen – wie Atmung, Sexualität und Ernährung – sein partikuläres Dasein und muss sich mit seinem individuellen Leben in das allgemeine Leben der Natur integrieren. Die objektive Existenz des Menschen als Subjekt ist untrennbar mit der objektiven Existenz der Natur verbunden. Deshalb existiert die Natur nicht nur außerhalb des Menschen; sie prägt auch das Innenleben des Menschen. Gefühle und Empfindungen wie Schmerz, Angst, Freude, Verzweiflung, Wut und Zorn gehören zur inneren Natur der

---

[45] Whitehead (1987), 38.
[46] Whitehead (2001), 145.
[47] Whitehead (2001), 146.

menschlichen Seele, da es sich um ein spontanes Leben handelt, das gleichzeitig physisch, psychisch-natürlich und spirituell ist. Dennoch muss natürlich berücksichtigt werden, dass nahezu alle großen Denker – von Heraklit bis Plessner – zu Recht darin übereinkamen, dass der Mensch nicht einfach als eine Art unter all den anderen in der Natur existierenden Arten betrachtet werden kann. Der Mensch ist Natur, aber gleichzeitig unterscheidet er sich durch seine Vernunftbegabung auch wesentlich von ihr. Auf paradigmatische Weise vertrat so Hegel die These, dass das Leben der Natur ein spontanes, unmittelbares, unbewusstes Leben ist, während das Leben des Menschen zugleich durch ein durch Vernunft, Reflexion und Selbsterkenntnis hindurch vermitteltes Leben ist. Das Leben der Natur ist in diesem Sinne Grundlage des Lebens des Geistes.

Schon Marcuse betont: »Die ontologische Bedeutung, die Voraussetzung des Erkennens ist für Hegel die Idee des Lebens, und zwar in ihrer wahren Gestalt als ›Allgemeinheit‹, Einheit von Subjektivität und Objektivität, Ich und verlebendigter Welt. Die Einheit von Ich und Welt, die vorgängige Bindung des Seienden an das Erkennende ist also keine erkenntnismäßige, gründet nicht in der zufälligen Konstitution der Erkenntnis des Menschen (oder der Erfahrung), sondern ist eine ontologische [...].«[48] Die Idealität des Lebens besteht dabei aus Hegels Sicht darin, dass es als »einigende Einheit« den Gegensatz von Subjektivität und Objektivität immer schon dynamisch übergreift und damit jene *Selbst*unterscheidung des Geistes in ein erkennendes Subjekt und erkanntes Objekt ermöglicht, die dem Selbstbewusstsein und dem Erkennen zugrunde liegt.[49] Wie Joachim Fischer herausstellt, ist es im 20. Jahrhundert insbesondere dem Naturphilosophen und Zoologen Helmut Plessner gelungen, ausgehend vom Lebensbegriff eine Stellung des Menschen in der Natur herauszuarbeiten, die als »exzentrische Positionalität« einerseits an einer Sonderstellung des Menschen in der Natur festhält, ohne dabei aber andererseits die fundamentale Erfahrung der Leiblichkeit und damit das Eingebundensein des Menschen in die Natur zu negieren.[50] Ausgehend von dem Begriff der exzentrischen Positionalität, das die Daseinsweise des Menschen charakterisieren soll, stellt Plessner ebenso die These auf, dass das »soziale« Leben von

---

[48] Marcuse (1932), 183.
[49] Vgl. Rohmer (2016).
[50] Vgl. Fischer (2000), 265–288

Pflanzen und Tiere offensichtlich eine andere Art von sozialen Lebens dargestellt als dasjenige, welches dem Menschen entspricht. So argumentierte Plessner, dass dem Tier die bewusste Erfahrung einer gemeinsamen Welt, einer »Mitwelt«[51] fehle, eine Erfahrung, die in der menschlichen Sprache mit dem Wort »wir« ausgedrückt wird. Aus hegelscher Sicht bedeutet dies, dass die Allgemeinheit, die das Tier als Exemplar seiner Gattung verkörpert, *für* dieses Lebewesen nicht als Allgemeinheit existiert. Die Tatsache, dass die *Universalität*, die das Tier in seiner Einzelheit als Vertreter einer Art verkörpert, für dieses Tier nicht existiert, impliziert nach Hegel, dass das Tier nicht denken oder sprechen kann. Im menschlichen Geist hingegen existiert das Universelle und ist in Konzepten oder Ideen auf sich selbst bezogen. Die Fähigkeit zu denken und zu sprechen, das Verständnis und die Fähigkeit, zu urteilen und Entscheidungen zu treffen, sind die Grundlage des individuellen Willens und der Verantwortlichkeit des Subjektes. »Sapere aude!« sagt Kant. »Wage es, deine eigene Vernunft ohne die Anleitung einer anderen Person zu benutzen!« Das Subjekt der Moderne ist das autonome Subjekt; seine Autonomie beruht auf seinem freien Willen, und die Autonomie dieses Willens hat aus kantscher Perspektive ihre Grundlage in der Fähigkeit des Subjekts, sich selbst rationale und universell-gültige Gesetze zu geben.

VI. Das Menschenrecht und das Recht der Natur

Das Konzept der Autonomie der Person ist ohne Zweifel eines der wichtigsten Grundlagen des modernen Konzepts der Menschenwürde, das seinerseits die Grundlage der Menschenrechte darstellt. Die Relevanz des modernen Konzepts der Menschenwürde spiegelt sich pragmatisch in der Erklärung der Menschenrechte wider, die am 10. Dezember 1948 in Paris von der Generalversammlung der Vereinten Nationen in der Resolution 217 A (III) verkündet wurde: »Alle Menschen sind frei und gleich an Würde und Rechten geboren und sollten, ausgestattet mit Vernunft und Gewissen, im Geiste der Brüderlichkeit aufeinander zugehen.« (Art. 1) Der Begriff der Autonomie, der auf der Idee beruht, dass alle Menschen mit Vernunft und Gewissen ausgestattet sind und daher eigenverantwortlich urteilen und handeln können, hat damit in gewisser Weise das mittelalter-

---

[51] Plessner (2003), 380 ff.

liche Verständnis ersetzt, demzufolge die Menschenwürde in der Gottesebenbildlichkeit aller Menschen wurzelt. Er ermöglicht sogar – auch wenn das nicht in Kants Sinne war – eine Fundierung des Begriffs der Menschenwürde, ohne dass es hierzu notwendig wäre, dem Menschen eine unsterbliche Seele zuzusprechen, wie Kant es tut.[52] Der Einfluss des christlichen Glaubens auf das europäische Verständnis der Menschenrechte spiegelt sich nichtsdestotrotz in der Tatsache wider, dass die meisten Juristen heute die Menschenrechte als »subjektive« Rechte betrachten, die überpositiv sind und einen universellen Geltungsanspruch unter der Berufung auf die Natur des Menschen erheben.[53] Die Menschenrechte sind also insofern subjektive Rechte, weil der Mensch nur aufgrund seines »Menschseins« unveräußerliche Rechte, wie das Recht auf Leben, Freiheit, freie Meinungsäußerung und Sicherheit der Person hat, was auch die Verpflichtung des Staates impliziert, die Bürger vor Diskriminierung und vor jeglicher staatlicher Willkür zu schützen. Die Summe aller Menschenrechte zielt dabei letztendlich darauf ab, den höchsten Wert, der dem Menschsein immanent ist, zu schützen: die *Würde des Menschen*. Aus Kants Sicht – der das europäische Verständnis des Konzepts der Menschenwürde entscheidend geprägt hat – *ist* die Würde des Menschen als innerer Wert letztendlich eben dieser Mensch, unter der Perspektive betrachtet, dass er als *Person* Zweck an sich selbst ist. Kant interpretiert dieses »Zweck-an-sich-selbst-Sein« der menschlichen Person allerdings nun nicht eudämonistisch, sondern dahingehend, dass der Mensch in seiner Einzelheit gerade insofern eine Würde hat, als er zur »Sittlichkeit« befähigt ist. Nur wo der Einzelne in seiner Einzelheit das Gute um seiner selbst willen anstrebt (und das heißt für Kant u. a. durch seine Maximen potentiell ein gesetzgebendes Glied im Reich der Zwecke ist), nur dort verwirklicht er seine Würde bzw. sich als Selbstzweck. Die menschliche Würde beruht bei Kant also kurz gesagt auf der Fähigkeit zum vernünftigen, moralischen Handeln und setzt damit wiederum ein autonomes

---

[52] Vgl. von der Pfordten (2016). Bekanntlich hat Kant in seiner berühmten Religionsschrift betont, dass die Ideen der »Freiheit«, der »Unsterblichkeit der Seele« und die Idee »Gottes« zwar unbeweisbare, aber notwendige Postulate der praktischen Vernunft sind. Besondere Bedeutung kommt hier der Unsterblichkeit der Seele zu. Moralisch handeln können wir aus Kants Sicht letztendlich nur, wenn wir an die Unsterblichkeit der Seele bzw. an die Auferstehung glauben.
[53] Vgl. Tuck (1981).

Individuum voraus: »Autonomie ist also der Grund der Würde der menschlichen und jeder vernünftigen Natur«.[54] Der Begriff der Menschenwürde, wie ihn Kant verwendet, zielt damit auf eine Versöhnung von Einzelheit und Allgemeinheit auf der Ebene des individuellen *Willens* im menschlichen Individuum ab. Er bringt aber auch einen Gegensatz von Einzelheit und Allgemeinheit zum Ausdruck, denn erstens definiert er eine spezifische Klasse von Einzelwesen, die allein als Träger von subjektiven Rechten in Frage kommen, nämlich die, welche »Würde« besitzen, da sie die von Natur aus mit Vernunft begabt sind. Zweitens werden aufgrund dieser Definition dann dieser bestimmten Klasse ganz grundlegende Rechte, d. h. die Menschenrechte, zugesprochen. Damit ist aber zugleich ausgesagt, dass Wesen, die keine Würde besitzen, da sie keine vernunftbegabten Subjekte sind, auch nicht Subjekte des Rechts darstellen können. Der Begriff der Menschwürde ist bei Kant exklusiv aufgefasst. So betont Kant ausdrücklich: »Also ist Sittlichkeit und die Menschheit, insofern sie derselben fähig ist, dasjenige, was allein Würde hat.«[55] Man kann daher sagen, dass das kantsche Konzept der Würde, das auf einer Verknüpfung von Vernunft und Sittlichkeit basiert, einen Cartesianismus in die Rechtsphilosophie hineinträgt, der dazu führt, das Wesen ohne Vernunft eine Würde abgesprochen wird. Zugleich geht diese Auffassung mit einer Abwertung des Gefühls, d. h. der »Neigungen« im kantschen Sinne einher, da Kant es den Gefühlen offenbar nicht zutraut, das Gute zu verwirklichen. Das unbewusste Seelenleben, welches die Selbstentfaltung der Natur vorantreibt und welches die Scholastiker noch mit den Begriffen der *anima vegetativa* und der *anima sensitiva* würdigten, ist daher aus seiner Sicht offenbar nicht in der Lage, das Gute zu verwirklichen.[56] Tatsächlich würde der Begriff der »Tierwürde« oder der »Würde der Kreatur« – wie er seit 1992 in der Bundesverfassung der Schweiz[57]

---

[54] Kant (1785), AA IV, 436.
[55] Kant (1785), AA IV, 434 f.
[56] Wie insbesondere Baranzke (2007, 41 ff.) herausstellt, schließt Kant trotzdem Tiere nicht aus dem Bereich der Moral aus, sondern betrachtet sie als Objekte menschlicher Verantwortung, die dennoch in die moralische Gemeinschaft integriert sind. Besondere Bedeutung kommt hier § 17 der kantschen Tugendlehre zu, in der Kant betont die Leidensfähigkeit der Tiere und eine daraus für den Menschen resultierende Verantwortung betont.
[57] Art. 24 novies Abs. 3, seit 1999 Artikel 120 Abs. 2 der Bundesverfassung: »Der Bund erlässt Vorschriften über den Umgang mit Keim- und Erbgut von Tieren, Pflanzen und anderen Organismen. Er trägt dabei der Würde der Kreatur sowie der Sicherheit

und seit 2018 im Tierschutzgesetz Luxemburgs im Gesetz verankert ist – daher aus kantscher Sicht einen inneren Widerspruch beinhalten, da Tiere keine vernunftbegabten Wesen bzw. autonome Subjekte sind.[58] Auch der Natur, *Pachamama* (der »Mutter Erde« der indigenen Völker Lateinamerikas), bzw. dem Kosmos als Ganzem müsste man aus dieser Perspektive eine eigene »Würde« absprechen. Wenn aber heute bei zahlreichen Umweltverbänden u. a. die Forderung laut wird, dass auf internationaler Ebene die Vereinten Nationen zusätzlich zur *Erklärung der Menschenrechte* eine *Erklärung der Rechte der Natur* hinzufügen sollten, dann wird man notwendigerweise die Frage klären müssen, in welchem Verhältnis der fundamentale Wert der *Würde* des Menschen zu einer *Würde* der Natur bzw. Kreatur steht.

Offenkundig kann man der Natur nur einen eigenen, inneren Wert zusprechen, wenn man ihr – wie Whitehead, Jonas und zuletzt z. B. Thomas Nagel – eine teleologische Verfassung unterstellt, in deren Rahmen ein jedes Lebewesen *Zweck-an-sich-selbst* ist. Wenn man sich aber am kantschen Verständnis des Begriffes der Würde orientiert, ist diese Selbstzweckhaftigkeit zwar eine *notwendige*, aber nicht *hinreichende* Voraussetzung, um auch Lebewesen wie Tieren und Pflanzen eine Würde zuzusprechen. Denn Tiere oder Pflanzen müssten überdies auch vernunftbegabte, autonome Subjekte sein und prinzipiell *sittlich handeln* können. Damit wird aber auch wiederum die innere Werthaftigkeit der Natur in Frage gestellt, denn es ist widersprüchlich, der Natur und insbesondere einem konkreten Lebewesen einen inneren Wert, aber keine Würde zuzusprechen, stammt doch das Wort »Würde« etymologisch selbst von dem altdeutschen Wort »Wirdekeit« ab, das auf »Wert«, »Werthaftigkeit« und »Wertsein« verweist.[59] Wie ist es möglich, diesen Widerspruch aufzulösen?

Wie Heike Baranzke in ihrer Abhandlung »Die Würde der Kreatur« (2002) herausstellt, hat der Begriff der »Würde« aus ideengeschichtlicher Perspektive zwei Wurzeln: Einerseits steht er im Zeichen des »Intellektualismus« und wurzelt im Konzept der *dignitas*, demzufolge typisch menschliche Eigenschaften wie Vernunft und Selbstbestimmung konstitutiv für das Konzept der Würde sind. Andererseits wurzelt er im Konzept der *bonitas*, das auf einer Identifika-

---

von Mensch, Tier und Umwelt Rechnung und schützt die genetische Vielfalt der Tier- und Pflanzenarten.«
[58] Vgl. von der Pfordten (2007), 128.
[59] Vgl. Koechlin (2007), 57.

tion von »Sein und Wert« im Sinne einer »Wertordnung« beruht und das damit prinzipiell auf alle Lebewesen als »Kreatur« (im theologischen Sinne) und »psychophysische Ganzheit« (im philosophischen Sinne) bezogen ist. Auch wenn das Konzept der »dignitas« ausdrücklich zum ersten Mal bei Cicero erwähnt wird, haben beide Konzepte bzw. Traditionen aus Baranzkes Sicht ihre Wurzeln schon in der hellenischen Antike, insbesondere in der Stoa, sowie bei Platon und Aristoteles. Besonders ausdrücklich kommt ihr zufolge aber auch in christlicher, schöpfungstheologischer Perspektive die *bonitas*-Perspektive im Alten Testament zum Ausdruck, in dem es nicht nur heißt, Gott habe die gesamte Welt (»Himmel und Erde«) geschaffen, sondern auch, er habe sein Schöpfungswerk als »gut« bewertet: »Gott sah alles an, was er gemacht hatte: es war sehr gut« (Gen. 1,31).

In der Tat kann man die »Idee des Guten« als gemeinsame Grundlage der beiden Konzepte der Würde betrachten: In der *dignitas*-Tradition wird das Gute vorwiegend *deontologisch* – ausgehend von der Idee des freien Willens und der Intentionalität – in der *bonitas*-Perspektive vorwiegend *ontologisch* bestimmt. Die Trennung ist jedoch nicht immer eindeutig. So kann man Hegels Rechtsphilosophie z. B. als den prominentesten Versuch begreifen, die *dignitas*- und die *bonitas*- Perspektive als Bestimmungen des Guten und der mit ihm verknüpften Würde zu versöhnen und diese Synthese zum Ausgang einer zu seiner Zeit neuartigen Konzeption des Rechtes bzw. des Verfassungsstaats zu machen. Ausgangspunkt von Hegels Rechtsphilosophie ist – ebenso wie bei Kant – der »Wille, welcher frei ist« (§ 4). Dieser ist als »sich selbst bestimmende Allgemeinheit« (§ 21) potenziell ebenso individuell wie universell verfasst und daher »die wahrhafte Idee« (§ 21). Das Recht ist aus Hegels Sicht nichts anderes als die Freiheit in ihrer Idealität: »die Idee, als Freiheit« (§ 29). Im Gegensatz zu Kant will nun Hegel in seiner Rechtsphilosophie gerade zeigen, dass die Sphäre des Willens als »das Recht des subjektiven Willens« nur die buchstäbliche, halbe Wahrheit ist: denn die »gedachte Welt des Guten« existiert nicht nur im Sein-Sollenden bzw. im guten Willen, sondern manifestiert sich auch im »in sich reflektiertem Willem und äußerlicher Welt«. (§ 33) Die Manifestation des Guten interpretiert Hegel als Sittlichkeit, die er aber im Gegensatz zu Kant als das »lebendige Gute« (§ 142) verstehen will. Die Idee des Guten konkretisiert sich nun als gelebte »Sittlichkeit« aus Hegels Sicht in den drei Sphären der *Familie*, der *bürgerlichen Gesellschaft*, und des *Rechtsstaats*, die innerhalb seines Systems die Sphäre des sogenannten objektiven Geist konstituieren. Wenn Natur auch an der Idee der Familie zumindest teilhat (was Hegel im Übrigen als Mangel ansieht), so ist doch zu beachten, dass die außermenschliche Natur als Manifestation der Idee des Guten in Hegels Philosophie kaum Bedeutung zukommt. Das ist insofern bemerkenswert, als das Hegel eigentlich das gesamte Universum als Offenbarung des Weltgeistes bzw. Gottes ansieht. Daher müsste man meinen, dass er auch die Natur bzw. »Schöpfung« als Manifestation des Guten, als »gelebtes Gutes« und somit als potenzielles Rechtssubjekt ansieht. Dass dies nicht der Fall ist, ist bezeichnend für die Stellung, die die Natur nicht nur in Hegels System, sondern in nahezu allen westlichen Rechtssystemen der Gegenwart einnimmt.

Hegels Ablehnung der Natur als Rechtssubjekt beruht auf zwei fundamentalen Annahmen, die man fallen lassen muss, wenn der Natur ein Recht und eine Würde zugesprochen werden soll: Erstens geht Hegel davon aus, dass nur das durch vernünftiges Denken intentional *als* das Gute angestrebte Gute in seiner Verwirklichung als ethisch Wertvolles anerkannt werden kann; nur vorsätzliches Handeln ist zur Verwirklichung des an-und-für-sich-Guten befähigt. Diese Überzeugung Hegels – der hier Kant sehr nah ist – basiert auf dem Glauben, dass Gefühlen keine wahrhaft erkenntnis-konstitutive Kraft innewohnt, und davon ausgehend insbesondere auf der Überzeugung, dass Gefühle nicht dazu in der Lage sind, sittliche bzw. vernünftige Handlungen zu initiieren. »In Hegels Philosophie des absoluten Geistes«, so stellt Reiner Wiehl zu Recht heraus, »stellen Gefühle und Empfindungen die ersten, elementaren Selbstoffenbarungen eines absoluten Geistes – des absoluten Geistes – dar. Dass sie ihnen ein körperliches und somatisches Element anhaftet, dass die Zusammenhänge, in denen sie vorkommen, immer psycho-physischen Charakter haben, dies demonstriert, dass sie mit einem bestimmten Mangel behaftet sind. Dieser Mangel ist der einer fehlenden absoluten Geistigkeit.«[60] Aufgrund dieses Mangels kann sich aus Hegels Sicht das Gute bzw. Gott nicht in oder als Natur offenbaren oder gar selbst transparent werden. »Man hat«, so Hegel ganz ausdrücklich, »den unendlichen Reichtum und die Mannigfaltigkeit der Formen der Natur ganz unvernünftiger Weise die Zufälligkeit, die in die äußerliche Anordnung der Naturgebilde sich einmischt, als die hohe Freiheit der Natur, auch als die Göttlichkeit derselben oder we-

---

[60] Wiehl (1998), 123.

nigstens als die Göttlichkeit in derselben gerühmt. Es ist der sinnlichen Vorstellungsweise zuzurechnen, Zufälligkeit, Willkür, Ordnungslosigkeit für Freiheit und Vernünftigkeit zu halten.« (§ 250) Die Natur ist aus Hegels Sicht die göttliche Idee in der Form ihres »Andersseins«, und daher als »sich entfremdeter Geist« (§ 25) und als »unaufgelöster Widerspruch« (§ 28) aufzufassen. Unaufgelöster Widerspruch ist die Natur wiederum, weil innerhalb ihrer – wie bereits bemerkt – das Allgemeine *an sich*, aber nicht *für sich* als Vernunft und Denken existiert.

Heute wissen wir, dass sich Hegel in Bezug auf die der Natur unterstellte »Zufälligkeit, Willkür, Ordnungslosigkeit« grundlegend geirrt hat. Die Natur erscheint nicht nur in der heutigen Wissenschaft, sondern gerade im Zeichen der ökologischen Krise als unendlich komplexes Ordnungsgefüge, in der eine schier unüberschaubare Zahl von Lebensformen nicht nur »äußerlich angeordnet«, sondern innerlich aufeinander bezogen sind. Schon Whitehead hat eine »ausbalancierte Komplexität« festgestellt, die darauf basiert, dass jede Entität in diesem Universum in ihrem eigenen Für-sich-Sein zugleich ein notwendiger Bestandteil in der Verwirklichung anderer Entitäten darstellt. Genau hierin besteht in Whiteheads Sicht der Grundzug lebendiger Systeme. Die ökologische Krise könnte man unter dieser Perspektive auch als Resultat eines gigantischen Experiments betrachten, in dem der holistische Grundzug der Natur und der synthetische Charakter aller Naturaktivitäten *ex negativo* d. h. im Kollaps ganzer Ökosysteme bewiesen wird. Die ganze Erde fungiert in diesem Falle als Reagenzglas. Da die Natur hochkomplexe Ordnungsstrukturen mit dem offenkundigen Ziel hervorbringt, das Leben zu erhalten oder in seiner Intensität und Vielfältigkeit zu steigern, kann man mit Nagel und gerade in Bezug auf den heutigen Wissenstand von einer »rationalen Intelligibilität«[61] der Naturordnung sprechen. Damit ist aber zugleich ausgesagt, dass auch Wesen, die über keine Vernunft verfügen, gleichwohl dazu in der Lage sind, sinnvolle Strukturen und Ordnungen zu schaffen. Die Ordnung einer Natur, die nicht, wie im Falle des mechanistischen Weltbildes, auf die »Indifferenz von Notwendigkeit und Zufall reduziert«[62] ist, zeigt daher an, dass eine Beziehung auf Allgemeinheit allem Lebendigen immanent ist. Nur aufgrund dieser ihm immanenten Beziehung auf das Allgemeine

---

[61] Nagel (2013), 32.
[62] Jonas (1984), 29.

kann das Einzelne in seinem Sein-für-sich zugleich Sein-für-Andere sein und darin jene »ausbalancierte Komplexität«, jene »Solidarität des Universums« mitrealisieren, die aus Whiteheads Sicht zugleich die Grundlage des Universums ist. Insofern jeder Organismus ein »Für-sich-sein« hat und »Zweck-an-sich-selbst« ist, kann man ihm – wie Whitehead und Jonas es tun – einen *inneren Wert* zusprechen und damit zum Rechtssubjekt erklären. Insofern wir ferner davon ausgehen müssen, dass jeder Organismus in seinem Sein-für-Andere auch auf die universelle Ordnung Natur bezogen ist, von der er zugleich einen Bestandteil bildet, können wir zugleich dem Organismus eine *Würde* zusprechen. Diese spezifische Form der Würde würdigt den individuellen Beitrag, die der Organismus in seiner Einzelheit zu dem Bestand des Ganzen und damit letztendlich zum Tatbestand beiträgt, dass alles Existierende in einer Beziehung zum Ideellen, zum Unendlichen steht. Natürlich existiert diese Beziehung zur Idealität nur für den Menschen nicht nur *an sich* – d. h. als unbewusstes Seelenleben, als Eingebung oder Trieb – sondern als geistiges Leben ebenso *für-sich*. Daher ist auch allein der Mensch als geistiges Wesen für seine Handlungen verantwortlich zu machen. Sollte die Natur einen inneren Wert und alles Lebendige eine Würde besitzen, dann ließe sich aus dieser Verantwortlichkeit des Menschen die Pflicht ableiten, dass der Mensch auch die Natur nie allein als Mittel, sondern zugleich als Zweck behandeln muss. Schon Paul W. Taylor betont in seinem Klassiker *Respect for Nature*: »When animals and plants are regarded as entities possessing inherent worth their good accordingly is understood to make a claim-to-be-respected upon all moral agents, and duties are seen to be imposed upon agents as ways of meeting that claim.«[63]

Da die Natur nicht für sich selbst als Rechtssubjekt sprechen kann – d. h. ein gleichsam »kindliches Leben«[64] (Hegel) hat –, leitet sich aus dieser Pflicht der Tatbestand ab, dass der Mensch sich selbst zum Anwalt der Natur machen muss, für deren Rechte er eintritt. Sprechen wir der Natur Rechte zu, dann hat der Mensch somit zugleich eine allgemeine Fürsorgepflicht[65] gegenüber der Natur; und

---

[63] Taylor (1986), 252.
[64] Hegel benutzt diesen Begriff »kindisches Leben« für das pflanzliche Leben in einem kleinen Zusatz zum § 343 in der Naturphilosophie im zweiten Band der Enzyklopädie der philosophischen Wissenschaften.
[65] Die Idee eine solchen Fürsorgepflicht des Menschen für die Natur steht auch im Zentrum der »Laudatio sí« von Papst Franziskus. Papst Franziskus beruft sich hier

Aufgabe des Rechts ist es, diese allgemeine Fürsorgepflicht zu konkretisieren. Dass der Mensch, wenn er diese Fürsorgepflicht der außermenschlichen Natur gegenüber wahrnehmen und diese als Zweck an sich selbst anerkennen würde, damit zugleich sein eigenes und vor allem das *Leben der kommenden Generationen* auf diesem Planeten bewahren würde, zeigt einmal mehr, wie wenig Mensch und Natur in der realen Praxis voneinander getrennt werden können. Denn wenn der Mensch im Anthropozän der Natur eigene Rechte einräumt, hat dies offenkundig nicht zuletzt die Funktion, den Menschen vor sich selbst zu bewahren und zu einem nachdenklicheren und respektvolleren Umgang mit der Natur motivieren. In der uns anvertrauten Natur verschränken sich nicht nur Zukunft und Vergangenheit in einer Weise, dass das gegenwärtige Dasein der Natur ganz konkret das Dasein der kommenden Generationen und damit die Zukunft der Menschheit wie einen Samen in sich birgt. Platon hat in einem seiner Spätdialog »Timaois« die bestehende Welt als »bewegtes Bild der Ewigkeit« aufgefasst. Sollte die gegenwärtige Menschheit ihr Verhältnis zur Natur nicht grundlegend ändern, droht sie, sich durch die Auslöschung allen humanen Lebens auf dieser Erde – d. h. durch die Zerstörung der Lebensbedingungen der kommenden Generationen – negativ zu verewigen. In dieser negativen Ewigkeit würde sich dann das neue Erdzeitalter des Anthropozäns gleichsam endlos fortschreiben.

Literaturverzeichnis

Adorno, T. W., Horkheimer, M. (2000), *Die Dialektik der Aufklärung. Philosophische Fragmente*, Frankfurt a. M.

Baranzke, H. (2002), *Würde der Kreatur?: die Idee der Würde im Horizont der Bioethik*, Würzburg.

Baranzke, H. (2007), *Eine spezifische Würde für Tiere und Pflanzen? Begriffe – Rezeptionen Intentionen – Herausforderungen*, in: Odparlik S. und Kunzmann, P., *Eine Würde für alle Lebewesen?*, München, 35–56.

Bergogli, J. M. (Papa Francisco) (2015), *Carta Encíclica Laudatio si'. Sobre el cuidado de la casa común*, Ciudad del Vaticano.

Bethge, P. (2020), »Der Mensch ist schuld an Covid-19. Der Ausbruch der Pandemie war kein Zufall. Artensterben, Naturzerstörung und Klimawandel erhöhen das Risiko, dass Krankheiten von Tieren auf den Men-

---

u. a. auf die Genesis, in der es heißt, der Mensch solle den Garten der Welt »bebauen« und »hüten« (vgl. *Gen* 2,15).

schen überspringen«, in: *Spiegel Online* (https://www.spiegel.de/ wissenschaft/natur/pandemien-und-ihre-ursachen-so-zuechtet-der-mensch-ungewollt-neue-seuchen-a-00000000-0002-0001-0000-0001 70323296; zuletzt besucht: 16.06.2020).

Descartes, R. (1641). [Brief an Hubertus Regius, Mai 1641], in: Adam, C. & Tannery, P. (Hg.), *Œuvres de Descartes*, Bd. III, Paris 1899, 371–373.

Descartes, R. (2014), *Die Passionen der Seele*, übers. u. hg. v. C. Wohlers, Hamburg.

Fischer, J. (2000), »Exzentrische Positionalität. Plessners Grundkategorie der Philosophischen Anthropologie«, in: *Deutsche Zeitschrift für Philosophie* 48, 265–288.

Gudynas, E. (2009), »La ecología política del giro bio-céntrico en la nueva Constitución de Ecuador«, in: *Revista Estudios Sociales* (Bogotá) 32: 34–47.

Hegel, G. W. F. (1986), *Die Wissenschaft der Logik I*, Werke 8, Frankfurt a.M.

Hegel, G. W. F. (1986), *Die Wissenschaft der Logik II*, Werke 6, Frankfurt a.M.

Hegel, G. W. F. (1986), *Enzyklopädie der philosophischen Wissenschaften II, Die Naturphilosophie*, Werke 9, Frankfurt a.M.

Hegel, G. W. F. (1986), *Vorlesungen über die Philosophie der Geschichte III*, Werke 20, Frankfurt a.M.

Hegel, G. W. F. (1986), *Grundlinien der Philosophie des Rechts*, Werke 7, Frankfurt a.M.

Jonas, H. (1984), *Das Prinzip Verantwortung. Versuch einer Ethik für die technologische Zivilisation*, Frankfurt a.M.

Koechlin, F., »Die Würde des Eichenblatts«, in: Odparlik S. und Kunzmann, P., *Eine Würde für alle Lebewesen?*, München, 57–72.

Kotyga, L., Hugo, M., Ewels, A. (2020), »Übertragung von Tier auf Mensch. Artenschutz als Helfer im Kampf gegen Viren« (https://www.zdf.de/ nachrichten/panorama/coronavirus-zoonose-artenschutz-100.html; zuletzt besucht: 16.06.2020).

Maier, A. (2011), »Natur war gestern«, in: Die Zeit Nr. 13 v. 24. März 2011, 49.

Marcuse, H. (1975), *Hegels Ontologie und die Grundlegung einer Theorie der Geschichtlichkeit*, Frankfurt a.M.

Nagel, T. (2013), *Geist und Kosmos, Warum die materialistische, neodarwinistische Konzeption der Natur so gut wie sicher falsch ist*, Frankfurt a.M.

Plessner, H. (2003), *Die Stufen des Organischen und der Mensch, Einleitung in die philosophische Anthropologie*, Gesammelte Schriften, Bd. IV, Frankfurt a.M.

von der Pfordten, D. (2007), »Tierwürde nach Analogie der Menschenwürde?«, in: Odparlik S. und Kunzmann, P., *Eine Würde für alle Lebewesen?*, München. 119–141.

von der Pfordten, D. (2016), *Menschenwürde*, München.

Poser, H. (2004), *René Descartes, Eine Einführung*, Stuttgart.

Rohmer, S. (2016), *Die Idee des Lebens. Zum Begriff der Grenze bei Hegel und Plessner.* Freiburg/München.
Taylor, W. T. (1986), *Respect for Nature: A Theory of Environmental Ethics,* Princeton.
Tuck, R. (1981), *Natural Rights Theories: Their Origin and Development,* Cambridge University Press.
Whitehead, A. N. (1987), *Prozess und Realität. Entwurf einer Kosmologie* (Process and Reality. An Essay in Cosmology, New York, 1929), übers. v. H. G. Holl, Frankfurt a. M.
– (1984), *Wissenschaft und moderne Welt* (*Science and Modern World,* New York, 1925), übers. v. H. G. Holl, Frankfurt a. M.
– (2001), *Denkweisen* (*Modes of Thought,* New York, 1938) übers. v. S. Rohmer, Frankfurt a. M.
Wiehl, R. (1998), *Subjektivität und System,* Frankfurt a. M.

Autoren-Information

Maria Bertel, Dr.,bakk.phil, ist derzeit Elise-Richter-Stelleninhaberin des Fonds zur Förderung der wissenschaftlichen Forschung – FWF (Projekt V-482: »Das Effizienzprinzip der österreichischen Verfassung«) und als solche am Institut für Öffentliches Recht, Staats- und Verwaltungslehre der Universität Innsbruck beschäftigt. Von Mai 2018 bis Mai 2019 war sie als Research Fellow an der Central European University in Budapest tätig (Projektleitung: Prof. András Sajó). Ihre Forschungsschwerpunkte liegen im österreichischen und vergleichenden öffentlichen Recht (insbesondere Lateinamerika). Ihre rechtsvergleichende Dissertation trägt den Titel »Multi-level governance in Südamerika. Das Dezentralisationsmodell der peruanischen Verfassung« (publizierte Dissertation, Nomos 2013).

Felipe Calderón-Valencia is a Lawyer and Professor at the University of Medellín (UdeM) Law School. He is PhD. in Law from the Panthéon-Assas University (Paris 2), he has a Master in Comparative Public Law from the Panthéon-Assas University (Paris 2) and he is also Master in Law History from the Panthéon-Assas University. (Paris 2). His fields of scientific research are the history of law, comparative constitutional law, environmental law and human rights, especially in its relationship with business. ORCID: http://orcid.org/0000-0001-7384-7470

Erika Castro-Buitrago is a Lawyer with a postgraduate specialisation in environmental law from the Universidad del Rosario, Colombia. PhD in Environment and Spatial Planning from the Universidad Autónoma de Madrid, Spain. Lecturer and researcher at the Universidad de Medellín, Colombia.

Mauricio Madrigal-Perez is a Lawyer with a postgraduate specialisation in environmental law. Masters in Law. PhD candidate in Advanced Human Rights Studies at the Universidad Carlos III de Madrid, Spain. Director of the Legal Clinic of the Environment and Public Health at the Universidad de los Andes, Colombia.

Juliana Vélez-Echeverri is a Lawyer with a postgraduate specialisation in environmental law from the Universidad Externado de Colombia. Associate and researcher of the Centro Latinoamericano de Estudios Ambientales (CELEAM), Colombia. PhD candidate in Law at the University of Reading, UK.

Joachim Fischer ist Honorarprofessor für Soziologie an der TU Dresden. Seine Schwerpunkte sind Soziologische Theorie, Kultursoziologie und Philosophische Anthropologie. Von 2011 bis 2017 war er Präsident der Helmuth Plessner Gesellschaft. Wichtige Veröffentlichungen: *Philosophische Anthropologie – eine Denkrichtung des 20. Jahrhunderts* (Alber 2008); *Exzentrische Positionalität. Studien zu Helmuth Plessner* (Velbrück 2016). Weitere Informationen: https://tu-dresden.de/gsw/phil/iso/hpr.

Eva Horn ist Professorin für Neuere deutsche Literatur und Kulturtheorie am Institut für Germanistik der Universität Wien. Studium der Literaturwissenschaft und Philosophie. Hat in Deutschland, Frankreich, den USA, der Schweiz und Österreich unterrichtet. Ihre Forschungsgebiete sind u.a. das Verhältnis von Literatur und politischem Geheimnis, Katastrophenimaginationen, eine Kulturtheorie des Klimas und das Anthropozän. Publikationen: *Der geheime Krieg. Verrat, Spionage und moderne Fiktion* (Fischer 2007), *Die Zukunft als Katastrophe*, (Fischer 2014), und zuletzt mit H. Bergthaller: *Das Anthropozän zur Einführung*, (Junius 2019).

Helmut Maaßen, Dr. phil., Studium der Theologie und Philosophie in Münster, Tübingen und New York. Lehrbeauftragter für Philosophie an der Heinrich-Heine-Universität Düsseldorf. Veröffentlichungen (Auswahl): *Prozeß, Gefühl und Raum-Zeit. Materialien zu Whiteheads »Prozeß und Realität«* (gemeinsam hrsg. mit M. Hampe), Frankfurt a.M. 1991. *A. N. Whitehead's Thought through a New Prism* (gemeinsam hrsg. mit A. Berve), Cambridge 2017. *Variations on Process Metaphysics* (gemeinsam hrsg. mit Alexander Haitos) Cambridge 2020. Er ist der President der Deutschen Whitehead Gesellschaft (www.whitehead-gesellschaft.de) und der European Society for Process Thought (www.espt.eu). Sein gegenwärtiger Forschungsschwerpunt liegt auf der Ästhetik der Musik. Weitere Informationen unter (Universität Düsseldorf: Helmut Maaßen.de).

Eva Raimann M.A., hat Politikwissenschaft und Soziologie in Gießen studiert. Ihre Promotionsarbeit, angebunden am Institut für Kultursoziologie an der Justus-Liebig-Universität, analysiert die sich wandelnden Natur-Kultur Dichotomien im Anthropozän. Im Zuge ihrer Anstellung als wissenschaftliche Mitarbeiterin am *International Graduate Center for the Study of Culture* (GCSC) war sie Visiting Scholar an der Universidad de Antioquia (Kolumbien) sowie Universidad de Medellín (Kolumbien) und hat ferner am Institut für Politikwissenschaften an der Justus-Liebig-Universität politische Ideengeschichte gelehrt. Derzeit arbeitet sie am Steinbeis-Transfer-Institut in Marburg als wissenschaftliche Mitarbeiterin. Ihre Forschungsschwerpunkte umfassen: Transformationsprozesse von Subjektgenesen, Post- und Transhumanismus, Human-Animal Studies und Moralphilosophie.

Georg Toepfer ist Koleiter des Programmbereichs *Lebenswissen* am Berliner *Leibniz-Zentrum für Literatur- und Kulturforschung* (ZfL). Er studierte Biologie in Würzburg und Buenos Aires, schloss das Biologiestudium mit einem Diplom ab und wurde an der Universität Hamburg im Fach Philosophie promoviert, in dem er sich an der Universität Bamberg auch habilitierte. Seine Arbeitsschwerpunkte sind die Geschichte und Philosophie der Lebenswissenschaften sowie die kulturellen Bezüge und begrifflichen Übertragungen des biologischen Wissens. Wichtigste Publikation: *Historisches Wörterbuch der Biologie. Geschichte und Theorie der biologischen Grundbegriffe* (3 Bde., Stuttgart 2011).

Thomas Pogge ist Professor und Direktor des Programms für globale Gerechtigkeit an der Yale Universität (https://globaljustice.yale.edu) und arbeitet dort über politische Philosophie, globale Gesundheit, Klimawandel und Kant. Er ist Gründungsmitglied von *Academics Stand Against Poverty* (www.academicsstand.org) und *Incentives for Global Health* (www.healthimpactfund.org). Sein jüngstes deutsches Buch ist *Weltarmut und Menschenrechte*. Weitere Informationen unter https://campuspress.yale.edu/thomaspogge.

Autoren-Information

Stascha Rohmer ist er Professor für Philosophie an der Fakultät für Rechtswissenschaften der Universidad de Medellín (Kolumbien). Seine Forschungsschwerpunkte liegen im Bereich der Metaphysik, der Anthropologie, der Naturphilosophie und der Rechtsphilosophie. Wichtige Publikationen: »*Whiteheads Synthese von Kreativität und Rationalität. Reflexion und Transformation in Alfred Norths Whiteheads Philosophie der Natur*« (Alber, 2000), »*Homo naturalis – Zur Stellung des Menschen in der Natur*« (gemeinsam hrsg. mit A. M. Rabe, Alber 2012), »*Die Idee des Lebens. Zum Begriff der Grenze bei Hegel und Plessner*« (Alber 2016). Weitere Informationen: http://stascha-rohmer.de